個人或企業如何對抗科技巨頭的壟斷

區塊鏈商戰

BLOCKCHAIN WARS:

The Future of Big Tech Monopolies and the Blockchain Internet

伊凡‧麥克法蘭 著 楊詠翔 譯
Evan McFarland

獻給母校的行政機構：

正是親自檢視你們的組織，啟發了我對答案的追尋。

目 錄

第 一 章

網路風景

　　區塊鏈並不是真的**由區塊組成的一條鏈**，的確，中本聰發明的比特幣創造了**「區塊鏈」**這個詞，因為比特幣仰賴由資訊「塊」組成的區塊鏈，但這個概念相當狹隘。[1] 區塊鏈今日的應用，比較和其背後代表的價值觀有關，而不是比特幣的共識機制。

　　我並不是在貶低這項劃時代科技的重要性，但本書是針對想要了解區塊鏈概念大方向的人所寫，許多和區塊鏈相關的書籍、學術期刊、課程、加密貨幣白皮書和類似文件，都是先解釋比特幣區塊鏈如何運作，接著發展出運用區塊鏈科技解決全球問題的宏大構想，但這些構想最終都指向一個問題：這是運用區塊鏈的哪個部分？

　　常見的回答是**這全都是在區塊鏈上運作、由區塊鏈驅動**，或類似的答案，但如果把論述裡的**區塊鏈**換成**網際網路**或是**個人電腦**，也都可以成立。區塊鏈新創公司提出的宏大構想，就跟硬體公司推銷新產品時先解釋圖靈機（Turing Machine），或是在網站首頁上先介紹網路歷史再導引到公司頁面一樣。我相信一定有更好的方法，可以揭開區塊鏈的神秘面紗。

區塊鏈是個酷炫的資料庫，也帶來各式各樣的問題

　　雖然現在這個詞衍伸了更多涵義，但區塊鏈基本上就只是個酷炫的資料庫，要了解這些酷炫的資料庫為何能引發一股全球狂熱，接下來我會用比喻的方式說明，雖然這個比喻不甚完美，因為其中包含了許多不同的資料庫，但卻能協助釐清區塊鏈到底是什麼。

　　試算表就是一種最基本的資料庫，你可能會在裡面手動填入數據，之後使用時再用 Ctrl + F 搜尋，不過如果你想要使用其他人試算表裡的數據，情況就會變得更複雜，資料庫就在此時派上用場。普通的資料庫和你的試算表沒什麼兩樣，只是可能包含一百個各有一百列跟一千行數據的試算表，來點

技術教學，比起從個別的儲存格用 Ctrl + F 提取數據，你可能會使用某種結構化查詢語言（Structured Query Language）來移除儲存格重疊的部分。

過去二十年來，數位資料在數量和價值上都以指數方式成長，原因在本書的敘述中將清楚可見，但資料庫在這段時間卻沒太大改變，我們依然使用一九九〇年代的程式邏輯來處理資料。

資料庫的問題，來自無法驗證輸入數據的正確性，試算表裡可能會有人打錯字，而且擁有權限的使用者都能任意更改，資料庫整體的架構也不夠可靠，因為裡面可能包含遺漏和不相容的數據，這些錯誤將會影響數據使用的過程。

由於我們的支票、財產所有權的細節、醫療紀錄、犯罪紀錄，以及整個線上人生都存在資料庫中，一旦出錯可能造成嚴重後果，就算是比較不重要的資訊，資料庫本身的限制也可能帶來災難，輕則機器學習演算法（machine-learning algorithms）沒辦法派上用場，因為演算法沒辦法處理打錯字，重則因為不準確的數據造成錯誤分析。

通常我們會投入更多人力和資源（也就是多餘的資訊）來處理這類問題，背後的原理是，如果要確認一項資訊，就必須運用另外五項資訊來認證，這就是為什麼，一、你必須不斷來回確認自己的身分，二、銀行和信用卡公司要花好幾天才能處理好你的要求，三、只是要寄個貨櫃，供應鏈卻必須文件往返好幾百次，文件內容還經常改來改去。

區塊鏈是一種完全不同的資料庫，可以省去多餘資訊的麻煩，區塊鏈就像包含很多試算表的資料庫，差別在於所謂的區塊，有點像是將一大疊試算表裡的其中一份用一條「鏈子」連起來，可以想成把這些資料塊永遠鎖住的密碼鎖。

延續上面資料庫裡有一大疊試算表的比喻，現在想像你要如何對新型資

料庫區塊鏈作出貢獻。以區塊鏈為例，每次你在你的試算表裡輸入新數據，就會同時要求把這項數據加入所有人共享的**總試算表**，其他人便能一起檢查你的數據，所有人都同意數據準確無誤後，數據就會加入試算表中，之後再不斷重複這個過程。

在真正的區塊鏈中，試算表就是區塊，數據是由網路和機器自動增補，不是由人類手動進行，準確度則是以所謂的共識機制驗證，而非多數人的意見。此處有兩件屬害的事發生，首先，試算表和區塊裡的資訊是完美的，沒有打錯字、沒有錯誤、完全客觀，就是純粹的事實。再來，每條鏈上試算表和區塊裡的數據都無法刪除及複製，完全沒有爭論的空間，這兩項獨特的特色，正是來自區塊鏈本身的透明和去中心化。

這就是區塊鏈的重點，沒錯，我省略了許多技術細節，但核心概念基本上就是這樣，不過即使上述的兩項特色相當重要，仍然無法解釋科技專家眼中即將到來的區塊鏈革命。

比特幣簡史

二〇〇八年，去中心化的支付網路比特幣推出，後來大都認為這是史上第一條區塊鏈，但區塊鏈的故事其實並不是由此開始。比特幣背後的技術源自**密碼學**，這是一種數學架構，能夠以去中心化的匿名方式，達成區塊鏈的網路共識，密碼學也不是什麼新玩意了，早在網路發明前便已存在，其貨幣應用也沒有特別了不起，早在比特幣問世的二十年前，就已經出現過一百種加密支付系統的嘗試。[2] 比特幣去中心化網路也不是全新的概念，Napster、BitTorrent、Grokster 等平台早就使匿名的 P2P 數據傳輸化為可能，用途也比用區塊鏈建構的平台更廣泛，而運用加密技術來隱藏使用者的身分，也不是區塊鏈獨享的特色，只要運用 Tor 這類協定，簡直可說是易如反掌。

不過你可能會發現，除了比特幣以外，上一段提到的平台不是正逐漸凋零就是已徹底死透，目前的線上服務大都是由私人公司掌握的中心化系統提供。網路如此演進，在經濟上來說完全合理，把軟體當成服務，能夠從訂閱包或是廣告獲利，而一個去中心化、自立自強的協定，並不會為其發明者帶來任何經濟報酬。

像是 Spotify 就為音樂產業建立了價值數十億美元的商業模式，發明者也因為服務的成功而直接獲益，荷包滿滿。相較之下，Napster 和類似的軟體雖然可以免費分享音樂，卻無法讓平台的貢獻者獲利，不僅是因為缺乏和 Spotify 競爭的資源，也因為根本不存在這麼做的理由。

中心化的模式因而大獲全勝，網際網路現在依循的是建立在廣告和訂閱上的中心化資本主義商業模式，比特幣是個有趣的案例，因為在多數去中心化模式面臨失敗的情況下，比特幣卻蓬勃發展。某一派看法認為，比特幣能夠成功，是因為在匿名性和去中心化之間達成完美平衡。[3] 比特幣足夠分散，因此永遠不會遭到破壞，也不會被告，但去中心化的程度也沒有高到會影響系統設計的品質。同時，比特幣的使用者是使用代號，雖然犧牲了匿名性的完整，卻能確保前所未有的網路透明程度，在比特幣之前，並沒有任何網路同時符合這兩項標準。

話雖如此，無論用什麼標準來看，比特幣的特色都沒有使其更容易使用，身為第一條區塊鏈，比特幣是糟糕的科技範例，對使用者不友善、緩慢、缺乏效率，而且昂貴，隨著網路逐漸成長，一切只會越來越糟。而比特幣酷炫的資料庫特色也幾乎面目全非，因為系統本身太過複雜，使其不太可能廣泛運用，比特幣區塊鏈的資料只和自身相容，這代表所有和比特幣相容性有關的開發，永遠都必須和一個過時的程式庫綁在一起，而且比特幣的問題無法在不破壞系統完整性的情況下解決。

以上種種都讓搞加密程式的人卻步，而且比特幣的缺點也很明顯，世界會忽略比特幣將近十年並不是沒有原因，直到最近，比特幣的主要功能才從非法活動的支付媒介轉為投資者的資本。比特幣創造以來並沒有經歷革新，但在二〇一七年底，不知從何而來的媒體狂熱，使企業領袖為區塊鏈科技的劃時代潛力趨之若鶩，所以下一個問題，二〇〇八年到二〇一七年間，區塊鏈到底發生了什麼事？

從比特幣到區塊鏈

騙徒享受匿名支付系統的成果時，少數專家則是繼續為更大的願景努力，也就是一座不需第三方協助、用來打造無堅不摧網路的酷炫資料庫，這些開發者社群和 Napster、BitTorrent、Grokster 背後的發起者驚人地相似，時常以去中心化的科技共享相同的價值觀和願景。這次他們為開發分散式科技找到了經濟模式和報酬，透過把加密貨幣加進網路當成原始代幣，線上服務不再需要依賴訂閱和廣告的經濟模式，甚至不需要母公司，這個新方法解決了經濟問題，讓這些網路自由鬥士得到改善區塊鏈科技的資源。

隨著得知這次機會的人數增加，區塊鏈空間的開發者越來越活躍，第一步便是要改進比特幣緩慢的速度和效率，調整數學規則以及為區塊鏈共識機制設計獎勵，不但解決了之後區塊鏈的問題，密碼學和 P2P 的相關應用也越來越完備。

另一步則是以擁有圖靈完備性的相關程式語言來打造新的區塊鏈，市值第二大的加密貨幣以太幣便是其中的先驅，這個計畫證明有可能僅靠 P2P網路和一條區塊鏈當作數據架構，便能打造任何想像得到的應用程式。

以太坊和打造去中心化網際網路的計畫，開啟了一系列嶄新的科技需求和實務考量，這類區塊鏈剛開始效率都很差，無法和非區塊鏈的科技互動，

使用起來也不太方便。對這類區塊鏈來說，由於潛在的應用幾乎沒有限制，而且每次調整數學規則都會出現相應的獎勵，所以可能不會有統一的標準，在這樣的技術限制下，為不同目的打造不同的區塊鏈，已成為目前主要的解決方法。

實驗不同形式的區塊鏈，帶來了顯著的創新，專注在相容性上的區塊鏈新創公司，所使用的程式語言通常較為普遍，能和其他區塊鏈的功能、甚至傳統的網路基礎結構相容。其他公司打造的區塊鏈則是會完全去除區塊鏈的概念，並以擁有相同酷炫資料庫特性的結構取代，有些公司甚至更進一步打造私人的區塊鏈，保留了區塊鏈的架構，卻去除使用者匿名性、網路透明度、去中心化共識。

現在許多平台都開始提供簡單的開發者工具，任何人都能運用區塊鏈技術撰寫程式和建立平台，為了讓這些平台繼續遵循區塊鏈的核心原則，新創公司會用類似區塊鏈的技術，打造去中心化版的「雲端」，當成這些平台的主機。為了對抗區塊鏈的僵化，這些平台也創造了同樣的網路民主社群，試圖在設計中融入人性元素，不過這些例子都只碰到區塊鏈產業最新科技發展的皮毛，而且我們也不要忘了，區塊鏈本身要解決的問題，其實比已經解決的還多。

真的有人知道區塊鏈是什麼嗎？

如果你還是不知道區塊鏈是什麼，那不是你的問題，如果你已深入了解區塊鏈科技，或你本身是個聰明的讀者，你可能已經看出問題所在：就跟其他區塊鏈相關著作一樣，我們越是鑽研區塊鏈，就越是迷失在相關議題和科技之中。

人類對區塊鏈到底是什麼和其目的完全無法達成共識，最具競爭力的企

業領袖試圖將區塊鏈的概念套用到商業模式上，但兩者其實完全不相容，熱衷區塊鏈的人士也不想確認區塊鏈到底是什麼。

讓我們再次回到主題：區塊鏈就是個酷炫的資料庫，句號。雖然**區塊鏈**這個詞已經變得越來越曖昧模糊，仍然能大致描述一個複雜的產業，並提醒我們近期再度復甦的去中心化科技共同的起源。在本書之後的內容中，**區塊鏈**的定義和其用途一致：結合酷炫資料庫的應用科技或技術。

在這樣的前提下，我們才能統整區塊鏈**究竟**是什麼，區塊鏈科技便是Napster、BitTorrent、Grokster 這類技術和密碼學互動的成果，也就是擁有獨特資料結構的 P2P 協定。這聽起來很簡單，其實仍是個廣泛的分類，真的非常廣泛，事實上一旦開始接觸後，你便會很快理解，區塊鏈其實是一種全新網際網路的基礎。

這種去中心化的網際網路願景就是所謂的 **Web3**，Web3 理論上能夠用開源軟體重現所有現存的網路服務，也就是說，過往由科技巨頭提供的服務都是可以取代的。由使用者合作組成的分散式網路，能夠取代中心化的硬體基礎設施，區塊鏈的治理機制，則是可以取代企業和官僚體系，隨著成為平台創建者的門檻降低，母公司和政府會因此失去管轄權而退場。

深入探討 Web3 領域後，你可能會發現目前存在兩種水火不容的網路，中心化網路和去中心化網路，我們比較熟悉中心化網路，因為其背後有私人資金二十年來的開發撐腰，但是隨著科技巨頭對網路的影響力越來越令人擔心，去中心化網路也漸趨熱門。Web3 開始出現成功的跡象，新的投資湧入，技術不斷進步，社會對分散式科技的興趣，也已超越網路發展初期的類似協定，例如 Napster 等，這波復甦全都要歸功於比特幣。

在一般的支持者眼中，區塊鏈歷史的敘述在此結束，他們認為等到發展出完全去中心化的網際網路，就會逐漸邁向 Web3 的時代，但區塊鏈科技真

正的故事卻指向一種更不確定的未來。

　　比特幣和區塊鏈的簡短歷史並沒有完整考量中心化網路的發展歷史，其中充滿各式良善的創新，卻不一定能延續到 Web3。目前手上掌握大量資源的在職人員正宰制科技部門，等到真正的 Web3 發展出來，對他們來說可是百害而無一利，而這個故事也沒有提供解答。

　　另一個大問題是我們不知道如何分辨去中心化和中心化科技，在討論網路科技時，因為牽涉複雜議題，所以我們常會混用「**中心化**」和「**去中心化**」這兩個詞，大型科技公司通常是靠著採用去中心化元素成功，而大部分的區塊鏈都是高度中心化。如果只有模糊曖昧的字詞可以用來形容，我們該如何精確描述 Web3？目前還不知道該如何回答這個問題，一般認為對網際網路來說，區塊鏈去中心化的願景還差得遠呢，目前看起來更像是一場針對網路控制的意識形態之爭，而非科技的革命性進步。

　　要在社會主流敘述之外探討 Web3，就必須先掌握客觀的脈絡，接下來我會在酷炫資料庫的基礎上，探討 Web3 的技術組成，讀完後你應該會比大部分的人更懂區塊鏈。

Web3 的架構

　　要了解 Web3 的關聯，我們必須先知道網路是如何組成的，一切都是從用戶端（電腦）開始，包括你的個人電腦、智慧型手機、平板等等，一旦上線，用戶端就會不斷要求存取不同伺服器中的資訊。

　　伺服器則是網路主機的硬體或軟體，儲存了網路中所有的資料，你的印象可能是**伺服器農場**或是科技公司的機房，有好幾千個黑色的立方體，這些立方體就是伺服器。

　　用戶端發出請求，伺服器負責批准請求，這就是硬體之間交換資訊的方

式，一個伺服器可能連結好幾千個用戶端，共享一個共通的協定，協定便是規範這些用戶端如何互動的規則。以協定連結的用戶端和伺服器便稱為「用戶—伺服器架構」，這讓我們的智慧型手機和電腦，不需儲存數據和進行支撐整個網路的運算。

　　建立好硬體溝通的系統後，網路便誕生了，程式語言和相關的軟體套件可以在上面運行，進而建立平台，也就是你看到的部分，包括網站和應用程式等。當你把數千座網路結合在一起，就是我們熟知而且熱愛的網際網路，雖然有時候也讓人覺得很討厭啦，上述網際網路的特點在 Web3 和傳統網路中都是共通的，圖一便描繪了常見的網路架構，以及傳統網路和 Web3 的差異。

圖一：網路基礎架構

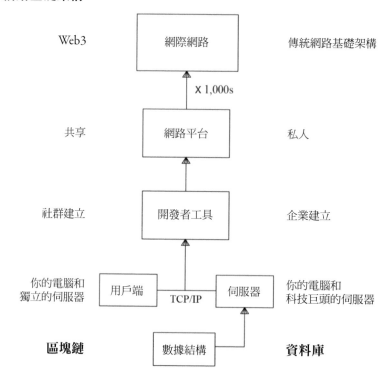

在網際網路中，區塊鏈只有一個小地方不同，因為伺服器存在的目的就是回應用戶端的請求，所以其中一個任務便是儲存數據，通常是由資料庫來進行。Web3 唯一的不同就是把資料庫換成區塊鏈，其他的差異則是來自後續發展出來的最新科技，對網際網路來說也是全新的，為了了解背後的原因，我們就先來看看網際網路是如何演變成今天的樣子。

在傳統的系統中，網際網路大部分的組成都是屬於私人的，這是自然演進的結果，接下來我會利用一九九〇年代的假設情境來解釋原因，雖然當時現代的網路基礎設施還不存在，但透過網路連結的各方，卻都完全了解用戶—伺服器架構是如何運作的。

愛麗絲是軟體開發人員，她想在網路上發布應用程式，為了讓大眾使用她的應用程式，愛麗絲必須先找到伺服器來當作程式碼的主機，她不太可能自己打造硬體基礎設施，這太昂貴也太不實際，所以她尋求第三方的協助。有人介紹鮑伯給她，他最近剛開了一間小公司，專門提供伺服器給和愛麗絲有類似需求的人，然而，鮑伯的安排對愛麗絲來說卻充滿風險，這一切都源自缺乏信任。愛麗絲並不信任鮑伯，不願意給他應用程式資料庫的所有權限，就算鮑伯是個老實人，他還是缺乏相關資源，也不知道該如何防止網路攻擊，而且假如鮑伯的公司停電，或他剛好去出差，愛麗絲的應用程式就沒辦法使用。此外，如果愛麗絲的應用程式大小超過鮑伯伺服器的容量，那她的程式也一樣會當機，因此愛麗絲不僅無法信任其他人，也無法信任打造應用程式所需的科技。

幸好愛麗絲後來找到了 IBM 的顧問戴夫，戴夫可以解決她所有的疑慮，他解釋自己的團隊如何提供由一流的防火牆和備份系統保護的無限伺服器空間，讓愛麗絲的風險趨近於零。愛麗絲從必須接受鮑伯的保證，轉而相信受 IBM 的商譽及信用保障的工業級伺服器，後來她便完成應用程式編寫，並

準備發布，這都要感謝 IBM 的協助。

每個在網路上打造應用程式的人，都會做出相同的選擇，也就是選擇市占率最高的伺服器供應商，中心化的公司因而成為網際網路的基礎，因為他們提供了信任。

不過如同我們所知，目前壟斷網際網路的並非 IBM，因為 IBM 不曉得網路並不是建立在主機之上，後來主要是 Google、微軟、亞馬遜宰制整個網際網路，因為他們創造了「雲端」，也就是由科技巨頭提供的伺服器。

開始討論雲端之前，我們必須先往回退一步，網路的連結仰賴用戶—伺服器架構，但是這個架構本身並不會創造任何有用的東西，直到開發者工具出現。這裡所謂的「開發者工具」，指的是組成網際網路的各個部分，包括作業系統、程式語言、編譯器、應用程式介面（Application Programming Interfaces，APIs）、軟體開發工具包、負載平衡器、瀏覽器、搜尋引擎、內容傳遞網路等。三十年前，大家根本無法想像會出現這些工具，但對今天的網路來說，這些都是基本配備。

Google、微軟、亞馬遜一開始並不是以雲端公司發跡，而是提供各種不同的網路服務，分別是搜尋引擎、軟體、電子商務，當時要成立網路公司並沒有捷徑，架設網站的主機很不容易，也沒有夠好的開發者工具在網站上創立平台。現今的這些科技巨頭能夠成功，要不是靠著妥善運用手邊的開發者工具，就是從無到有自己發明。

現在我們來看看，在二〇二〇年愛麗絲要如何打造她的應用程式吧，她首先會從程式語言開始，這是她的專業，也是應用程式編碼的邏輯，這部分就跟一九九〇年代時一樣，並不需要第三方的協助，因為很多程式語言都是開放原始碼（open source）。愛麗絲要建立一個能夠運行她軟體邏輯的網路，也就是說要把她的應用程式放到網路上，一樣必須找到伺服器當成主

機，這個過程也和從前找鮑伯或戴夫幫忙一樣，只是現在除了科技巨頭的雲端之外，已經沒有其他更好的選擇了。

　　缺乏今日開發者工具的幫助，一九九〇年代的愛麗絲很快就寫好程式了，因為也沒什麼工具可以讓她選，但是這對她的應用程式來說，卻沒什麼好處。這個應用程式使用起來很複雜，也很難在網路上找到，而且無法和類似的網站相容，簡而言之，網路時代早期的愛麗絲所寫的應用程式，很可能除了朋友和家人之外，根本不會有人使用。

　　科技巨頭之所以是科技巨頭，便是源自他們對愛麗絲和其他開發者的幫助，為了證明這點，我們來看看在二〇二〇年的網路時代，愛麗絲設置好雲端上的應用程式後，還需要做什麼。首先，她需要為伺服器提供一個資料庫，她可以自己做一個，但更好的方法是直接使用科技巨頭的資料庫，讓她不用擔心後勤和資安問題。愛麗絲唯一要做的安全措施，就是設立一組可以和單一登入相容的使用者名稱和密碼，類似 Google 帳號，她也需要設定支付方式，她很可能會使用 Amazon API Gateway 這類程式，馬上就能搞定和電子商務相關的一切。而為了確保大家能夠在網路上找到她的應用程式，愛麗絲必須用符合 Google 搜尋引擎演算法的方式來吸引更多使用者，至少會需要一個臉書帳號，但對愛麗絲來說，更好的選擇是直接在更大的平台上，運用微軟的 LinkedIn API 這類工具來進行。接著她需要按照蘋果的 App Store 和 Google Play 商店的規範，撰寫手機版應用程式，再重複以上的步驟，使用 Apple Pay 和 Google Pay 進行支付，同時符合應用程式商店的搜尋演算法。最後，愛麗絲必須確保她的應用程式能和其他軟體相容，並且可以在不同的作業系統上運作。

　　除了撰寫自己的應用程式之外，愛麗絲所做的其他步驟，只是加入由其他人擁有、掌控、預先寫好的軟體，從這個角度來看，網路上的應用程式其

實和忒修斯之船（Ship of Theseus）的思想實驗差不多，隨著不斷修補這條老船，到何時這條船就不再是忒修斯之船了呢？同樣的道理，隨著應用程式逐漸充滿來自第三方的部分，到何時這些程式就不再是由其創造者擁有了？如果你想認真探討這個悖論，我認為答案取決於你有多信任科技巨頭。

網際網路便是結合數萬個像愛麗絲這類網路的結果，這些網路預設是私有的，只有通過一系列複雜驗證的人才能存取。我們當然無法解釋網路的各個面向，只會討論在過渡到 Web3 過程中的改變，現在我們大致理解了「網際網路」的意義，接著更容易區分中心化網路和去中心化網路。

和 Web3 相比，愛麗絲使用的網際網路可說是高度中心化，最底層是數據結構，幾乎都是中心化的資料庫，而愛麗絲的應用程式資料，則是位於單一實體控制的某部主機中，理由和她選擇戴夫的 IBM 資料庫而非鮑伯的自製資料庫相同。網路的下一層結構則是組成數據結構硬體的伺服器，伺服器負責傳送數據給用戶端，同樣由擁有資料庫的公司持有，裡面儲存了愛麗絲打造網路和平台的所有程式語言，包括她的程式碼和所有相關的軟體套件。

如果愛麗絲使用 Google 雲端來打造應用程式，而你是這個應用程式的使用者，那表示你的電腦會透過 Google 擁有的伺服器，以 Google 擁有的開發者工具，向 Google 擁有的資料庫要求數據，這是個中心化的架構。我們稍後會探討相關的網際網路權力鬥爭，現在我們要先來檢視加入區塊鏈後，整個架構會如何受到影響。

簡單來說，在 Web3 中，數據結構是由區塊鏈組成，而非傳統的資料庫，傳統的數據結構需要由大公司確保資安，但這種新的數據結構之所以安全，正是因為大公司無法染指。背後的原因，如果你記得的話，就是來自我們的酷炫資料庫，也就是區塊鏈的兩項特色，區塊鏈的數據之所以完美，是因為在數學上必定會排除所有錯誤，而且所有的數據都是不可竄改的

（immutable），使其成為近乎永恆真理的存在。對愛麗絲來說，選擇區塊鏈的數據結構更可靠，而且也可能更便宜。

Web3 的下一個組成部分，是用來提供使用者應用程式數據結構的硬體基礎架構，最常見的方式便是用戶—伺服器架構，但是在 Web3 的情況下，伺服器必須是分散的，所以大家會比較偏好鮑伯的自製伺服器，而非戴夫的工業級設計。因為伺服器本來就由區塊鏈維護資安，鮑伯不需要再採取其他安全措施，萬一停電的話也沒關係，因為世界各地都有和他一樣的人，會接續他的工作。IBM 的機房現在看起來超級過時，不僅充滿不必要的資安措施，還有可能因為地理限制出現單點故障。更棒的是，Web3 還能探索「用戶對用戶」（client-to-client）架構的可能性，假如網路的效率足夠，便可以省下伺服器的運算資源，進而讓用戶可以在不須信任彼此的情況下自由互動，如今他們信任的是底層的數據結構。

開發者工具可以讓網路變成獨特有用的平台，但現階段幾乎無法比較 Web3 的開發者工具和傳統的開發者工具，因為沒有明確的標準，之後也不保證會出現這樣的標準。這些標準同時也會建立在初期的基礎架構上，在許多層面上也無法和傳統的基礎架構比較，所以接下來有關 Web3 開發者工具的討論，大部分都還只是理論，而且也會視許多一流新創企業今後的目標而定。

和愛麗絲的應用程式類似的 Web3 網路，預設就會是共享的，這表示不需要使用者名稱和密碼，也不需要連結不同平台、負責提供權限的應用程式介面，這些功能都會是內建的，而且完全自動。只要區塊鏈身分開始掌握存取權，一個不需要使用者名稱和密碼的網路就會誕生，我們會在第六章繼續討論這個複雜的議題。你在使用共享的網路時，也不需要應用程式介面，以往為了符合科技巨頭的標準，撰寫應用程式時需要進行額外步驟，現在這些

步驟都變成內建，而且完全是開放模組。對愛麗絲來說，這代表許多應用程式插件，現在都會變成預先寫好的程式碼，她不需要自己重寫，而她如果打造了原創的插件，很可能是她為自己的應用程式所寫的介面，也會成為預設的程式碼向所有人開放。

沒有人需要從頭開始，而且這也不會危害愛麗絲或任何人的獲利模式和智慧財產權，就像 Zynga 使用臉書的應用程式介面打造出 Farmville，臉書也會因此受益一樣，如果其他人使用愛麗絲預先寫好的程式碼，她也會受益。只不過這次一切都顛倒過來，愛麗絲和 Zynga 不再受制於和臉書一樣的盈利企業來幫他們運作應用程式。

數萬個這類本質就是共享的網路集結起來，就成了 Web3。

我們能夠預測區塊鏈的未來嗎？

本章提供了區塊鏈的技術簡介，並解釋了區塊鏈對未來網路的重要性，同時也將 Web3 理想化為某種線上烏托邦，因為 Web3 還不存在，而理想化的概念讓我們能夠先把所有複雜的問題掃到一旁，背後的假設是這些問題都會隨著時間簡化或解決，但這樣的假設根本是大錯特錯。

另一個更普遍卻更天真的想法，則是 Web3 會在沒有外力介入的情況下，就從舊有的網路中誕生，真正的 Web3 會讓現存的五間科技巨頭黯然失色，但是只要稍微動腦想想，就會發現這些公司遠比我們想像中可怕。在我寫作本書時，所有加密貨幣的總值，只有五間科技巨頭市值的二十分之一，更別說其中只會有一小部分投入 Web3 的開發。我們真的相信科技巨頭會這樣滾到一旁，死在公共網路的手上嗎？本質就是私有化和控制的各國政府和資本主義又將如何呢？

這類問題將大大動搖某種技術上可行、社會上卻近乎荒謬的概念，也就

是 Web3，科技部門的成員遭遇這樣的衝突時，將被迫在兩個極端的陣營中選邊站，不是選擇加入追求區塊鏈未來的自由主義專家，就是成為覺得區塊鏈風潮根本就很可笑的守舊派，這是重要光譜的兩個極端。有趣的是，擁有這兩種意識形態的都是聰明人，但兩個陣營卻都否認對方的存在，或至少都無法了解對方的立場。更好笑的是，大多數位在光譜中間、完全不在乎區塊鏈的人，都可以告訴你正確答案，那就是兩邊的想法都是錯的。

隨著持續不斷的創新，兩個陣營會逐漸被迫合併，比特幣問世後第一個十年間的多數創新，都是由匿名密碼學家和小型新創公司驅動，直到最近大型公司和創投公司才開始進場。

主流媒體對區塊鏈產業的描述，大多強調自由主義專家的形象，很可能是因為現職的守舊派並不反對這點。我們確實可以說區塊鏈是由一群無政府主義的開發者創造，但這些激進的團體早已式微，成為無害的少數。在區塊鏈發展史的這個階段，現職的守舊派已成為占極大比例的多數，應該也把他們視為激進份子才對，因為他們宣稱正在使用區塊鏈科技，卻捨棄了區塊鏈原始設計的基本原理。

使用區塊鏈的公司最愛的私人區塊鏈，就是完美的例子，他們解決擴張和治理問題的方式，就是把所有權和共識控制權交給單一實體，通常是母公司。現職的產業專家熱愛吹捧私人區塊鏈的好處，認為比我們討論的公共區塊鏈更好，彷彿他們能擷取雙方的優點，但是私人區塊鏈真的就只是另一個架構比較新奇的資料庫而已。私人區塊鏈並沒有酷炫資料庫的兩項特色，也不會為 Web3 帶來任何貢獻，從路人的角度來看，這次的風潮只是把區塊鏈科技變成一種易於使用的開發者工具，而對經驗豐富的專家來說，這是把區塊鏈科技私有化的嘗試，可說是對區塊鏈革命的反動。

你可能在想，為什麼本節一開始就假設 Web3 的發展會很複雜，Web3

不就是要讓事情變得更簡單嗎？像愛麗絲這樣的人在開發應用程式時，就不需要再進行一堆額外的步驟，這不就是一體適用的方法嗎？

　　一體適用的概念其實充滿矛盾，對網路服務來說，根本就不存在一體適用的方法，軟體套件提供了某個解決方案所需的工具，但是網路使用者必須處理一大堆問題，而每個問題都需要獨立的解決方案，想想你有幾組帳號密碼就知道了。

　　Web3 正嘗試成為一個完全獨立的一體適用方法，但這很不幸地也可能會成為其沒落的原因，諷刺的是，包括區塊鏈科技在內的這類開放系統，都非常不利於合作。這是人類在開放系統的歷史中永遠學不會的教訓，而這個跡象早在 Napster 這類協定問世前便已出現，專家花了整個二十世紀下半葉，才終於了解分散式系統的缺陷。

　　本章先前曾短暫提到協定，並將其定義為用戶和伺服器互動的規則，今日網際網路共用的協定是所謂的「傳輸控制協定／網際網路協定」（TCP/IP），但其實並非一開始就是這樣。針對硬體設備連結標準的探索，早在一九五〇年之前便已展開，經歷數十年的不斷試驗後，開放式系統連結（Open Systems Interconnect，OSI）成了全球共用的協定標準，被多數政府和企業接受。如同其名稱所示，OSI 的宗旨是開放、模組化、不需允許，就跟區塊鏈一樣，全都指向一體適用的解決方法，也就是擁有許多不同計算機的公司，可以只靠 OSI 就組成網路。當時 OSI 很可能成為網際網路的基礎，但是在一九九〇年代初期，趨勢開始轉向更簡單、卻沒那麼廣泛的替代方案，也就是 TCP/IP。

　　諷刺的是，這個出乎意料的轉變，其實就是來自 OSI 本身缺乏連結能力，OSI 最初的倡導者之一通用汽車（General Motors），以自身經驗成為最佳例證。由於通用汽車的工廠之間，使用互不相容的硬體與軟體，公司於

是決定為所有工廠建立數位連結。[4] 因為通用汽車擁有大量資源，所以他們根據公司需求，運用 OSI 從無到有打造了整座網路，許多公司效法這個過程，因此最後的成品都是獨一無二的網路，一開始設計的目的便不是為了和其他網路連結。

TCP/IP 是一種簡單的協定，安裝完便能馬上執行，同時也是今日用戶—伺服器架構背後的機制，也就是圖一網際網路最底層的結構。這樣的便利性讓 TCP/IP 成為建立網路最受歡迎的選擇，特別是規模較小的網路，等到大家都開始使用TCP/IP，那些使用OSI的人，就會自外於整個網際網路。

TCP/IP 的勝利值得欽佩，代價卻是缺乏內建的開發者工具，這將我們帶回一九九〇年代愛麗絲面臨的問題，如果沒有開發者工具，她的網路應用程式根本就毫無用武之地，而在網際網路發展初期，開發者工具很難取得。TCP/IP 造成的開發者工具匱乏，提供了私人企業壟斷網路的機會，比起運用 OSI 的開源工具來打造系統，TCP/IP 的使用者只要連上私人企業提供的軟體服務即可，不必像通用汽車一樣打造自己的專用網路，更好的選擇則是和大家使用的軟體服務連結，例如微軟的 Office。這個趨勢自此加速發展，剩下的麻煩則是出現在二〇二〇年的愛麗絲打造應用程式時，需要進行的所有額外步驟中。

如果我們快轉到二〇二〇年的區塊鏈世界，會發現和一九八〇年代中期驚人相似，當時 OSI 的發展看似勢不可擋，OSI 和 Web3 都不斷在追求開放性和完整性，打造客製化網路所需的一切，都可以在同一個地方找到。廣泛協定理論上來說非常完美，直到你發現數十間 Web3 新創公司彼此根本互不相容，使用者一次只能使用一間的服務，同時因為這些網路都是獨立的，他們也不會同意一個共通的標準。OSI 當初會失敗，就是因為競爭對手之間無法就網路協定達成共識，福特永遠不會採用通用汽車的網路，IBM 也不

會想和微軟分享軟體服務，產業上下游根本無法運作。然而，Web3 和區塊鏈的新創公司卻沒有把心思放在這個問題上，而是為每一種可能的用途都打造一條新的區塊鏈。

網際網路解決不同網路的方式，便是透過平台擁有者，背後的概念就是創立一間提供所有開發者工具的公司，這樣工具之間便不會互相衝突，隨著越來越多人使用這些工具，標準會越來越統一，也會更接近一體適用的解決方式。科技巨頭的開發者工具以簡單便利的特性，征服了整個網際網路，今日網際網路如此暢行無阻，便是因為所有網路都是由同樣的科技巨頭打造，這樣的壟斷當然會帶來一些缺點，後續的章節會提到，但我們還是被迫接受網路就是這樣。

區塊鏈科技可說是人類史上追求網路自由的一大創舉，但是現有的資源根本不足以帶來影響，Web3 威脅到了科技巨頭的生存，然而，對科技公司來說，整個產業的產值只是滄海一粟。

如果歷史是個借鏡，區塊鏈產業的未來應該大致如下：頂尖的新創公司會繼續達成保有區塊鏈基本原則的科技創舉，而他們的成就也會繼續成為大規模應用的阻礙，與此同時，科技巨頭則會繼續打著區塊鏈科技的大旗，將成功的創舉轉為中心化的開發者工具。沒有人了解其中的差異，而所有人都會選擇簡單、便利、相容的科技巨頭版本。

由於「去中心化」、「開放」、「廣泛」、「不需允許」、「區塊鏈」等詞彙充滿矛盾，因此很難阻止私有化的行為，真正的區塊鏈應用程式應該是內嵌在網路的基礎中，而不是開發者工具插件。對以資訊為中心的區塊鏈來說，重塑網際網路的基礎架構也不是一勞永逸的方法，這便是本章探討的重點以及 Web3 的領導者致力達成的目標，我們需要的，應該是能夠保有區塊鏈核心價值的非區塊鏈電腦科學創新。

現在已經有很多替代方案致力達成這樣的未來，本書之後也會探討，但這些方案卻不夠重視社會元素，如果要重新分配網際網路的資源來支持 Web3，而不是打擊 Web3，產業界領袖必須要了解和區塊鏈科技相關的誤解，使用者的選擇也會大幅影響科技的發展，因此必須讓大眾了解網路活動帶來的深遠影響。

幸運的是，我們並不會用檢視 Napster 這類協定的方式，也就是失敗的 P2P 網路，來看待早期的區塊鏈，本書的目的是試圖描繪區塊鏈科技應用未來的可能發展。

本書閱讀指南

本章使用的愛麗絲和鮑伯式理想化比喻，並不是要證明特定的論述，而是要在不探討太多相關科技和專業的情況下，協助我們了解各種複雜又彼此衝突的看法。用這種方式來概括討論抽象的概念必須付出代價，比如說，你只會對 Web3 有簡單的了解，而讀完這本書以後，你應該會覺得本章的內容錯誤百出、過度簡化。本書接下來會試圖證明特定的觀點，甚至會有些激進，這表示本書之後的寫作風格，將會更直截了當。

因為你的時間寶貴，所以我想在此解釋一下整本書的架構和你讀完本書預計會得到的收穫，以及根據你的閱讀目的，可以採取的捷徑。

這本書的設計是要按照順序閱讀，每一章都會以某個概念或問題開始，並透過嚴謹的邏輯一步步導向結論或答案，每一章也都應該在各自的脈絡以及先前章節的基礎上閱讀。不過如果你願意接受字面意義上的結論，某些章節也可以獨立閱讀，比如說，你可以跳過前八章，直接讀第九章和第十章，也能完全理解其中的內容，這兩章講的是透過區塊鏈網路重塑科技巨頭的願景和過程，但是如果你沒有讀其他章節，你就不會知道這到底有沒有可能，

或重不重要。以下便是本書每個章節的概述，可以當成閱讀指南。

二、三、四章會指出傳統網路的問題、區塊鏈科技可以提供的最佳解決方案、採取這些解決方案帶來的新挑戰。這幾個章節試圖為所有重要的問題提出最佳解決方案，這些解決方案可能深埋在學界之中、充滿爭議。而對本書的讀者來說，這代表某些例子將充滿複雜的技術細節，因為在探討爭議的科技議題時，無法再採用愛麗絲和鮑伯式的比喻。此外，雖然本書的每個章節環環相扣，但想要得到收穫，並不需要了解書中所有例子，也就是說，你隨時可以跳過或簡單讀過書中充滿引用跟專業術語的段落，只要了解主要的論述即可。

第五章是有關治理機制，採用後設的方式來檢視區塊鏈科技對社會的重要性，並解釋對集體合作來說，為何區塊鏈是不可或缺的工具，本章同時也在許多層面上探討區塊鏈科技的極限，以及專家最優先的目標。

六、七、八章探討要讓初步解決方案化為現實，重要產業必須採取哪些基礎步驟，這幾章不會試圖評估所有可行的區塊鏈解決方案，而是會以線性方式探討能為每個產業創造最佳結果的解決方案。這些解決方案將按照順序發生，舉例來說，如果沒有使用第六章描繪的科技，就不可能達成第七章的願景。

第八章將討論區塊鏈科技如何應用在真實世界，包括物聯網裝置和機器等，但是如果沒有第六章和第七章所提的身分和金融區塊鏈解決方案，本章的解決方案也無法大規模應用。讀完本章最先進的計畫和新創公司的專案後，你就會理解區塊鏈的應用有多麼廣泛，這幾章算是文獻探討的部分，而且非常硬。不過即便身分、金融、製程、供應鏈的區塊鏈解決方案，證明了網際網路後期的解決方案多麼有用，本書最後兩章仍是廣泛的結論，不需任何背景知識便能閱讀，如果你不在乎前幾章的特定產業，那就只要讀前言和

最後兩章就好。

　　第九章則是在探討如果科技巨頭採用區塊鏈解決方案會有何改變，本章會介紹五大科技巨頭的理想版本、如何達成、科技巨頭又會採取什麼措施阻止去中心化，並將區塊鏈空間私有化，本章宏大的遠景則是建立在前幾章的科技正當性之上。

　　第十章討論現今所有和區塊鏈與 Web3 有關的論述，都不會為網際網路的去中心化或打倒科技巨頭帶來實質的幫助，不過在更棒的 Web3 基礎架構提案之下，本書提及的區塊鏈科技願景仍然有可能達成。本章將探討其中一個提案：Internet Computer，而這也是我所找到唯一能夠重塑今日網路架構的方法。最後，本書也會分別討論兩個不同的未來，一個是繼續跟隨科技巨頭，另一個則是邁向區塊鏈網際網路。

第 二 章

隱私之死

　　第一章簡單介紹了 Web3，距離 Web3 的誕生還有很長一段路要走，目前我們甚至無法保證，Web3 的哪些部分會比現在的網際網路更好，因為打造 Web3 所運用的科技還很新穎。如果去中心化科技的應用困難，又未必優於中心化科技，我們為什麼要投入這麼多心思？

　　一般的網路使用者根本不會去思考這個問題，因為中心化網際網路的危險性是在幕後運作，也就是侵害隱私，英國哲學家艾倫・沃茨（Alan Watts）在一九六六年的著作《自我認識的禁忌》（ *The Book: On the Taboo Against Knowing Who You Are* ）中，便精準描述了失去隱私的危險：

　　「透過科學預測及科技應用，我們試圖盡可能控制周遭的事物和自身，在醫學、通訊、工業製造、運輸、金融、商業、住居、教育、精神病學、犯罪學、法律等領域中，我們試圖建立可靠的系統，以擺脫錯誤出現的可能。科技變得越強大，這類控制的需求就越迫切……種種趨勢將會導致個人隱私的終結，甚至無法隱藏個人的想法，最後個人思考將不復存在，只剩下一個無邊無際、複雜的集體意識，而這個意識或許會擁有強大的控制及預測能力，進而掌握未來世世代代的命運。」[5]

　　按照沃茨的預測，之後的發展趨勢會越來越快，個人隱私的喪失和集體意識的崛起，將是主要的結果，前者將會導致後者，我們可以看到這兩種現象在網際網路上重現，但卻不是以多數人猜測的方式。

　　色情影片的研究，間接顯示了大眾針對隱私保護和侵害的扭曲觀點從何而來，除了個人識別資訊（personally identifiable information，PII）外，色情片瀏覽紀錄通常是最敏感的個人資訊，這是上網搜尋個人隱私協助方案最有可能的原因，不過這不是根據嚴謹的統計，而是任何人只要看一眼色情相關的統計數據，就會得出的明顯結論。不幸的是，大眾對個人隱私保護的關注，通常來自個人色情濫用，而非生產力活

動，因此不會關注到更為迫切的公共隱私議題。

　　當我們提到監控時，會引發一系列有關國家監控合宜程度的討論，但私部門的監控卻缺乏這類的公共責任。[6]針對愛德華・史諾登（Edward Snowden）的起訴及政府大型監控事件的曝光，應該在聯邦層級上引發更強烈的關注才對。[7]而針對更廣泛的政府網路策略部署，目前也已出現許多相關紀錄和研究。

　　在國際數據隱私法（International Data Privacy Law）的脈絡下，運用網路後設數據對解密文件進行比較分析，得到了以下結論：大多數國家政府缺乏公開透明，也沒有依法行政，侵害了國際上定義的人權標準。[8]這個發現雖然讓人灰心，卻也在呼籲「健全的全球討論」之外，提供了解決方式。[9]由於侵犯隱私已是累犯，因此提高大眾意識以及制訂更多法律不再是可行的解決方案。雖然這些都是相關議題，且已有大量資源投注在監控政府的科技使用上。此外，由於網際網路是無國界的，如果某個政府對網路實行獨裁統治，世界其他地方也無法倖免於難。

　　但是和科技公司相比，政府對個人隱私的威脅根本不值一提，幸或不幸取決於你的觀點。上述看法只有在一種情況下不會成真，那就是某個大型的加密平台超越科技巨頭的力量，同時卻又把大眾蒙在鼓裡，但要是這樣的話，談這個也沒有意義。大家可能都會認為老大哥的監控無遠弗屆，但現實的情況是，如果沒有重大犯罪活動，政府其實沒有權力和理由介入網路，在少數情況下，政府可能會侵害個人隱私，但以全球規模來看卻不算嚴重，不過還是有少數例外，例如中共的大型監控。美國法律雖然積極防止政府介入網路，卻無法保護一般網路使用者免於遭受私人攻擊。[10]

　　我們試圖打造的美麗新世界則會更細緻，我們創造的個人資訊不會和個人連結，而是以數據的方式儲存，並用於某種類似複雜集體意識的東西上。

　　為了了解私人企業為何比政府更有辦法、也更有動機侵害個人隱私，我們要再次回到色情的例子上，一項檢視兩萬兩千四百八十四個色情網站的研究指出，百分之九十三的網站有資訊洩漏的情況，而其中百分之七十九是來自第三方的 cookies 和追蹤器，通常是來自我們最愛的科技巨獸，例如臉書和 Google，雖然這些平台理論上應該不支援色情網站。[11] 此外，來自網路公司的廣大數據，也為某項研究提供了數百筆色情相關數據。[12] 很快地，我們就會知道數據分析公司如何利用這類數據來影響用戶的行為並從中獲利。

　　由於科技巨頭發生這種事的頻率實在太高，大家早就見怪不怪，但是如果傳出有個美國國安局的員工，在未經准許的情況下，駭入某台電腦並瀏覽其中的資訊，一定會引發軒然大波。國安局未經允許的駭客行動之所以引起更多反彈，是因為每個人都可能成為故事的主角，因此政府必須遵循高度的隱私標準，但科技巨頭卻在私底下大規模進行這樣的行為。

　　請記住，國際隱私調查中的政府數據大都來自私部門。[13] 政府根本沒興趣去取得平民性癖之類的資訊，但網路公司卻什麼都想要。

　　網際網路的隱私喪失，很可能會導致複雜的社群意識，但罪魁禍首卻不是政府，網際網路的基礎架構是建立在私人企業之上，也就是那些掌控網路的公司，在本書隨後的段落，我會將臉書、蘋果、亞馬遜、微軟、Google 這五間公司簡稱為「科技巨頭」（FAAMG，由 Facebook、Apple、Amazon、Microsoft、Google 的首字母簡寫組成）。

劍橋分析

　　劍橋分析（Cambridge Analytica）是英國公司戰略溝通實驗室（Strategic Communication Laboratories）的美國子公司，同時也是世界上最知名的數據分析公司，以運用大數據聞名。雖然劍橋分析只是間典型的大數據公司，

卻因為在二〇一六年美國總統大選中扮演的角色而聲名大噪，不過我們在分析這個事件時，並不會談到政治，而是將其當成重要的證據，證明人類的行為可以化為數據形式。要討論劍橋分析事件，無可避免會受到互相矛盾的證詞影響，但此處的討論，只會著重在已確定為事實的相關研究，不會涉及其他細節。[14]

　　劍橋分析是一間致力將線上廣告效用最大化的數據分析公司，蒐集的數據包含人口統計，像是種族、性別、年齡、收入、居住地區等，以及心理數據，例如廣告接受度、生活方式、消費者信心等，總計蒐集了兩億兩千萬個美國人超過五千筆數據。其中數以百萬計的樣本數據是以線上問卷的方式蒐集，用來測量行為心理學家稱為五大人格特質的項目，包括經驗開放性、嚴謹自律性、外向性、親和性、情緒不穩定性（Openness、Conscientiousness、Extroversion、Agreeableness、Neuroticism，簡稱OCEAN）。[15] 將問卷得到的行為數據和社群網站的資訊交叉比對，就能為人格特質的演算法建立基礎，也就是說，在人格測驗中親和度高的人，和親和度很低的人，會有截然不同的網路使用行為，這可以透過個別的特質預測，不過仍是透過五大特質不同的分布而來。分析上萬名受試者和他們的線上活動後，就能準確連結每一次點擊和特定的人格特質，以後科技公司要了解你這個人，不必再請你做人格測驗，只要知道你的網路使用習慣就夠了。科技公司會再利用這些人格特質資料，連結離線數據及不同網站的cookies，以便精準投放客製化的廣告。

　　劍橋分析的前執行長亞力山大・尼克斯（Alexander Nix）曾解釋過他們如何在愛荷華州黨團會議時，運用數位個人檔案來操作泰德・克魯茲（Ted Cruz）的競選，第一步便是找出遊說的對象，也就是四萬五千名可能讓選舉翻盤的中間選民。[16] 分析完這群人的資料後，得到了類似的人格特質，

包括略高於平均的認真程度、情緒穩定、趨於保守等，這個群體關注的議題則是槍枝，種種因素相加起來，便是成功投放廣告的基礎。而透過劍橋分析針對美國人擁有的四到五千筆數據，他們也有能力再把這群受眾分成更小的群體，甚至到個人層次。[17]

毫無疑問，劍橋分析的策略十分高明，這也不是秘密，這些作法全都有留下紀錄，卻沒人在乎，尼克斯大方討論策略，甚至還因此受到讚揚，直到川普選上總統，他才開始受到一連串的指控。[18]後續的調查顯示，劍橋分析獲取數據的方式基本上合法，但運用數據的方式卻缺乏公開透明，簡直是濫用，數據販賣因而被宣告違法。對這類數據掮客缺乏審查，使得牽涉的單位遭到罰款，[19]劍橋分析也遭到永久停業處分，而他們從臉書取得的數據，也促使美國聯邦貿易委員會（Federal Trade Commission）對臉書展開調查。[20]

媒體報導省略了這個故事乏味的部分[21]，但其實許多數據分析公司都採用類似的作法，劍橋分析的規模還相對更小，選舉只是劍橋分析投放廣告的領域之一，而且在二〇一六年美國總統大選之前，他們就已經影響了上百場選舉。[22]美國國防部的國防高等研究計劃署（Defense Advanced Research Projects Agency，DARPA）也資助了和劍橋分析有關的組織AggregateIQ，並以對抗恐怖主義為名加入了 Ripon 計畫。[23] DARPA 也為行為動力機構（Behavioral Dynamics Institute）對抗恐怖主義的努力背書，但該機構使用的技術其實和劍橋分析相同。[24]對劍橋分析來說，人類在不同情境下的行為有跡可循，既不神祕也不獨特。

針對劍橋分析的控訴大部分無憑無據，但持續的時間卻久到足以摧毀其聲譽，比如尼克斯對英國數位、文化、媒體暨運動委員會（Digital Culture Media and Sport Committee）提供的證詞就長達三小時，他在證詞中反駁各種錯誤的指控，卻沒提到半次精準投放或類似的事。[25]多數圍繞在劍橋分

析的指控，大多是媒體想方設法要搞川普。[26] 雖然劍橋分析的行為在道德上站不住腳，卻也不是絕對的惡意行為，因為他們的運作方式，就是大數據分析的標準程序。

經過漫長的調查，劍橋分析的演算法仍然沒有公布，我們也無法得知大數據對選舉的影響，不過透過檢視劍橋分析的獲利，我們可以得知其扮演的角色到底有多吃重。第一個聘請劍橋分析的美國候選人是參議員泰德·克魯茲，他為了選舉付了五百八十萬美元給劍橋分析，[27] 在劍橋分析的幫助之下，他的選情有顯著的進展。川普在選前最後五個月付給劍橋分析的金額，則是超過六百萬美元。[28] 假設劍橋分析有賺錢，他們購買相關數據的費用，一定低於這個金額。對臉書來說，這筆錢根本連一丁點都說不上，而劍橋分析的醜聞，也只是另一樁社群網站數據外流事件，第三方的獲利和臉書相比，根本是九牛一毛。[29]

劍橋分析引發了滾雪球效應，導致臉書為大數據調查制定了相關政策和流程，根據聯邦貿易委員會的文件，臉書明顯透過大型監控從使用者行為獲利，他們的隱私政策故意寫得很模糊，雖然提到禁止外部和使用者介面互動，蒐集資訊的機制卻會繞過應用程式平台取得裝置上的數據。[30] 這整個系統只有一個目的，就是確保用戶過去的行為會影響未來的行為。[31]

至於政府在保護線上人權上扮演的角色，法律就只能規定這麼多，聯邦貿易委員會雖然對臉書裁罰，卻無法改變臉書的核心行為。[32] 執法機構呼籲針對使用者制定更明確的政策，不過加強使用者的資安意識也改變不了什麼，畢竟連祖克柏在聽證會上喝一口水，引發的關注都大於聽證會本身。在成為政治目標之前，根本沒人在乎劍橋分析的所作所為，立法者的行為也證明，他們完全跟不上大數據策略發展的速度以及其曖昧模糊的特性。

就算發生了這麼多事，甚至有人被判刑，我們還是沒看到演算法，大眾

仍然無法得知他們使用的平台背後到底如何運作，而對這些公司而言，公布使用的技術，等於是把最具競爭力的優勢以及公司的聲譽雙手奉上。不過，透過追蹤裝置能讓我們大致了解，提供這些服務的公司究竟能獲得哪些資訊。二〇一九年的研究〈透過雲端鑑識分析，探討 Google 和臉書取得的數據和位置追蹤〉（Google and Facebook Data Retention and Location Tracking through Forensic Cloud Analysis），就以一名三星 Galaxy Note 5 的使用者為例，讓我們知道還有什麼資訊是你自己的。研究者破解手機的最高權限，取得手機記憶體內的所有資料跟檔案，也得知了三星、Google、臉書的加密方式，使用兩週臉書和 Google 的應用程式，並搭配鑑識軟體分析後，研究者得到了以下結論：科技公司可以取得的資訊，包括臉書上的所有互動，以及 Google 應用程式中的資訊，此外，就算關掉定位服務，他們仍能得知你這段期間的位置。[33] 簡單來說，根本沒有任何資訊是安全的，Google 和臉書並沒有公布他們是如何取得這類資訊，就像參議員鮑伯・古德拉特（Bob Goodlatte）在 Google 執行長的聽證會上所說：「Google 能夠取得的大量使用者資訊，連美國國安局都自嘆弗如。」[34]

　　這對個人來說很可怕，但只要區塊鏈成功發展成複雜的善良集體意識，就無所畏懼。從道德上來說，精準投放更是複雜，會對個人隱私及人類的自治造成威脅，逐漸明白嚴酷的現實後，更應該從不同觀點檢視這些負面的結果。就連區塊鏈都無法解決大型數據蒐集的問題，而我們製造的數據只會越來越多，像臉書這樣的公司永遠都會透過數據賺錢，即使這類公司消失，數據蒐集也不會停止，數據已經成了一種新的全球貨幣，一定會有新的實體來補上這個空缺。

　　主要產業都有這類以真誠意圖包裝的骯髒勾當，比如說，就算大數據研究者的初衷並不是追求名利，但研究的成功有賴於取得外部資金挹注，因而

這些教授和學者的研究成果，最終取決於資金多寡和影響範圍。[35] 不管是獨立研究的教授或大型企業，都是在金主的威脅利誘下試圖做出成果，科技巨頭會以某種形式繼續大獲全勝，而且隨著他們進入未知的科技領域，清晰的法律界限也會變得越來越模糊。

科技巨頭甚至無法統一口徑，因為他們的理念彼此衝突。蘋果根本不想跟使用者數據扯上關係，這只是個累贅，[36] 臉書相信「未來是屬於個人的」，而他們的任務就是要達成這個願景，[37] Google 則是要無私擁抱數據使用，並致力於提升使用者的權益，[38] [39] 到底誰是對的？

劍橋分析造成的個人隱私和自治權損失究竟是否違法，是個牽涉道德的複雜議題。DARPA 和劍橋分析的目標是伊斯蘭極端分子，試圖透過同樣的投放策略，讓這些人轉向較為傳統的信仰系統。[40] 所以我們覺得伊斯蘭極端主義者笨到沒辦法自己找到**正確**的信仰系統嗎？如果不是，精準投放就是違法的，但如果真是如此，又跟操弄選舉有何區別？都是在分化意識形態。

蘇格拉底曾提醒我們，民主的限制在於選民的愚笨。[41] 那我們每天做的數百個無關緊要的決定呢？選擇麥片的自主性要降低到何種程度才算嚴重？我們應該把討論限縮在高風險的例子上，並排除低風險的例子嗎？立法者和專家必須回答這些問題，但是目前的模式顯示，如果組織不夠透明，法律根本就無用武之處。

上述針對科技巨頭運用使用者數據的討論，並不是要妖魔化他們，全球規模的效率和產量提升，是我們不應忽視的正面成果，大數據在各個產業帶來的經濟價值數以千億計，但本書並不是要討論大數據帶來的產值，因為區塊鏈解決方案並不會影響這部分。

物聯網感測器

網路互動和穿戴式裝置的數據蒐集還很陽春，大約有百分之九十的數據遭到浪費，然而數據分析公司也尚未成熟，數據浪費的比例之後只會逐漸降低。[42] 此外，數據製造也不再限於傳統來源，物聯網（Internet of Things，IoT）裝置正在影響人類生活的各方面，裝置數量已從二〇〇三年的五億成長到二〇一七年的八十億，預計在二〇二〇年達到五百億。[43] 目前無所不在的科技包括無線射頻辨識（Radio Frequency Identification，RFID）、近距離無線通訊（Near Field Communication，NFC）、致動器、感測器等，都已有公司在蒐集其數據進而獲利，只要是有電路的裝置，網路科技都可以從中榨出價值。[44]

上一章將 Web3 視為去中心化網路的願景，但是由於 Web3 還不存在，也可能代表完全不同的東西，端看我們對網際網路的未來有何想像，在這一章中，我會利用傳統網際網路領域相關文獻，來指涉網路發展的不同階段。這裡所說的 Web3 並不是指去中心化網路，而是一個完全不同的發展階段，請記得網路的時代劃分只是定義籠統的比喻。

有一派學說將網際網路的發展分為三個階段，Web1（固定的網頁）、Web2（社群網站）、Web3（無所不在的計算網路），其中 Web3 是由無線感測器網路（WSN）組成，也就是和周遭環境無縫整合的實體分散式裝置。[45] Web3 也會需要一個數據分析系統，這將使我們迎向認知物聯網（Cognitive IoT）和 Web4 的時代，認知運算將融合來自實體世界的資訊，讓系統能夠按照數據做出決定，IBM 預測這類系統將會「大規模學習、具備有意義的思考、和人類自然互動」。[46] 這樣大幅進步的潛力，使我們很容易忽略長期的後果，認知物聯網只是又指向了一個我們再熟悉不過的未來，無論未來如何發展，都會是劍橋分析和臉書這類公司用 Web2 的數據所建立的 Web3。

　　網際網路的認知時代，是我們所能預測的極限，自治物聯網（Internet of Autonomous Things）、機器物聯網（Internet of Robotic Things）、自治物聯系統（Autonomous System of Things），都是有可能出現的發展，這些必然出現的網路裝置，都是經由 AI 掌控的數據連結，[47] 這是勢不可擋的發展趨勢，但我們仍應小心翼翼。就算是直接來自人類的數據分析，我們也應保有最低程度的掌控，等到智慧馬桶開始檢查你的痔瘡，或 Alexa 助理成了你的心理醫生時，你絕對會想掌控數據的流向。

　　在智慧城市中，Web3 將實體世界數位化的現象顯而易見，隨著我們從 Web2 的科技巨頭過渡到 Web3 的分散式物聯網基礎建設，將會出現嚴重的資安威脅，毫無準備的公司根本無法處理。來自家用和公共裝置的數據正面臨嚴重風險，智慧城市各個層面都容易受到威脅，包括運作、完整性、保密、可信度、問責等。[48] 傳統的資安機制處理這些問題也力有未逮，就跟面對區塊鏈時一樣。[49]

　　目前智慧城市的生態系統經常遭受不明攻擊，解決方法則是更精密的保全系統，把系統變得更複雜、更難偵測。[50] 試圖改善這個模式的改革者，用的是和大數據相同的解決技術，要讓智慧城市維持運作，還是會回頭尋求大數據的支援。[51] [52] 資訊安全管理系統（Security Information Management Systems）在大規模測試中，已經從採用大數據原則獲益。[53] 網路公司想要掌握所有數據的行為其實很合理，畢竟控制就是網路公司的動機，而整座城市的運作更是讓他們垂涎三尺，智慧城市的隱憂，便是除了大數據分析之外，無法找到其他解決方案。

隱私的未來

　　劍橋分析醜聞是大數據運用最惡名昭彰的例子，在全球引發軒然大波，

而這一切只牽涉到六百萬美元，整個大數據產業的市值目前大概是五百億美元，而且因為物聯網感測器和 AI 的發展仍不斷攀升。[54] 是誰在負責注意大數據分析產業另外四百九十九億九千四百萬對社會帶來的影響呢？答案是沒有人在檢視這個產業，所以其全球影響力目前還不得而知。

直到現在，線上生活和實體世界之間仍存在明確界線，蒐集資訊的行為通常在離線後就會停止，但在不久的將來，隨著機器運算無孔不入，現實和網路的界線就會粉碎，永遠不會下線。中國便是這個新時代的先行者，發展出遍布全國的國家監控基礎設施，臉部辨識的鏡頭無所不在，這是最普遍的資訊蒐集技術。[55]

中國的公部門和私部門究竟運用這些資訊到什麼程度，仍是個未解之謎，不過背後的意圖很明顯是要鞏固中共的權力。此外，中國現在也為這套複雜的監控系統打造了很棒的開發者工具，甚至成了出口商品，任何國家只要願意都可以對網路進行監控。[56] 如果說在打造這個數位獨裁國家的過程中，科技巨頭也出了一份力，你應該不會意外吧？

雖然只過了幾年，但劍橋分析醜聞現在看來只是大數據分析的扮家家酒版，當時劍橋分析讓大家都氣炸了，但隨著邪惡大數據策略發展的速度加快，我們也逐漸麻木，此時此刻更是如此，因為引領大數據分析發展的數據科學家，目前在美國可是最熱門的職業。[57]

一個保有傳統網際網路基礎架構的未來，看起來一點隱私都沒有，對啦，政府和企業不會想知道你看什麼色情網站，但他們還是會蒐集這項數據，以及所有能夠帶來權力或金錢的數據。不過或許我們不用太過擔心，因為朝運用集體數據發展，進而建立集體意識的趨勢，將會讓所有人對最後的現狀都沒什麼意見，還開開心心的。

可能的區塊鏈解決方案

諷刺的是，大數據唯一的對手看似只剩政府，儘管調查顯示這類科技公司可能相當危險，但政府卻無法實施明確可行的限制，在目前的情況下，民主政府只能鼓勵科技巨頭識相一點，以免引發全面的法律戰爭。另一個方式則是中國採用的方式，如果你沒辦法打敗對方，就加入對方，第三章將會詳細討論針對科技巨頭讓人擔憂的成長以及中心化趨勢，政府該如何監管。

其實大數據還有另一個對手，只是大家都沒有想到，而且比起政府，這個對手也和我們先前討論的問題以及本書更為相關，那就是科技專家自己跟他們的解決方案，這可說是對抗邪惡科技的最佳利器。

全同態加密（Fully Homomorphic Encryption）、多方運算（Multi-Party Computation）、零知識證明（Zero- Knowledge Proofs）等技術突破，能夠從完全保密的數據產生有用的結果。來源追蹤及數據驗證，則是可以透過和區塊鏈交易連結的不可仿製識別碼加以確保，去中心化的儲存和運算技術，將提升數據的永久性、正確性、公開透明。擁有公共帳本（public ledger）的去中心化網路並不會徹底解決問題，但正是這些不受重視的科技能阻止數據經濟的侵權行為。

到目前為止，獨立的資料集是這些科技的最佳應用案例，例如電子醫療紀錄就屬於敏感的資訊，急需創新改革，電子醫療紀錄由來自不同專家的資訊組成，包括牙醫、骨科醫生、外科醫生等，《健康保險隱私及責任法案》（Health Insurance Portability and Accountability Act，HIPAA）這類法案雖然保障了病人的隱私，卻犧牲了系統之間的相容，導致專家無法互相交流研究，由於電子醫療紀錄無法分享，數據蒐集因而受到阻礙。這正是傳統網路缺點的縮影，網路之間無法彼此互動，因為其數據預設是私人的，傳統的系統會保護病人的資料，這非常正確，按照病人的需求保護電子醫療紀錄很

重要，但理想的系統可以透過公開透明的方式運用這些數據，同時不會侵犯個人隱私。

要解決這個問題，第一步就是在一條區塊鏈上，打造及儲存專供電子醫療紀錄使用的通道，而實際的電子醫療紀錄仍是保存在同樣的傳統資料庫中，這些數位通道又稱指標，透過雜湊函式（hash function）加密，並和真實紀錄連結，真實資料一經改動，指標也會改變。只要將指標提供給病人，他們就能取得自己的紀錄，並自行決定如何分享及利用，而且隨時都能更改權限。這個解決方案在協助美國國家衛生資訊科技協調辦公室（Office of the National Coordinator for Health Information Technology，ONC）處理相容性問題上非常有效，同時也可以為醫學研究提供大量的基因、生活方式、環境數據。[58]

這個以病人為中心的電子醫療紀錄管理模式區塊鏈解決方案已經開始實施，MedRec 便是出自麻省理工學院媒體實驗室（Media Lab）的醫療數據管理系統，病人可以透過智能合約（smart contract）管理自身資訊的存取，合約會負責發出可追蹤的電子醫療紀錄位址。MedRec 區塊鏈本身並不會儲存電子醫療紀錄，而是儲存後設數據和指標來尋找紀錄，[59] 後設數據可以防止原先的紀錄遭到竄改，因為在區塊鏈中所有改動都會受到偵測。礦工可以透過完全分散匿名的方式保護這條區塊鏈，目前採用的方式在經濟上較為可行，即是授權給現存的服務供應商。[60] 參與的病人則是可以從精準完整的健康資訊中獲益，並掌控相關數據的權限。[61] 隨著類似的方案更加普及，病人還可以運用對自身數據的管控來求償。

不過這絕對不是醫療產業一體適用的區塊鏈解決方案，現在已經出現上千間健康相關的區塊鏈新創公司，MedRec 的特色，是他們針對特定的紀錄，提供更多的公開透明、隱私、數據運用。從更廣泛的層面來說，MedRec 證

明我們可以整合不同服務供應商提供的數據，相關團體都可以應用這項科技來連結和保護使用者。金融帳號、保險公司、網路服務的紀錄等，只要將區塊鏈當成相容的信任機制，就可以從中受益。

雖然 MedRec 區塊鏈證明不需信任授權便能運作，它所依賴的傳統資訊科技基礎架構仍存在信任缺失，MedRec 只是稍微修改傳統系統，原始的資料仍是儲存在依賴隨意數據紀錄的第三方。電子醫療紀錄仍然缺乏可靠性、安全的儲存方式、來源追蹤、正確性、資訊輸入認證、個人化分析，不過這些特點都可以犧牲，因為我們通常很信任醫療產業。我們每天製造的數據都會進入中心化的伺服器，這些伺服器應該需要升級一下。

區塊鏈雲端儲存技術十分普遍，包括以太坊的 Swarm、星際檔案系統（InterPlanetary File System）、Filecoin、Storj、Sia、MaidSafe 等，大都依據類似的原則運作：上傳到雲端中的檔案，會先經過雜湊函式加密，並得到一個「數位指紋」，數據接著切割到不同的節點中儲存，所有節點的位址都會經過記錄，提取檔案時，節點再把所有數據拼回來，製造出相同的數位指紋。[62] 這個過程並不需要發生在中心化資料庫中，只有優先考量信任和穩定度時才會使用區塊鏈雲端，[63] 至少在區塊鏈雲端的效率超越科技巨頭之前，情況會是如此。

從很多層面上來說，區塊鏈儲存技術的安全性早已超越傳統雲端，[64] 而且有很多新創企業都已開始發展區塊鏈雲端，使其達到前所未有的穩定。Google 雲端就好比圍著圍牆的花園，需要消費者的信任才能運作，對區塊鏈來說，信任則是內建其中。網際網路傲慢的數據保護方式，造成了信任和穩定度的需求崛起，因而使去中心化的儲存技術越發重要。

中心化和去中心化的儲存技術都能提供隱私，卻無法驗證資料的真偽並確保正確性，如果有人懷疑臉書在販賣未經用戶同意取得的個資，臉書有兩

個選擇，一是保留這些資訊證明自己的清白，二是揭露這些他們本應保護的資訊，來反證他們沒有販賣個資。而在臉書目前的情況下，後者並不是可行的選項，因為他們的資料庫可以進行修改，這代表就算資訊經過驗證，仍無法提供決定性的證據，因為這些資訊很可能已經過事後竄改。

Provchain 數據來源追蹤架構，可以為雙方提供最佳解決方案，Provchain 是以區塊鏈為基礎打造、提供不可竄改的私人雲端儲存空間，也能驗證資料，其驗證資料的能力，全都要歸功於區塊鏈在身分方面的運用，我們會在第六章討論。現在我們就先假設這是線上的個人識別資訊，能夠和區塊鏈互動，負責驗證來源的人，可以運用和區塊鏈身分相關的雜湊函式，分析有問題的數據，如此便能同時達到保障隱私和驗證來源的目的。[65]

雜湊函式和 MedRec 的指標類似，即便底層數據出現最微小的更動，都會造成雜湊函式和指標完全改變，這樣一來，所有更動都會被注意到，所有輸入的來源數據都會收到接收確認，驗證其永久狀態，並得到存取權限。[66]這種技術如果應用到臉書上，就可以透過加密的方式連結貼文和發文的使用者，同時根據使用者、也就是內容提供者的設定，管理存取數據的權限。不過 Provchain 目前還處於測試階段，尚未正式應用，對 Provchain 和類似的新創公司來說，可能無法承受大規模的市場應用。概念整體上來說是可行的，但仍要等到其開始和現存的系統互動，才能在商業上應用。

將 Provchain 和類似的系統應用到網際網路發展的不同階段中，會造成不同的複雜情況。對 Web1 來說，這類系統如同量身訂做，內容創作者和開發者能保有獨立性，不會碰上太多技術障礙，這已經以去中心化應用程式和去中心化儲存技術的形式存在。Web2，也就是社群網站，同樣會遭遇挑戰，因為大部分數據都不是建立在穩定性和信任之上，針對這個後設數據的驗證和分析，只有在大規模應用時才有用，也就是說，臉書的數據要結合數千個

帳號後才有用，單一帳號就無法應用，我稍後會再討論如何解決 Web2 數據防護和應用的問題。至於 Web3 的物聯網裝置數據，則是在進入資料庫後，以相同的方式運用，新的突破則是將數據產生和處理的方式標準化。

　　驗證資料的真偽仰賴來源追蹤，而這只能透過合法的區塊鏈身分達成，物聯網裝置可以透過生成不可替代的識別碼，和去中心化的資料庫基礎架構結合。目前已經成功在一條全球區塊鏈上，應用物理不可仿製功能（Physically Unclonable Functions，PUFs），為製造出來的裝置註冊數位指紋，和物理不可仿製功能連結的身分應用程式介面，也讓公共區塊鏈化為可能。[67] 信任一開始是授權給原始製造商，因為他們必須確保產品的品質，註冊完成之後，裝置的 ID 便成了無法竄改的產品品質證明，可以防止非法的裝置，因為真正的製造商擁有特別的數學公式，能夠生成密鑰，讓他們成為唯一可以產生裝置 ID 的實體。[68] 一個運用擁有區塊鏈 ID 裝置的 Web3，即便裝置已經出廠很久，仍能確保數據的正確性，進而造就更安全的供應鏈和智慧城市。

　　網際網路發展史的每個擴張階段，都對應資訊製造的指數性成長，去中心化儲存技術的穩定和信任，需要以密集的資源為代價，Web3 裝置需要擁有大量的資源，才能跟上其巨量的資訊製造速度。物件導向的計算機和儲存空間，能夠讓感測器運作，同時不會產生大量的無用資訊，Sapphire 正是這種區塊鏈儲存系統，運用常見的物聯網裝置來運行智能合約。比起讓感測器把所有數據傳回伺服器分析，伺服器再將結果傳回裝置的電路，新系統的一切都是在內部發生。[69] 比如你家中的感測器是透過偵測活動來控制燈光，這些感測器本身也會有足夠的預備儲存空間，可以運行一個完全獨立的程式，來決定何時要開燈。感測器之間可以同步以優化其運作，但並不需要把數據傳到另一個運算裝置，像是你的手機，來決定該開哪盞燈，感測器傳輸的唯

一數據就是最後的結果，也就是要開哪盞燈。Sapphire 系統架構為智能合約量身打造螢幕顯示，所以這些裝置可以在真實世界中操控。[70]

在實際的運作上，這表示當你下班後疲憊地回到家，用來開門的指紋可以自動和智慧型裝置同步，卻不需要動到你那天的瀏覽紀錄，讓你能夠在自己的掌控下安排你的家，完全不需要依靠科技巨頭。自由安排的物聯網裝置非常有效率，運作也很公開透明，因為是在封閉的系統內運作，只要接受這個概念，就能阻止大數據染指智慧型家電和智慧城市。

Web3 的時代即將來臨，還有更多解決方案有待發掘，Web2 則是值得更多關注，因為已經被大到不能倒的科技巨頭宰制，而掌控 Web2 的人，也是用同樣的原則在打造 Web3。

資料安全存取的問題已在處理中，然而資訊一旦遭到存取，區塊鏈就無法繼續提供庇護，二手市場可以追獵複製的資訊，這在音樂和電影產業最為明顯，兩個產業的線上盜版猖獗。比特幣為雙重支付（double-spend）提出的解決方法，解決了貨幣問題，但是一般內容並不共享通用帳本，換句話說，把比特幣複製到你的資料庫中完全沒有用，因為大家只相信比特幣區塊鏈上的數據。但是對電影來說並非如此，複製電影可以有很多用途，為了解決電影的雙重支付問題，電影檔案也應該要有自己的區塊鏈，並且可以透過某種類似區塊鏈的方式觀看，例如 Netflix。

要解決普通數據的雙重支付問題，第一步就是公開數據的擁有者，現在讓我們再度回到劍橋分析的例子，同時假設現行的系統都已經和 MedRec 或 Provchain 這類的解決方案整合。只要智能合約允許，臉書還是會擁有大量的資訊，而如果劍橋分析參與這個網路，他們存取數據的行為都會是公開透明的，因為劍橋分析從其他來源取得的數據，都不會有區塊鏈指紋，但是不管劍橋分析是從哪裡取得數據，後續的使用仍然不會公開。因而區塊鏈的下

一個大挑戰，便是在追求絕對隱私的同時，仍能同時運用這些數據。

　　來自麻省理工學院媒體實驗室的新創公司 Enigma，正在嘗試將上述的想法化為可能，他們運用分散式雜湊表（Distributed Hash Tables），將所有相關數據都存在鏈上，透過雜湊函式壓縮檔案所生成的密鑰遍布網路，讓這些數據可以回復。產生可供識別的分析則是透過多方運算達成，分散的節點會使用無法識別的數據包得出相關的結果，這些結果則是用來改善現有的演算法，而且永遠不會揭露原始資料。此外，必須經過使用者同意，才可以完全回溯現有的數據，未經許可的複製根本不可能發生。[71] 這個計畫最初的目標，是從最新的可用數據中抽取樣本，來改善大規模臨床試驗。[72] 不過除了醫療紀錄外，Enigma 後來也使用了其他領域的數據，包括基因體運算、信用評估與借貸、身分驗證、機器學習數據市場管理等。[73] 來自政府的阻礙，例如《健康保險隱私及責任法案》和《一般資料保護規定》（General Data Protection Regulation，GDPR），都遭到巧妙迴避，不會影響任何參與者。Enigma 有可能在不提供個資給大公司的情況下，為遺傳研究帶來長足進展。

　　Enigma 和其他以加密方式儲存可用數據的計畫，仍處在發展和前導階段，打造隱私層的代價便是要花很久才能商業化，醫療物聯網則是朝向大數據分析發展，看上的是大數據「照護模式分析、非結構式數據分析、決策支援、預測、可追蹤」等奇蹟般的能力和特質。[74] 和智慧城市相比，醫療產業的網路會選擇最方便運用的開發者工具，在邁向認知時代的過程中，科技巨頭已經等不及加上這塊墊腳石了。

　　雖然這些解決方案並不是直接針對科技巨頭，但距離也不遠了，醫療產業便是最好的例子，因為這是個絕佳的領域，能夠讓新科技同時和公部門及私人互動。區塊鏈技術在健康照護領域已有長足的進展，因為這項技術相當重視病人的權益，醫療機構的結構和網際網路的服務供應商很像，同樣擁有

包含可用數據的不同系統，必須在不違反倫理的情況下彼此互動。如果網路公司把使用者權益看得和病人的權益一樣重要，他們就應該把上述的解決方案視為資料儲存系統的典範。

大數據解決方案

要證明直接威脅到 Google 和臉書的想法可行，就必須在獨立的平台上進行，因為科技巨頭還沒準備好在他們的服務中加入去中心化元素，區塊鏈新創公司就是這麼做的，他們提供熱門網路服務的去中心化版本。但是即便這些計畫向迫切需要的世界介紹了優質的科技替代方案，他們本身卻無法和科技巨頭抗衡。

網路上大約有將近七成的廣告來自科技巨頭，[75] 根據數據分析推送的誘人廣告，成了一種煩人的商業模式，Chrome 和 Safari 瀏覽器內建的廣告阻擋軟體，已成為推送自家廣告和追蹤器的手段，還能阻礙其他第三方廣告。而結合「基本注意力」（Basic Attention Token，BAT）代幣的 Brave 瀏覽器，則是提供了一個替代方案。

Brave 是一個動機純正的防廣告瀏覽器，不像 Chrome 的插件使用 JavaScript，Brave 使用的是 C++，能夠防止自動跳轉到不安全的連線，像是 HTTPS 等，同時也能透過創新的方式阻擋追蹤器。簡而言之，Brave 使用的方式比傳統的防廣告軟體好太多，而且已經內建在瀏覽器裡了，這個阻擋程序能夠阻止大部分網站進行未經授權的數據蒐集。Brave 也引進了新的廣告模式，直接供業主、內容提供者、使用者使用，不須科技巨頭介入，這些廣告會以完全非侵入性的方式，直接接觸到受眾。此外，比起在中心化伺服器上蒐集和分析數據，Brave 的廣告採用的是以本機儲存的數據，直接在裝置瀏覽器上運行的機器學習演算法。[76] 使用者可以即時看到所有東西，包

括開啟的分頁、意圖指標、瀏覽紀錄、關鍵字搜尋、一鍵登入等。[77] 演算法同時也能根據廣告本身的特色、重點分頁、瀏覽時間等，優化廣告投放的時間和位置，[78] 而且運算全都是在你的裝置上進行，如此便能保障隱私，因為使用者數據永遠不會離開裝置，這是一個封閉的系統。另外，由於 Brave 不用付錢給科技巨頭，其去中心化模式也會透過他們自己的 BAT 加密貨幣，和使用者分享多餘的廣告收入。[79]

即便 Brave 已算是精明的第三方廣告商，仍然無法對抗科技巨頭對網路廣告將近七成的宰制，Brave 瀏覽器依舊提供 Google 和臉書服務，而這也是其管轄權中止之處。目前尚不清楚 Brave 保護了多少個資，但從各方面看來，其使用者數量絕對不會超過傳統瀏覽器，即便 Brave 瀏覽器的使用人數暴增，Google 搜尋還是會使用 Adwords/Adsense，臉書也還是會繼續竊取使用者的個資。

基本上，Brave 聰明的廣告模式仍是建立在現存模式的基礎上，由於問題出在應用層，想要促成改變的話，應用層的設計非常重要，要移除臉書的廣告，唯一的方法就是建立一個去中心化版的臉書。和科技巨頭正面對決絕對不是這間新創公司的長遠目標，讓大眾理解新概念和新科技才是解決之道，這樣才能讓 Brave 的規模壯大。

社群網站的興盛，便是因為將使用者數據和廣告緊緊結合，對中心化平台來說，這是唯一的獲利方式，不過去中心化系統正在挑戰這個模式。Steemit 是一個以區塊鏈為基礎的社群網站，功能和 Reddit 及臉書類似，所有貼文的文字內容都會登錄到 Steem 區塊鏈上，圖片和影片則預計在之後加入星際檔案系統中。[80] 臉書儲存在中心化伺服器裡的數據，Steemit 則是儲存在二十一個見證人（witnesses），也就是投票選出的節點手上，不過這只是百分之十的數據，其餘數據的分配方式如下：百分之十分給 Steem

計畫系統，即開發者社群，百分之十五給 Steem 幣的持有者，剩下百分之六十五則是給內容創作者和管理者。[81] 整個平台並不存在任何數據蒐集行為和廣告，雖然這整個經濟模式不是那麼直覺，但就像網路廣告一開始也只是一個奇想，現在卻成了市值上兆公司的獲利來源。那麼 Steemit 的錢是從哪來的呢？他們又為什麼沒有打敗臉書？

　　廣告的重點在於取得關注，而隨著廣告的演進，科技巨頭找到的成功公式便是在大數據的協助之下，不動聲色地取得你的注意力，部落格便是使用者自願瀏覽的廣告，只是盡可能將其意圖包裝得不那麼明顯。Steemit 的加密貨幣 Steem 幣可以透過賺取或購買獲得，能夠轉成 Steem Power，提高使用者的內容曝光度和平台影響力。[82] 只要運用得宜，Steem Power 就能顛覆現代的廣告產業，Nike 不用再向 IG 購買廣告，他們可以直接開一個 Steem 部落格，部落格的曝光度則和其投資相關。經過精巧設計的獎勵機制則會把獎勵回饋給使用者，如果 Nike 的部落格能為使用者創造價值，就會從越來越多的參與中獲利，同樣地，如果上面沒有什麼有意義的內容，也會降低部落格的影響力。

　　Steemit 是一個功能完善、公開透明、不可竄改的內容資料庫，註冊帳號數量超過一百萬。[83] 使用者擁有自己創造的數據，還能從中得到獎勵，但仍不足以和目前的社群網站巨人抗衡。Steemit 的用戶數停滯的原因之一，便是因為 P2P 創造的價值遠遠低於現有的框架，科技巨獸的封閉花園為所有新來的人設下了門檻，就算不設門檻，Steemit 仍無法和對手抗衡，因為將人格特質和使用者連結實在太令人上癮。演算法如今已發展到能夠透過分析使用者的大頭貼，來分類其人格特質，並找出互動風格的特色，進而優化使用者體驗。[84] Steemit 的演算法是開源的，完全公開透明，而且直截了當，你搜尋什麼，就會得到什麼，而臉書的黑暗演算法，則是透過創造同溫層，

試圖維持使用者的情緒狀態，臉書令人上癮，就是因為會提供你想要的東西，這讓 Steemit 看起來就像無聊的研究網站。

目前為止提到的計畫，都只是狹隘地打造獨立的區塊鏈解決方案，因為過於執著只有一種應用方式的概念，加上無法接觸傳統系統而受到限制，要重新打造一個安全誠實的網際網路，需要的是自身的去中心化孕育的獨立架構。Oasis Labs 是一個提供去中心化儲存和運算的平台，可以在上面打造去中心化應用程式（Decentralized applications，dapps），功能和中心化的應用程式及網站完全相同，卻不用依靠亞馬遜的網路服務、Google 雲端、微軟的 Azure。Oasis 平台上的運算和儲存，從硬碟層級就開始受到保護，一路到應用層，他們甚至還提供類似 Enigma 的分析，因而開啟了敏感資訊的廣泛運用。簡單來說，Dapp 的發展目的，便是創造所有中心化平台的去中心化版本，以太坊、Cardano、Hedera Hashgraph、Neo、Blockstack、EOS、Dfinity 等，都是著名的 Dapp 開發商。

目前 Dapp 的開發蓬勃發展，但尚未進入應用階段，對一般使用者來說，完全沒理由去修理一個根本沒壞的系統。本章討論的解決方案，包括各種升級版大數據的科技，卻常被誣陷為大數據的競爭對手。如果抱著這樣的心態，這些新科技很可能會失敗，因為無法說服市場在風險未知的情況下拋棄傳統。在數據經濟中建立一個清楚共通的關懷，會是個開始。沃茨對於集體社群意識的比喻，就和這類關懷的核心精神接近：隨著廣告和人類的決策越來越受數據驅動，中心化平台將會獲得大量不受監管的權力。

如此一來將導致一個矛盾的問題，因為要取得社會對科技解決方案的支持，必須說服社群使用非科技巨頭提供、比較不好用的服務，並為個資負責。下一章會描述為何這個訴求注定失敗，只有在了解高度中心化的科技公司之後，我們才能開始運用去中心化的升級，顛覆以數據為基礎的組織。

第 三 章

§

中心化濾鏡

　　第二章中提到的許多解決方案仍是天方夜譚，不過並不是因為技術問題，而是來自對手的網際網路架構，傳統的網際網路架構中有難以解決的權力集中現象，在系統和文化上都反對去中心化。假設區塊鏈科技真的擁有讓網際網路去中心化的能力，要讓社會接受區塊鏈，就必須從階層組織開始。

　　世界結構已變得過度中心化，讓我們習慣用中心化的濾鏡看待一切。我們對組織的中心化視而不見或是極度厭惡，然而這兩種態度都源自於無知。中心化是重要的議題，在討論要用什麼取代中心化時，也具有複雜的意涵。雖然本章的討論不夠徹底，但仍足以根據其目標，判斷我們是否需要去中心化的解決方案。

　　每當人們興高采烈地討論區塊鏈時，總是著重在去中心化上，商業世界由上而下的領導遭到妖魔化，講得好像區塊鏈網路可以取代這種制度。雖然區塊鏈確實是熱門的 Web3 概念，但結束本章的討論後，我們將會清楚知道，想運用區塊鏈來解決階層組織不但會失敗，也永遠不會是合法的嘗試。中心化當然有很多弊端，但要消滅中心化是個不切實際的想法。

　　中心化來自階層組織，而真正去中心化的系統，必須拋棄所有形式的階層組織，但階層組織是無可避免的，在自然界無所不在。從演化的角度來說，如果不採用正式的階層組織，超過一百人的人類社群根本無法存活。[85] 農業革命之所以出現，都要感謝人類採用階層組織並互相合作。[86] 隨著一百人的社群成為一千人的社群，城市和政府也因此崛起。[87]

　　過去幾世紀可說是人類史上自部落時期以來最去中心化的時代，因為這段時間並沒有出現更多互相連結的階層組織，我們暫且將其稱為「**去中心化的階層組織**」。相較於以往，已開發國家人民有更多機會翻轉自己的社經階級，這是前所未見的，人們在不同的階層組織中競爭，而且有機會按照自己的意願在各個階層組織中跳轉，你可以換工作到不同的領域、企業、政府組

織，這些全都是獨立的階層組織。

　　人類現在面臨的是階層組織的另一個問題，網際網路和科技進步讓國家間的界線逐漸消弭，也摧毀了階層組織之間的阻礙。由於階層組織在達到極限之前會一直成長，網際網路因而造就了新的挑戰。階層組織之間的界線原先受到地理限制，這個限制在過去幾個世紀尤其明顯，當時階層組織的規模是依實際的基礎建設而定，而現代的發展則鼓勵合併組織架構，使其成為數量更少、規模更大的階層組織，比如收購這個行為，就完美展示了企業的階層組織總是對大公司有利。這個現象在科技產業尤其明顯，根本沒有實際的界線可以抑制其成長，網路公司的快速成長率已經到了危險的地步，進而使得去中心化的替代方案越來越有吸引力，然而即便是這些替代方案，也不知道該採用什麼策略來對抗現行的制度。

　　所以要怎麼阻止大公司持續擴張呢？嗯，除了依靠政府，好像也沒有其他方法。與其在這裡猜測，我們會重新聚焦討論階層組織的某些基礎，以了解中心化組織有哪些部分是可以改變的。幸好中心化架構遵循可以運用數據解釋的發展法則，而這些法則也無法在文明的脈絡之外獨立運作。

　　常態分布又稱鐘形曲線，是用來解釋一般行為最常見的方法，常態分布的對稱性或說「公平性」，使其應用相當廣泛，但是我們要討論的階層組織，卻是以幾乎完全相反的方式運作，可以透過所謂的「帕雷托分布」（Pareto distribution）來解釋。帕雷托分布又稱 80/20 法則，認為組織中百分之八十的成果，是由百分之二十的人達成，剩下百分之八十的人，則是達成百分之二十的成果。

圖二：帕雷托分布

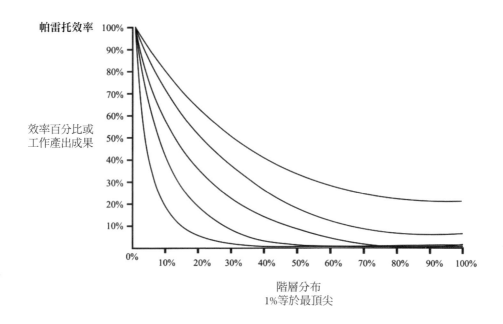

大部分的人可能不會注意到，但這個趨勢到了極端的比例還會繼續向上發展。用一個簡單的實驗就可以證明帕雷托分布如何形成，實驗共有一千名受試者，每個人有十美元，並針對擲硬幣下注，每次下注一美元，結果馬上就會出現常態分布，[88] 有些人會贏，有些人會輸，大部分的人沒贏也沒輸。這個結果是可以預期的，但是隨著時間過去，實驗將會出現帕雷托分布，[89] 大部分的人都輸到脫褲子，少數幾個人則贏得所有的錢，因此世界上百分之八十五的財富集中在百分之十的人手上，這並不是因為他們作弊，[90] 而是自然而然的結果。帕雷托分布可以用來解釋工作產出和成果，這是必然且必要的結果。

圖二有五種不同的帕雷托分布，中間的曲線代表傳統的階層組織，更

高、更平緩的曲線代表更小、更分散的架構，大型的階層組織成長到最後則會越來越貼近 X 軸和 Y 軸，如果曲線變得非常陡峭，就表示出了根深蒂固的問題。在十四世紀以前，人類的階層組織分布在各個大陸，因此小型的帕雷托分布完全沒問題，界線至關重要，階層組織之間也會平衡彼此的規模。科技進步的典範轉移，則透過縮小個體之間的差距，為這些階層組織提供成長空間，印刷媒體使知識差距縮小，催生新的產業，促進世界貿易，普及科技突破，並傳播文學，這股復興把封建制度合併為城市，帶領人類脫離中世紀，世界也變得更小了。

蒸汽機帶動另一次典範轉移，透過火車和輪船縮小距離的差距，工業化隨之而來，創造了新的產業和壟斷的階層組織，使福特、范德比（Vanderbilt）、洛克斐勒（Rockefeller）等家族崛起。這段時間巨大的進步，來自圖二每段曲線左側的效率，開始集中在最有資源的人手上，幸好政府一直以來都不會對壟斷視而不見，保險、醫療、房地產、銀行等產業都受到嚴格的法律規範。網際網路的典範轉移威力強大，使得物理的界線失去意義，也沒有實質的部分可供修正，網際網路起初是個謙卑的去中心化架構，縮小了溝通上的差距，但隨著資訊與通訊科技的崛起，使得原先的阻礙消弭，網路公司得以迅速擴張。

一九八八年到二〇一六年間，美國前百分之一的人口掌握的財富，從百分之三十左右成長到百分之三十九，而剩下百分之九十的人口掌握的財富，則從百分之三十三縮水到不到百分之二十三。[91] 標普 500 指數市值前五大的公司就是科技巨頭臉書、蘋果、亞馬遜、微軟、Google，這並不是巧合，[92] 他們完全不受疫情影響，即便新冠肺炎疫情摧毀了許多產業，科技巨頭的財富和影響力仍持續成長。科技巨頭正是全球財富帕雷托分布中的前百分之一，也是人類史上最陡峭的企業帕雷托分布。上述典範轉移縮小差距的概

念，來自作家里奇 ‧ 艾特華魯（Richie Etwaru），他也斷言區塊鏈會是縮小企業和消費者之間信任差距的典範轉移。[93]

我們來複習一下第一章的內容，在二〇〇〇年以前，人們可以打造和執行軟體，卻很難在網路上成功，雲端透過提供計算能力、儲存空間、軟體主機，解決了這個問題。這開啟了數據分享的新時代，也是今日網際網路的基礎，但同時也剝奪了使用者和開發者可能擁有的權力，並開啟了一個獲利循環，將網際網路的所有獲利放進雲端巨人的口袋。

壟斷的子公司

網際網路的階層組織，和其他受到嚴格監管的產業，兩者相關性並不明顯，畢竟網際網路的優勢是非實體的。然而，因為網際網路的典範轉移，使階層組織反常成長的便是食品產業。直到十九世紀末，食品產業的主流是個別及當地的食物經銷商，也就是家庭式商店。[94] 罐頭和紙箱的普及，促成商業化批發盛行，大型品牌的崛起，縮小了食品的品質差距。由於風險降低，大規模的經銷管道使連鎖店成為更經濟的選擇，接著在二十世紀末期，連鎖店便消滅了大部分的家庭式商店。[95]

目前大部分的食物和飲料品牌屬於十家公司所有，而對零售商來說，連鎖店是唯一具備競爭力的選項。[96] 連鎖店為了提高市占率，願意承受較低的利潤，在過去三十年，連鎖量販店的利潤平均為每年營收的百分之零至百分之二，而消費者則從這樣的模式受益。[97] 這是一個惡名昭彰、競爭激烈的產業，但是巨大的營收讓人無法抗拒，所有主要的產業都出現了類似的中心化現象，市場掌握在少數公司手中，這樣的規模雖然有不錯的短期利益，卻會提高進入產業的門檻。

科技巨頭深諳延遲滿足的道理，不斷降低利潤和價格，只為掌控整個市

場，現在的產業巨頭和連鎖量販品牌一樣，為位在帕雷托分布最強大邊緣的那些人，創造了方便的機會。就以開創一個新的超市品牌所需的資源為例，沒有企業家會願意進入一個利潤上限是百分之二的產業，也不會有任何創投資本挹注，但是當風險能夠分散到好幾百個地點，或是只要承受最初的虧損之後就會開始獲利，那這百分之二的利潤，仍是相當值得。因此，這樣的機會之門只會為大型企業而開，而科技巨頭擁有最多資源和創新能力，所以這便是最適合他們的產業。

　　科技巨頭的目標並不是憤世嫉俗，我也不想把他們描繪成這樣，如果控制得當，這樣的過渡將會為全球帶來好處，我們已經看到亞馬遜收購全食超市（Whole Foods）的建設性成果，消費者很開心能用低廉的價格購買食物，配送也十分有效率。亞馬遜的量販配送平台叫作「亞馬遜生鮮」（AmazonFresh），雖然具體數據沒有公開，但這應該是一門賠錢生意，[98]在科技巨頭的社群中，類似的例子還包括其他數十間子公司。就拿亞馬遜的第一代平板來說，販售 Fire Kindle 的價格甚至比原物料的成本還低，[99]這其實是巨大的虧損，而且賣越多虧越多。Google 的免費服務也走向極端的情況，YouTube 根本沒辦法為公司賺錢，因為 Google 甚至要替花最少錢的消費者，負擔上傳、儲存、播放的成本，[100]大部分的 Google 應用程式也是類似的情況，即便是微軟，也在 Xbox 虧了上億美元之後，出手變得更為謹慎節制。[101]Apple Pay、Android Pay、Google Pay、Samsung Pay、Microsoft Wallet 等，也都是類似的程式，試圖在金融業奪得一席之地，這些程式各自的母公司，絕對不會放過任何控制使用者的機會，就算虧錢也在所不惜，[102]而這一切對使用者的意義，在於科技巨頭提供的服務通常都很棒，而且幾乎不用付費。

　　從獨立的食品經銷商演變成連鎖量販品牌的過程，正是目前科技產業的

縮影，一方面來說，這有利於促進競爭，因為科技巨頭會迫使彼此在壓低產品定價的同時，盡可能勒緊褲帶，但另一方面，這也會使得競爭越來越弱，因為參與遊戲的玩家就只有五名。隨著階層組織的合併達到新的程度，進入的門檻也會變高，所有想和科技巨頭一較高下的公司，都需要根本無法成功籌措的資源，而這只是為了要獲得一個席位。科技巨頭之所以如此成功，正是因為他們知道何時要承擔損失。這些公司的動機便是控制，雖然短期內獲取暴利的誘惑總會吸引其他人加入，但是最後仍然只有科技巨頭能夠成功，因為他們已經掌握了整個科技產業最有利可圖的途徑。

　　同時，就像股市屢見不鮮的情況一樣，負責擦屁股的總是投資人，比如說所有科技巨頭的股票，股價營收比都很誇張，也就是收益與股票價值無關。大部分免費增值的模式都是從創投起家，而上市公司則是透過提高投資人的持股來減少損失，即便如此，他們仍然需要獲利來保住面子。微軟和蘋果擁有直接的收入來源，他們的硬體和軟體都賣很貴，免費增值的產品則是次要的收入來源，臉書和 Google 則是從數據獲利，亞馬遜比較特別，雖然已經宰制電子商務，卻甘願賺取微薄利潤，他們早已準備好隨時提高售價，但是獲利最終還是必須依賴雲端。亞馬遜網路服務是個雲端儲存、運算、內容傳輸平台，發展快速，亞馬遜二〇一八年的獲利大部分來自這個服務。[103]
Microsoft Azure 和 Google 雲端也緊追在後，這三家公司瓜分了全世界雲端的市場。[104]

　　除了規模和控制之外，科技巨頭能夠成功，還包括優化科技和節省開支，他們在這點做得比別人都好，他們的軟體可以免費複製，造就無限大的規模，消費者則透過提供數據來改善現存的系統。數位勞動理論證實，使用者很可能在不知情的情況下擔任勞工，特別是在社群網站上。[105] 科技巨頭的使用者就是產品，而非消費者，只要比一比傳統公司和科技巨頭員工的年

產值就知道了，就拿通用汽車和臉書來說，每名通用汽車員工的年平均產值是二十三萬一千美元，而臉書員工則是兩千零五十萬美元。[106]

本節提到的巨大成功，還都只涉及科技巨頭的規模而已，要和科技巨頭競爭，壟斷的子公司只是其中一項障礙，如果規模是唯一的問題，每次科技巨頭的子公司又開枝散葉，都能透過創投公司資助的新創公司抵銷。科技巨頭不在乎財務控制，這很合理，只要他們在網際網路建立不可逆的宰制，降低價格的理由就會消失，這其中最大的問題，其實在於科技巨頭永遠都能透過掌握的資源獲勝，這是他們與生俱來的能力。

數據壟斷的力量

讓我們再度回到零售商和以數據為基礎的後勤系統，又稱有效消費者回應系統（efficient consumer response，ECR），我們將特別著重在連鎖量販店，因為他們的策略夠深入，甚至可以管理容易腐敗的食物。連鎖超市和供應商的關係複雜，大盤商的目的是要預測不同食物的價格波動，零售商則必須把這個數據和自家的數據比對，以調整價格和購買策略，店家會按照時令，每週決定什麼時間賣什麼食物。[107]零售商必須回答的問題，包括誰會掏錢購買、商品如何陳設、要進哪個品牌等，進而防止進貨滯銷和供不應求，由於利潤只有百分之一到百分之二，每個細節都必須斤斤計較。

一般店家並不具備大型網路監控的能力，因此只能依靠顧客參與 ECR 系統並提供回饋，[108]零售商可以建立顧客的購買檔案，記錄銷售和運送的數據，[109]但這些行為在科技巨頭眼中根本不值一提，這應該不需多作解釋。雖然店內的數據蒐集仍是根據實際的購買行為得來，亞馬遜卻會蒐集過程中的所有數據，甚至不需要回饋給顧客，包括搜尋、點擊、購買、瀏覽、結帳細節等，都是他們為了改善使用者體驗蒐集的數據。[110]上述的策略，只是

亞馬遜超前效率的其中一個面向，根本無人能敵。

只要有在 Amazon Brand Registry 上註冊，大型品牌一開始基本上都不會受到影響，他們眼睛都不用眨一下，就能同時擁抱線上零售和傳統零售。賣家當然可以不加入 Amazon Prime，但這會減少在平台的曝光度。[111] 如果 Nike 想在亞馬遜上銷售，只能註冊品牌，否則就會因為平台搜尋引擎演算法導致銷量下降。

由亞馬遜控制的線上零售業，也為這間公司開啟了新的機會，自己就可以成為一個獨立品牌。以耳機為例，亞馬遜販賣很多品牌的耳機，價格和功能不一，而透過交叉比對數據，亞馬遜就能得知消費者最想要的功能、能夠負擔的價格。結果便會造就無懈可擊的完美耳機藍圖，靠的全是內部市場調查，AmazonBasics 正在引領這股趨勢，他們將成為一個什麼都賣的獨立品牌，而且總是能賣得比別人好。

臉書和 Google 針對數據的使用有明確的理由，使用者提供數據，為的是擁有更棒的廣告，而這全都發生在同一個平台上。掌控大部分的線上廣告後，他們就能決定誰輸誰贏，範圍也不限於付費廣告，平台上一切的曝光度都由演算法控制，競爭對手為了獲得曝光，必須任由科技巨頭擺佈。臉書和 Google 數據運用的另一個創新之處，便是其演進過程，隨著時間推進，提供的服務只會越來越好，[112] 其他人要如何跟已經透過數據優化了二十年的平台競爭？

科技巨頭在數據上的優勢，是包括區塊鏈在內的競爭對手都必須面對的問題。科技巨頭的劣勢，則是有越來越多人討厭他們儲存使用者數據的方式，而且還運用不公平的方式，選擇性分配內容。這是個弔詭的概念，因為科技巨頭免費為大眾創造了近乎無限的數據，我們當然會想要保留這些數據，問題在於，當提供數據的機構影響力與日俱增，組織的公開透明卻毫無

進步，全球風險就會提升。[113] 由於從來沒有內容供應商的角色和科技巨頭相同，我們很難找到參照點，決定多少程度的公開透明才算合適，甚至連找出衡量公開透明的標準都很困難。在規模和社會責任上，政府是唯一能夠和科技巨頭匹敵的實體。

政府巨大的權力和影響力，尤其是在考量新的資訊蒐集手段後，更是需要公開透明制衡，以防獨裁政體崛起。[114] 幸好目前已出現第三方的標準，可以檢視政府公開透明的程度。結果顯示，組織在保護商業機密的同時，仍可為了公益展現不同程度的公開透明。全球開放數據指標（The Global Open Data Index，GODI）和開放數據量表（Open Data Barometer，ODB），藉由評估九十四個政府中的各個部門，建立客觀標準衡量組織的公開透明程度。[115]透過政府支出、立法過程、土地所有權、國家數據等指標，可以得出客觀的結果，為政府治理的公開透明提供廣泛的概覽。[116]

對還沒有規範到私部門的政府來說，數據的公開透明是個重要的議題，所有運用大眾數據的組織，都應受相關的標準規範，例如 GODI 和 ODB 提出的標準。此外，將類似標準應用到網際網路的實踐，應由去中心化的實體推動，並符合大眾的利益。[117]

平台優勢

爭奪主場優勢，是科技巨頭慷慨解囊的原因。在網際網路時代的初始，也就是 Web1，針對靜態網頁的探索便已展開，之後網際網路的組成開枝散葉，網頁變得更容易找到，甚至離線也能運作。在存取控制的方式中心化後，便出現了我們稱為網際網路階層組織的系統，如同圖三所示，只要仔細檢視科技巨頭如何操弄這個金字塔，就能了解與其競爭有多麼不可能。

圖三：網際網路階層組織

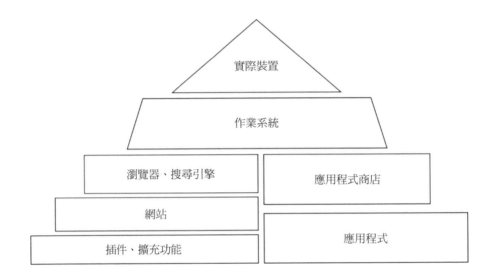

從左邊開始，插件和擴充功能是能夠為現存程式增加功能的軟體，全有賴在其上執行的程式才能運作，幸好科技巨頭通常不會管插件和擴充功能，然而如果即將達成大規模成功，插件和擴充功能的商業模式馬上就會遭到摧毀，因為仍須仰賴科技巨頭的程式。

在瀏覽器的部分，設計大都是從先前的插件和擴充功能衍生而來，瀏覽器本身也能提供額外的擴充功能，比如 Chrome 線上應用程式商店，這很方便沒錯，但在你知道這會為科技巨頭帶來多少力量後，應該也很難認同。臉書提供一個名為 Onavo 的 VPN 來「提升隱私」，卻被發現這個程式是在蒐集從臉書的應用程式轉移使用者注意的應用程式數據，[118] 這個計畫後來就因違反隱私政策終止了。

網站通常可以封鎖插件，這就是為何網站階層比較高的原因，但Google 解決了這個問題，由於 Google 致力於維護使用者的資安，而擁有阻

擋惡意插件的權力。[119] 雖然沒有刻意防止第三方的廣告阻擋軟體，Google 仍從自身的廣告阻擋軟體受益。比如 Google Ad Blocker 就會阻擋網站的在地化廣告，並推播自家的廣告，Chrome 上的 Google AMP，也就是加速手機網頁存取速度的插件，則是會在載入網頁時封鎖垃圾內容，這裡的垃圾內容指的是 Google 不喜歡的網站資源，這樣的做法廣受批評，因為基本上這是在影響打造網站的方式，並讓網站設計者臣服在 Google 搜尋引擎之下。網站只有兩種選擇，不是加入 AMP，就是因為退出而降低在搜尋引擎的曝光度，從更廣泛的層面來看，網站的流量和曝光度完全受搜尋引擎宰制。

坦白說，除了 Onavo 外，上述的行為都不是出於惡意，而是為了使用者的最佳利益著想，因為科技巨頭最終的目標就是要讓顧客開心，也就是極盡所能的控制。因此最後受到影響的只有小規模的開發者，只要這樣的中心化模式一直維持，就無法打破網路階層組織，進而使開發者轉向去中心化的替代方案。

Google 可能是網際網路階層組織左下角的主宰者，但仍會被上面的階層打敗，許多小型的瀏覽器和搜尋引擎，正是作業系統得以凌駕在 Google 之上的籌碼。蘋果的 iPhone 是金字塔頂端的獵食者，採用的是獨立的作業系統 iOS 和 Safari 瀏覽器，Safari 可以選擇任何搜尋引擎當作預設搜尋引擎，因而威脅到微軟的 Bing，Google 搜尋成為 Safari 的預設搜尋引擎，是因為 Google 每年都會付蘋果一大筆錢，二〇一九年就付了一百二十億美元。[120] 微軟的 Windows 作業系統和 Edge 瀏覽器也有同樣的優勢，預先安裝好的實體裝置和作業系統並不是挑選最棒的搜尋引擎，現今軟體已不再是透過自身的優勢獲得市占率，而是因為購買裝置時就預先安裝好了。這樣預先安裝的模式，在進入網際網路階層組織右半部時，也越趨極端。

Google 並沒有自己的產品線或作業系統，卻可以透過其他方式進行

報復，Google 的行動應用程式散布協議（Mobile Application Distribution Agreement，MADA），讓他們能夠宰制裝置製造商。三星製造手機時使用的是開源的 Android 作業系統，為了要讓手機發揮完整的功能以吸引消費者，三星會預先安裝一些應用程式，Google 提供了一整套應用程式，也就是 Google 行動服務（Google Mobile Services，GMS），包括 Google Play Store、Chrome、Google 雲端硬碟、Gmail、Google 地圖、YouTube、Google 音樂、Google 相片等，只要遵守 MADA 的規定，三星就能免費安裝這些程式。該協議讓 Google 可以得知網路使用者的位置，使用 Google 時還需要語音搜尋及協助等功能，同時也包含特定應用程式的定位。[121]

最後，所有 MADA 的參與者還必須簽署反分裂條款，禁止銷售使用其他 Android 分叉版本的硬體，也就是沒有內建 Google 服務的 Android 版本。[122] 這個協議讓製造商和使用者可以使用免費增值的應用程式，這些程式彼此相容，Google 也會獲得好處，使用者會在這些彼此連結的程式投注時間、留下數據，讓他們不想改用其他公司的服務，更別說透過實際裝置，Google 不僅能穩坐網際網路階層組織金字塔頂端，同時還能保障其在下半部的影響力。蘋果使用的也是相同的策略，只是市占率比較小，蘋果的產品線、App Store、IOS 系統鐵三角，讓他們能獨家提供應用程式服務給數百萬名使用者。只要一開始使用這些平台服務，要換去其他家就必須從頭開始，至於第三方的替代方案，則是透過應用程式審核機制或應用程式商店，提供給消費者。

Google Play 和蘋果的 App Store 絕對是市場的領頭羊，因為他們宰制了作業系統，而且提供的應用程式數量是目前為止最多的。[123] 兩者都對應用程式上架擁有一定的權力，也就是審核機制，被下架的應用程式多為惡意或色情程式，但這個權力不侷限於規範不良行為。[124] 很難從下架的案例中得

出特定結論，但仍然可以一窺端倪，比如有個科技教育應用程式一直過不了蘋果 App Store 的審核，但移除其中和 Android 有關的部分後就通過了。[125]

應用程式的曝光度同樣受科技巨頭的應用程式商店搜尋引擎宰制，但應用程式商店的運作模式，所得到的關注遠遠不如對不良行為的管控。目前應用程式商店的目的相當清楚：重點行銷最棒的應用程式，以擴張使用者數量，並抽取購買金額的百分之三十當成報酬。[126] [127]

只要得到科技巨頭的注意，獨立的應用程式便能獲得大量的機會。熱門的應用程式設計最後都會加進作業系統中，包括音樂、串流、電子郵件、相片、GPS、通訊軟體等，科技巨頭還有其他絕招，萬一應用程式變得大到不能倒，他們會直接把對方買下來。以下便是科技巨頭直接收購應用程式的知名案例，Google 買了 YouTube 跟 Waze、蘋果買了 Shazam、亞馬遜買了 Twitch、微軟買了 LinkedIn、Skype、GitHub，臉書則是買了 WhatsApp、Instagram、Oculus。一旦拒絕收購，大型平台會還以顏色，比如 Snapchat 多次拒絕臉書收購後，臉書便透過 Onavo 蒐集 Snapchat 的數據，並在自己的平台上模仿 Snapchat 最受歡迎的功能。[128] 同時還降低 Snapchat 相關貼文的觸及率，並移除 IG 和 Snapchat 的連結。[129]

大部分的平台收購並不是出於恐懼，害怕半路會殺出黑馬，事實上，這類收購大都不是針對直接的競爭對手。平台收購的反競爭特色和數據的累積有關。LinkedIn 是微軟迄今最大的收購案，兩家公司甚至不是競爭關係，但這本質上仍是反競爭行為。[130] 因為 LinkedIn 和微軟使用者高度重疊，也就是商務人士，而且擁有他們職業生涯的細節，使這些數據具備獨特潛力。[131] 收購會使微軟的競爭對手在軟體即服務（SaaS）的製造和行銷上，處於巨大的劣勢。

就連科技巨頭也無法動搖僵化的網際網路階層組織，亞馬遜試圖進入智

慧型手機市場時遇到兩大挑戰，也就是硬體和軟體，兩者都不是亞馬遜的強項。把硬體開發外包給大型製造商完全不可能，因為製造商都受到 Google MADA 的桎梏，作業系統的選擇也很少，因為主流的作業系統都是獨占的。亞馬遜最後以 Amazon Fire Phone 克服了這個挑戰，使用 Android 的分叉版作業系統，預先安裝的程式只剩那些市占率比較低的程式，而且 Amazon App Store 提供的應用程式數量也僅有 Google Play 的三分之一。[132] 如果消費者自行下載常見的免費增值應用程式，手機運行速度就會變超慢，因為類似的應用程式會互相競爭儲存和運算資源。[133] 就算亞馬遜賠本賣手機也沒人買，一年後 Amazon Fire Phone 停止開發。這不是特例，微軟的 Windows Phone 也經歷了類似的命運，全都是因為應用程式數量太少。

如果就連科技巨頭都無法打破彼此設下的界線，新來的人更沒機會了，網際網路階層組織是以帕雷托分布運作，但卻已經太過陡峭，沒有人爬得上去。剩下的選項只有加入這個制度，或是透過典範轉移改變整個制度。正面迎擊這個階層組織必敗無疑，政府便付出了慘重代價才學會這個教訓。

壟斷的正當性

科技巨頭會扯上壟斷，大都和套裝販售有關，也就是一次販售多樣產品和服務，不提供單獨購買，網際網路階層組織中的平台能夠持續強大，正是來自其販售套裝的能力，也就自然會產生壟斷問題。上一節討論的套裝軟體，對消費者和供應商來說都相當有利，因為這些軟體提供彼此相容的免費增值服務，不過也引起了疑慮，究竟服務的成功是來自消費者的判斷還是預先安裝？[134] 立法者必須處理兩個重要問題，套裝軟體到底是分開的產品還是單一產品？以及這些軟體是否阻止消費者取得其他類似的第三方軟體？[135]

微軟是網路時代的先驅，也在每次的監管風暴中首當其衝，並為科技

巨頭鋪路。針對套裝軟體壟斷的疑慮，可說是由 Windows Media Player 而起，由於微軟在二〇〇〇年代初期主宰了個人電腦作業系統的市場，於是強迫製造商在每台使用 Windows 系統的設備上，預先安裝 Windows Media Player。微軟只會發給願意預先安裝 Windows Media Player 的製造商安裝 Windows 的許可。[136] 使用者可以安裝其他音樂播放器，但也無法移除微軟內建的播放器。[137] 美國司法部並沒有緊咬這個議題，但歐盟委員會和歐洲的法院卻追求促進公平競爭的環境，不允許壟斷的權力濫用。[138] 總之，歐洲法律戰爭的結果，忽略了套裝軟體帶來的效率，最後蒙受嚴重損失的仍是消費者的權益。[139] 政府的干預讓所有人都氣炸了，因為不管微軟壟不壟斷，使用者都很喜歡使用微軟的產品。

套裝數位軟體當時才剛開始發展，後來美國司法部的一樁訴訟，因為微軟和製造商簽訂預先安裝自家瀏覽器的協議，認定微軟違反《休曼反托拉斯法案》（Sherman Act），強制公司拆分，[140] 後續的訴訟在上訴法院逆轉了這個判決。[141] 微軟抗議的理由一直都是他們的套裝軟體是由多項不同服務組成，[142] 反對微軟的人則是認為，消費者對產品包的不同部分有獨立的需求，因而把所有服務包在一起就是壟斷。網際網路階層組織的本質，和微軟早期的套裝軟體嘗試非常類似，只是規模更大，但微軟無法跟其他科技巨頭一樣全身而退，因為微軟在數據經濟出現之前便已崛起。高額的收入使微軟的壟斷顯而易見，但今日的免費增值模式，卻能在同樣的情況下逃過一劫。

Google 現今正運用作業系統優勢推廣套裝軟體，Android 裝置上共有超過百分之九十的第三方應用程式是透過 Google Play 下載，[143] 歐盟委員會因而認定 Google 和 Android 作業系統及相關應用程式的連結違法，[144] 不過後續並沒有實際的懲罰，因為牽涉的各方都會非常不便。

和大眾並不想要政府干預微軟的理由相同，沒人想因為壟斷失去

Google 提供的免費服務，但是這次問題變得更迫切，因為這不只是和消費者有關，有許多公司現在都仰賴 Google 的免費增值模式。

三星選擇採用 Google 的免費套裝軟體便已表明立場，因為沒有更好的選擇，只要看看 Windows Phone 跟 Fire Phone 就知道，消費者和製造商如果沒有 Google 行動服務，情況會有多可怕。Google 的「套裝軟體是由多項不同服務組成」論述之所以成立，是因為現在不是微軟時代，市場上已有許多規模相當的競爭者存在。科技巨頭是一個完美平衡的壟斷制度，只要其中一間公司遭受損害，就會有另一間公司獲得成長空間。

現在來看看立法者試圖對抗 Google 套裝軟體時落入的困境，唯一能抗衡蘋果和微軟封閉作業系統的，只有開源的 Android 作業系統，而這正是 Google 採用的系統。如果認定套裝軟體違法，就會迫使 Google 開發自己的封閉系統，進而造成獨占軟體的影響力增加。[145]

上述的市場現實，使美國聯邦貿易委員會在二〇一三年針對 Google 進行的壟斷調查中，一致同意撤銷對 Google 的控告，[146] 聯邦貿易委員會此後也不再緊咬相關議題。[147]Google 的套裝軟體達成了微軟永遠無法達成的成就，使一個壟斷的市場在大眾眼中看起來反倒像是一種恩惠，現在所有科技巨頭都能安心待在有圍牆的花園裡繼續提供套裝軟體了。此外，科技巨頭無法在法律上獲勝，也代表他們不會繼續在行政程序上大費周章，無論如何，這部分的法律爭議永遠都不會有贏家，因為雙方深不見底的口袋將會阻止任何具體的行動，例如二〇一九年的「蘋果對派普案」（Apple V. Pepper），就是美國最高法院對蘋果做出的「裁決」，結果也只是為更多類似訴訟開了一道門。

因為所有人都需要免費增值模式，使得政府對抗科技巨頭的唯一優勢蕩然無存，過往的壟斷能夠管理，是因為收入模式比較簡單，而且通常是在單

一產業之內。當年聯邦政府命令標準石油（Standard Oil）拆分時，標準石油便分為不同的石油公司，這很不錯，但是把同樣的模式應用在科技巨頭上，就會讓所有人陷入無止盡的循環。[148] 要如何拆分一間是以數據和控制、而非收入維生的企業？壟斷的子公司通常是虧錢的收購，單獨存在的話根本無法生存。由於科技巨頭的影響力無遠弗屆，要讓其順利解體，將會需要難以想像的全球合作，科技會繼續以法律跟不上的速度改變，而政府在其中扮演的角色，則是會繼續扼殺那些他們亟欲保留的創新。[149] 如果政府以大眾的利益為依歸，就會被迫容許壟斷的存在，對政府來說，展開法律大戰注定徒勞無功。

受監管的市場宰制

科技巨頭的成功並非靠運氣好或邪惡行為，他們的伺服器提供優質的產品相容性、價格、P2P 價值，科技巨頭只剩下彼此足以競爭，因為他們共享同樣的開放原則。他們唯一的罪行，就是把消費者看得比競爭對手還重要，而且規模太大了，也就是說，他們的制勝策略是完全可以受監管的，學界對這點很有信心，但是主流媒體對此並不樂觀。

大眾應該用對待其他企業的方式看待科技巨頭，如果有人免費提供你優質的服務，應該保持戒心同時心存感激，如果你的擔憂成真，就去尋找可以信任的類似服務。

科技巨頭的制勝策略是極盡所能的控制，因此中心化的組織架構會是最好的選擇，這點某種程度上來說是正確的。科技巨頭之所以握有平台、數據、收購等優勢，主要是因為手上掌握的大量資源，本書後續的章節將解釋去中心化的經濟模式如何解決資源的問題。現在，我們會專注探討伴隨中心化而來、無可避免的困境。

　　科技巨頭是在多邊市場中運作，他們的消費者是彼此依賴的不同客戶群，包括零售商、廣告商、使用者等，比如亞馬遜的買家和賣家是不同的客戶，如果少了其中一方，另一方就沒用了。所有科技巨頭都面臨一樣的困境，這迫使他們的組成不斷變動，主體則是位於這些變動的中心。不同的元素讓他們的協定相當多樣化，可以觸及所有產業，競爭對手則是一次只能面對一個產業。但是當我們理解到，科技巨頭並不能從中心切割出協定後，這項優勢就會開始動搖。

　　套裝軟體就是很好的比喻，應用程式原先是獨立的程序，但是一由中心化的權力實體以套裝的方式提供，就成了容易攻擊的目標。數據誘捕系統（Data honeypots）是中心化的科技巨頭最大的弱點，這個問題會導致各種和隱私相關的法律威脅，程度堪比壟斷問題，現在之所以尚未開始討論這個議題，是因為沒有法律可以規範其中的核心問題。就算加入資安措施，也無法改變中心化數據結構最後還是會被駭的事實，因為這個數據結構本身就解決了攻擊者最大的問題：要去哪裡找到有用的數據。[150]

　　只要網路上存在獨立控制點，後續的回復就會受到影響，先前已發生過多次阻擋資料存取的雲端服務干擾，包括人為疏失和天災等，兩者都是源自單點故障。二〇一七年二月二十八日，亞馬遜的簡易儲存系統（Simple Storage System）就因為微小的程式錯誤，導致美國東岸的某些應用程式故障。一般來說，雲端故障還蠻常發生的，而且科技巨頭的網路並不是為了應付世界各地可能發生的黑天鵝事件打造。對客戶來說，雲端服務供應商的信用非常重要，無論雲端是以何種方式控制，只要雲端數據是中心化的，信任終究都會受到影響。[151]

　　要修復所有科技巨頭的中心化弱點，需要從根本改革產業結構，但要如何改變擴張中的階層組織，而且這些組織如此接近帕雷托分布的效率？透過

創造一個全新的市場以及帕雷托分布與科技巨頭競爭，典範轉移將能改變遊戲規則，產業的架構是由協作方式決定，以平均的分散取代現有的協作方式，便是根本的轉變。此處討論的議題有些模糊，因為基本上這是用來形容高度技術性改革的比喻，接下來的章節將會深入討論技術議題，檢視 Web3 的哪些部分屬於網際網路的典範轉移，哪些又不是，但這些都還沒成形，因為區塊鏈世界尚未開始朝改革的方向發展。

目前區塊鏈對科技巨頭來說尚未構成威脅，中心化的區塊鏈計畫正大獲全勝，瑞波幣（Ripple）是目前最成功的金融科技加密貨幣，因為中心化使其具備能和銀行體系競爭的能力，至於臉書的 Libra 幣，我們就姑且說其目的並不是為了分散控制吧。Coinbase 和其他交易所身為加密貨幣守門人的重要性，甚至超越科技巨頭身為網際網路守門人的程度。對現在的企業來說，私人區塊鏈是最好的選擇，而大多數的公共區塊鏈也已變得相當中心化。這些「去中心化」計畫的諷刺之處，在於他們竟也成了試圖奪取控制的嘗試，沒有人反對這點，畢竟區塊鏈的主流論述根本毫無意義。

中心化和去中心化是擴張影響力的關鍵嗎？假如所有重量級的支持者都把收購區塊鏈當成壟斷的手段，那區塊鏈又要如何去中心化？信任和公開透明在哪些方面能發揮作用？在區塊鏈典範轉移中，可能出現無數類似問題，而這些問題都沒有直接的答案，在不同的情況下，兩個相反的答案有可能都是正確的，但是這種說法並不是所有人都會買單。最後大家只好開始講述聽起來最棒的版本，導致根本沒有人知道接下來會發生什麼事。

第 四 章

S

崩壞和錯覺

　　想像一下，在一九九五年要如何和其他人解釋網際網路，當時網際網路的使用者數量還不到世界人口的百分之一。[152] 或是更進一步想像，你是一九九五年時少數理解 TCP/IP 的先驅，為了要把這個詞彙傳播出去，你用大家首次正式達成共識的定義試圖解釋網際網路：

　　「網際網路」是一種全球資訊系統，一：透過特定的邏輯，由根據網際網路協定（IP）及相關擴充功能組成的獨特位址空間連結而成。二：透過傳輸控制和網際網路協定（TCP/IP）、相關擴充功能、其他和 IP 相容的協定，促進通訊發展。三：能在此處描述的通訊和相關基礎建設上，提供、運用、或將高層次的服務化為可能，包括公共和私人用途。[153]

　　由於這段敘述的前提實在太過複雜，可能沒有人會理你，在以前從來沒有出現過類似東西的情況下，我們要如何理解網際網路的無限可能？就連最基本的概念都很難理解，亞馬遜到底如何賣書？Yahoo 能搜尋什麼資訊？微軟提供什麼服務？[154] 在這段過渡期中，網際網路先驅需要支持、資金、使用者、開發者，而要提高大眾的意識，就必須把使用的術語變得更接地氣。

崩壞的術語

　　要向大眾介紹網際網路科技，最好的方式就是忽略技術細節，而以「改變世界」這類遠大願景為號召的商業模式，不但能達成目標，還能吸引大量資金挹注。一九九八年，這些酷炫的名詞在坊間流傳三年之後，科技新創公司終於有了可信度，到了一九九九年十月，前一百九十九檔網路股的總值達到四千五百億美元，並創造了一個在一九九五年以前根本不存在的領域。[155] 這些公司當年造成了高達六十二億美元的鉅額虧損，隨後二〇〇〇年時網路就泡沫化了。[156]

　　有關網路泡沫化的討論，幾乎很少提到這項科技本身，經濟學家喜歡把

問題怪到市場操控和投資人心理上，這兩者在未來的泡沫經濟中也一再出現，空洞華麗的詞藻取代了真正的經濟學探討，使討論失去意義。[157] 更有建設性的問題應該是：為什麼網路後來的蓬勃發展，並沒有讓一開始的公司獲益？

加速網路泡沫化的是散戶而不是法人。[158] 隨便一個路人的分析，根本不足以預測科技股的成功，大家都覺得自己搭上了另一次淘金熱的順風車，卻根本不知道整個產業到底在幹嘛。一九九九年春天，每十二個美國人就有一個正在創業。[159] 他們必須在自己的事業中加上某個大家都理解的網路術語，「dotcom」就是這個術語，這是新創公司的門票，能讓他們成為值得投資的網際網路中流砥柱。

對任何在幣圈（Cryptosphere）混過三十分鐘的人來說，二〇一八年的加密貨幣崩盤和當年網路泡沫化的相似程度可說是怵目驚心，「加密貨幣」就是那個沒用的術語，只是用來簡化區塊鏈這個概念。比特幣泡沫之所以讓人想起網路泡沫化，就是因為瀕臨倒閉的公司想盡辦法和加密貨幣扯上關係，好暫時維持自己的市值。[160]

區塊鏈和網際網路這兩種科技，至少在其發展的最初幾十年間，最適合的用途都是用來輔助傳統產業，而不是直接成為產業本身。在兩次泡沫化中，這項事實缺乏吸引力，無法和發大財的投機心理相容。在後續的幾年間，只有幾間科技公司存活下來，然而網際網路可說影響了所有重要產業。

有關網路泡沫化另一個常被忽略的重點，則是網際網路的先驅是如何把其視為一次激進的嘗試，試圖透過匿名的研究者和開發者推動去中心化。[161] 聽起來很耳熟對吧？沒錯，因為 OSI 跟 Napster 這類協定，還有比特幣也都是這樣。所有根據開放原則建立的科技，不是慘遭摧毀，就是變得中心化，或是成為私人版本。透過去中心化，區塊鏈科技具備強制誠實的屬性。

網際網路科技起初也具備類似屬性，卻因為中央機關的反對變得不太穩定。創新未必總是帶來良善的發展，科技巨頭的設計雖然讓網際網路邁入下個里程碑，卻剝奪了其他發展的可能。集體的論述將決定創新如何運用，以及要朝哪個方向發展，普遍存在的錯覺卻悄悄將區塊鏈的發展引導至不重要的方向。

在不明白區塊鏈將如何改變世界的情況下，我們會一直重蹈覆轍，不知道該優先往哪個方向發展。網路泡沫化的公司無法享受網際網路的成功，因為他們並未對網際網路的發展目標達成共識，然而就算他們失敗了，仍然對網際網路最終的成果產生了重大的影響。

許多沉溺於加密貨幣的計畫都是在重蹈覆轍，區塊鏈新創公司視為標準流程的非傳統方法，通常只是為了掩蓋自己的缺陷，揭露這些缺陷在加密貨幣社群仍是禁忌，因為這等於是在攻擊一種獨特的非主流文化。然而跟加密貨幣狂熱信徒的感受相比，相關資訊會如何影響 Web3 的發展更重要，為了要達成理想中的區塊鏈未來，我們應該更客觀地檢視新創公司。

新創公司的失敗

大家在知道區塊鏈之前，一定都先聽過比特幣，這是一種數位貨幣，又稱加密貨幣。這個故事耳熟能詳，如你所料，有些人和區塊鏈新創公司會把加密貨幣當成貨幣使用，是這樣沒錯，但加密貨幣主要用途其實和價值無關。區塊鏈不一定需要加密貨幣，不過對新創公司來說，加密貨幣確實是方便的募資工具。

我們應該把加密貨幣視為實用的代幣，用來購買網路影響力和運算資源，然而，多數公司卻隨便將其當成可以替代的工具，應用到任何看起來有賺頭的商業概念上。

從專門發行加密貨幣的平台，我們就可以知道大眾對其用途的想像有多狹隘，Waves 是一間加密貨幣新創公司暨平台，專營客製化區塊鏈代幣發行。[162] 不過所有人都能製造代幣，我十分鐘就能弄出一個加密貨幣。此處的目的主要是代幣化，也就是以代幣代表實際的資產，其中的價值在於讓很難轉換成現金的資產更容易流通，比如說商用房地產就可以當成可交易的代幣看待。這個簡單的概念，使得 Waves 在二〇一七年六月時，成為市值前十高的加密貨幣。[163]

Waves 唯一的大規模應用華堡幣（Whoppercoin），在全俄羅斯的漢堡王門市流通，每個華堡幣的價值等於一個華堡，結果這個非常不便的獎勵機制在幾個禮拜內就宣告失敗。[164] 諷刺的是，每個 Waves 代幣的實際價值，都仰賴發行代幣的統一管理機構，這代表只要漢堡王一聲令下，華堡幣就會瞬間變成垃圾。

如果應用到更極端的例子，例如房地產上，就會變成嚴重的問題。代幣的價值假如不是由發行者決定，而是必須同時發展出一個複雜的平台，就會造成代幣只能在平台上使用。Waves 是世界上最大的代幣化平台，發行了數千種毫無價值的代幣，而這對區塊鏈產業帶來的影響，並不在於平台本身的失敗，而是失敗的消息傳遍千里。

從這個故事得出的結論是代幣化失敗了，但這並不是事實，代幣化如果應用到房地產、公司股份、其他實質的有價資產上，成效可能會很可觀，只是不能用在華堡上。要好好應用代幣化技術，必須克服複雜的技術和法規挑戰，而群眾募資的新創公司如 Waves，並不具備這樣的能力。

區塊鏈的主要應用都有加密貨幣在背後支持，卻常常發生類似的事，而這樣毀滅性的模式造就了汙名，使得聲譽良好的公司和政府對區塊鏈卻步。剩下的結論就是無數的失敗代表失敗的科技，但真正應該怪罪的，其實是這

個年輕產業背後的錯誤方法。為了吸引真正的創新人士，我們必須先點出某些新創企業不願面對的真相。

說得到做不到

我們常使用「**公開透明**」、「**去信任化**」、「**去中心化**」、「**安全**」等詞彙來形容區塊鏈，但這些術語其實都是誤用，新創公司通常不會指出其中問題，而是大肆炒作，使一般消費者忽略背後複雜的真相。

暫且不提特定區塊鏈的特色，從整個區塊鏈產業的角度來說，這些詞彙無法精準描述提出區塊鏈解決方案的實體，企業的標準和這些詞彙完全無關，進而讓區塊鏈科技越來越聲名狼藉。

公開透明與偽公開透明

區塊鏈的形式可以從完全公共到完全私有，比特幣的所有交易也是完全公開透明，但是這些交易都是透過匿名進行，也就是參與公開交易的匿名位址或身分，偽公開透明的優點在於，可以讓所有人共享相同的事實，同時也能保有隱私。

加密貨幣也是以類似的方式運作，促使發行加密貨幣的新創公司稍微公開透明了一點，尤其是在募資階段或首次代幣發行（Initial Coin Offerings，ICO）時。以太坊上的 ERC20 代幣就永久記錄了 ICO 時的所有參數，以太坊區塊鏈的所有參與者都可以檢視，貨幣價格、總發行量、每個帳號購買的數量，通通都是公開的，交易則是記載在便於使用的偽公開透明帳本中。

各個產業的企業如果採用這個方式，會有絕佳效果，但是在群眾募資階段結束後，組織的公開透明也隨之蕩然無存。ICO 募得的資金，通常是以

該平台的加密貨幣支付，資金會先存在公用帳號中，接著再換成法定貨幣。但是 ICO 結束之後，公司的支出、收入、整體的財政健康狀況都不會公開，新創公司自身區塊鏈上的餘額也不會提供有用的資訊，更何況所有的帳號都是匿名的。

絕大多數的 ICO 都沒有向美國證券管理委員會（Securities and Exchange Commission，SEC）註冊，市場專家規避的方式，是把加密貨幣視為貨幣衍生商品或代幣，而非需要執照才能販售的證券。[165] 要向 SEC 註冊證券，需要審核公司業務說明、證券說明、公司管理資訊、財務狀況等，證券成功註冊後，相關資訊便會全部公開，以保護投資人。[166] 大家常把傳統系統的公開透明視為理所當然，然而區塊鏈新創公司卻很少遵守。

事實就是和傳統證券相比，加密貨幣新創公司的財政狀況其實更不透明，區塊鏈的帳本提供不可竄改的事實，但這只針對加密貨幣本身，背後的公司卻能隨心所欲操控一切。

新創公司 Coinmetrics 便是透過分析區塊鏈數據來挖掘這些隱密的事實，他們發現在同步銀行帳本上取代 SWIFT 的金融科技新創公司 Ripple，在季度第三方託管結算時，少報了兩億個 XRP 幣，[167] 他們也在 XRP 第三方託管的紀錄中，發現前後不一致之處，其中涉及五千五百萬個 XRP 幣。[168] 即使有完全公開透明的區塊鏈，真相仍是不清不楚的。

技術上來說，透明度存在於所有公共區塊鏈中，但用處因應用而異，若是有歧異或不信任存在，透明度便能發揮最佳效用。企業如果透過新科技公開財務和經營狀況，將會獲得莫大效果，然而這種觀點不被接受，因為會讓這個汙名化產業的劇本完全攤在陽光下。

所以就只剩下遭到誤解、未充分利用的區塊鏈特色了，區塊鏈**同時**透明又匿名、公開又私有的概念，現階段聽起來可能很矛盾，但這是來自區塊鏈

近乎完美平衡的匿名性和去中心化，讓我們不需要領導者就能信任彼此，這是科技的超能力，原因則將在本書後續的章節越辯越明。

去信任化與值得信任

「**去信任化**」（trustlessness）一詞在幣圈有個違反直覺的定義，那就是**不需要**信任，而不是缺少信任，一個去信任化的系統是非常可靠的機制，即便大多數的參與者都不值得信任，仍然完全可靠，本書剩下的部分都會以上述的定義使用去信任化一詞。

區塊鏈的去信任化特色幾乎在所有應用中都會大書特書，但是相關的新創公司總是無法兌現承諾，加密貨幣的騙局讓大眾一天損失數百萬美元，[169] 去信任化又有何意義？在一個真正的去信任化系統中，背後的協定非常可靠，不需要任何受到信任的實體來維護，即便有不受信任的實體加入，也不會漸低結果的可信度。但就像公開透明一樣，去信任化的原則只適用於鏈上的數據，而非所有和區塊鏈世界互動的端點，端點指的是和分散式帳本技術（distributed ledger technology，DLT）相關的傳統網際網路平台，比如幣安（Binance）雖然身為世界上最大的加密貨幣交易所，平台本身卻是非區塊鏈的網路端點，使其淪為駭客攻擊的對象，進而導致加密貨幣失竊。對端點的依賴會減少，但是除非完美的 Web3 出現，否則端點不會消失，所以我們最好把心力花在決定哪些端點值得信任。

我不會對無所不在的加密貨幣詐騙多做解釋，因為他們操控的是市場，而非區塊鏈技術本身，本書的篇幅將用來揭露那些無意的信任崩壞，正是這些崩壞，導致區塊鏈科技成為眾矢之的。比特幣及其他加密貨幣，和法定貨幣最大的不同之處，就是交易過程不需中介機構，但是最流行的交易平台卻是中心化且易受攻擊的。二〇一四年 Mt. Gox 被駭損失了四億美元，二〇

一六年 Bitfinex 被駭損失了七千萬美元，其他還有超過十五起駭客事件，每起損失金額都超過一百萬美元，此處的金額皆以事件發生時的幣值計算。[170]

Coinbase 和 Gemini 是少數幾間紀錄良好的交易所，同時也是幣圈的守門人，並提供法定貨幣兌換加密貨幣的服務，這項服務少不了應付銀行和政府的繁文縟節，雖然不是自由主義者的終極夢想，仍然受到許多人信任。Coinbase 這類受到法律規範的大型交易所，會透過客戶審查（KYC，Know Your Customer）連結數據和可驗證的身分，如果沒有這個措施，萬一遭到網路攻擊或是忘了登入資訊，就沒辦法救回帳號，個人識別資訊也能同時防治洗錢、詐騙、恐怖分子籌措資金和其他金融犯罪。[171]

交易所機制顯示了要讓端點值得信任必須付出的代價，為了信任犧牲去中心化的匿名性，在金融、供應鏈、物聯網應用中都是必要的，比特幣的極端信徒卻反對這種概念，因為這代表必須信任一個握有個資的中心化實體。

這些彼此衝突的意識形態往往會忽略重疊的領域，也就是去信任化，在一個充滿不可信參與者的系統中，信任得以彰顯。隨著區塊鏈科技日新月異，將能在不需揭露數據的情況下，獲取有用的資訊，使得先前從未想過的折衷方式化為可能。區塊鏈領域的重要發展，開始邁向真正的去信任化，但這樣的成功仍因為企業選邊站引發的雙線戰爭受阻。

資安和網路攻擊

根據摩爾定律（Moore's Law），每兩年電腦的運算能力就會加倍，這使得二十一世紀基本上沒有系統是安全的。即便每條區塊鏈的漏洞各不相同，一次強力攻擊仍有可能突破防線。同時因為區塊鏈的設計就是防駭，學界也不斷討論各種可能的攻擊，例如量子電腦就有可能摧毀區塊鏈，但也不代表傳統系統的防禦能力比較好。針對量子電腦的防禦，在區塊鏈發展中算

是活躍的領域，而且從更廣泛的角度來看，資安工作永遠需要不斷改進，這是不分系統的。

公共區塊鏈通常比傳統資料庫架構更安全，但並非不可破解，區塊鏈和非鏈端點連結時，便會出現比較嚴重的資安威脅，不過這些威脅都是可以處理的，我們直接來看區塊鏈會對一般的網路端點造成什麼影響，這樣會比較好解釋。

二〇一二年，一群中國駭客透過釣魚郵件駭進了一間美國化工公司的伺服器，蒐集了數個月的智慧財產權之後，打造出山寨版的產品，接著弄亂該公司的主生產排程試圖打亂出貨，同時提供有新專利支持的山寨版產品。[172] 這並不是個案，供應鏈的資安需求已超乎預期，但產業專家低估實施成本有十倍之多。[173] 那麼我們最愛的區塊鏈，又會如何改變這間化工公司的命運呢？

情況明顯不會有太大改變，就算主生產排程是採用區塊鏈技術，化工公司還是會被駭，智慧財產權也會被竊取，但是生產排程本身不可竄改，這代表公司不會失去對產線的控制。[174] 不過這離理想狀況還差很遠。透過分析基礎的分散式帳本技術，研究者得到了直接卻不完整的結論，資安問題不會因為採用分散式誘捕系統就解決，這個結果不意外，但研究依然指出區塊鏈是無效的解決方案。

不幸的是，許多公司依然用這種單一的方式看待區塊鏈，對於問題沒有解決感到很困惑。請注意，駭客可能攻擊的漏洞都發生在傳統的網際網路基礎架構上，把一個區塊鏈生產排程丟到上面，根本不會有太大改變。那間美國化工公司真正需要的是 Web3，區塊鏈有巨大的潛力提高系統安全性，但是只有科技公司有辦法打造這樣的解決方案。覺得光靠區塊鏈就能拯救世界的傳統產業，本身並不屬於革命的一部分。

去中心化與中心化

為了要建立標準，衡量系統如何才夠格稱為去中心化，我們需要先檢視比特幣的去中心化特色。雖然匿名使得比特幣的分配情況很難驗證，但常見的資料大都認為百分之四的人掌握了百分之九十五的比特幣，這個比例甚至比現行的金融系統更集中。[175] 不過比特幣的分配情況對整個網路的共識機制來說不重要，從資安的角度來看，真正重要的是比特幣礦工運算能力的分布，但這也一樣由少數幾間公司把持，這些公司透過商業化和中心化，成了大型的挖礦基礎設施。

多數公共區塊鏈以類似的共識機制（而不是貨幣的分配）運作，共識機制決定了網路的影響力，使其變得中心化，也和區塊鏈不可竄改的特質直接衝突。「我們只信任程式碼」是幣圈長久以來的口號，認為人為的干預對區塊鏈根本無足輕重，因為區塊鏈的數據絕對準確，永遠不需修改。這個激進的構想在百分之九十九點九九的情況下都沒問題，但萬一有問題，就會是場大災難。

二〇一六年五月，新創公司 slock.it 提議創立一個去中心化自治組織（decentralized autonomous organization，DAO），為群眾募資的新創公司進行商業服務。這個計畫就叫作 DAO，在幾個星期內便募集到一億五千萬美元的資金，平台本身是由許多智能合約組成，擁有拆分功能，參與者可以交易代幣，並在離開時提領以太幣。一名駭客便利用了這個漏洞，在前一個要求還沒處理完時，就發起新的要求，而且在這段空窗期盜領不會被發現。[176] 這個程式碼錯誤最後造成的資金損失超過五千萬美元。[177]

以太坊區塊鏈本身在事件期間沒有出現任何錯誤，所有的交易都符合程式碼的規定，只是不是開發者預設的那樣。以太坊社群這時面臨了抉擇：讓敵人帶著竊取的資金拍拍屁股走人，或是團結在一起，透過硬分叉（hard fork）回溯所有交易。最後他們選擇了後者，使得以太坊區塊鏈分成一模一樣的兩條，並強迫所有網路節點選擇其中一條。

　　大部分的節點都接受升級，並支持新的區塊鏈，原先的區塊鏈則稱為「以太坊經典」（Ethereum Classic），至今還有一小群礦工在維護。[178] 以太坊基金會的決定，證明以太坊區塊鏈並非真正去中心化，也不是不可竄改的。隨著發展越來越進步，一定會需要比原先預期更多的預防措施，以區塊鏈為基礎的信任也需要備份。第五章討論治理機制時，會提出最新的方法，但這個方法才剛開始發展，而且相當複雜。

　　無論區塊鏈如何平衡去中心化和不可竄改的特性，要處理好都會非常困難，只有最好的區塊鏈能夠克服這個挑戰。於是最重要的問題便出現了，那就是新創公司常常不自量力，就像我們也不會希望新創能源公司嘗試水力壓裂技術（hydrofracking）一樣，區塊鏈最先進的構想其實不應該由新創公司主導。

無效的極端應用

　　上述討論的失敗都是單方面的，應該視為小小的錯誤，只要回頭修正就會找到解決方法，而要打造更廣泛的解決方案，必須徹底剷除現有的軟體基礎設施，並以各種創新科技取代，例如 Dapp、零知識證明、分散式帳本、三盲身分驗證（triple-blind identity verification）、智能合約、分散式運算、存在證明（Proof of Existence）、治理機制、DAO 等。如果我們在去中心化上妥協，過渡的數位政府就會成為分散的決策者。由於這些解決方案相當複雜，發展也很緩慢，因此經常被區塊鏈的忠實信徒忽視。

　　而這些忠實信徒彌補失敗的方法，則是不斷提出科幻小說般的新構想，知名區塊鏈狂熱分子暨「區塊鏈研究中心」（Blockchain Research

Institute）的創辦人亞力士・泰普史考特（Alex Tapscott）和唐・泰普史考特（Don Tapscott），在他們經常被引用的著作《區塊鏈革命》（*Blockchain Revolution*）中，多次舉例說明這種無效的極端應用，[179] 比如說以下這段和肉品供應鏈追蹤有關的說法：

> 食品產業能夠儲存在區塊鏈上的不只牛隻本身，還包括每塊肉品，都能和 DNA 連結。立體的搜尋能力可以大規模追蹤家禽和家畜，讓使用者連結動物的身分和其生活史。透過複雜但相對容易使用的 DNA 科技及智慧資料庫管理系統，就連最大的肉品製造商也能確保品質和安全。[180]

這個構想缺少前後文的解釋或引用支持，造成供應鏈相關問題經常被忽視。假設這個複雜的 DNA 科技真的存在，還是必須把相關數據傳輸到區塊鏈上，所以切下來的每塊肉都需要一個物聯網感測器。此外，即使以 DNA 為基礎的動物身分數據準確無誤，不可竄改的帳本仍無法避免測量裝置的位置和時間騙局。

區塊鏈狂熱分子運用令人興奮的構想，來擘劃區塊鏈烏托邦的美景，卻沒有經過證實，這是非常危險的事，而證實其實相當容易。如果你聽到一個棒到不可置信的區塊鏈應用例子，就去尋寶吧！假如你沒有找到實際的前導產品或是相關的技術需求，就不是一個值得追求的構想。但市場上大多數人都不知道這一點，這類簡化誇大的構想最危險之處，就在於其已經滲入新創公司的基礎。

錯誤應用的後果，在能源相關計畫中相當明顯，由於再生能源在全世界日趨普及，電網的分布也越來越分散，[181] 中心化的電力分配管理，已無法應付數量增加的分散式能源產消者。[182] 目前主要有兩種鼓勵使用電網的電力政策，淨計量電價和上網電價（電力收購制度），但兩者都有不少缺點。

淨計量電價的生產量有個上限，每年生產的電力一旦超過就無法得到補

貼，無法帶動節約能源以及利用當地再生能源。上網電價則是分開計算消費和生產，但產出能源的價格會隨政策波動，這將減少投資人的信心，也無法實行點對點的能源交易。

而這兩種方式最大的缺點就是忽視過渡期的數據，在需求較低的時候，電網的運作會承受極大壓力，進而導致尖峰時刻發電效率下降。[183] 再生能源具備潛力，短期或長期都能提供緩衝，不僅能夠降低電費，也能減少維護基礎設施所需的成本。

有不少加密貨幣都宣稱能夠解決這個問題，主要包括 Power Ledger、Greenpower、Wepower，但這些貨幣的價值都從最高價暴跌了百分之九十七。[184] [185] [186] [187] 除了媒體報導之外，這些新創公司根本無法證明理念，遑論開始進行前導計畫，根本是癡人說夢，每個加密貨幣都有創新的行銷計畫能帶來資金，但根本沒有任何實質產出。

源自學界的 NRGcoin 是迄今最先進的電網解決方案概念，初期就設置了模擬城市和微型電網。[188] 他們發行的虛擬貨幣是無法投資的代幣，每個代幣的價值等於一度再生能源。區塊鏈暨氣候變遷學院（Blockchain & Climate Institute）在專書中花了一整章解釋 NRGcoin 的概念，NRGcoin 機制運用每間房屋現有的閘道器和感測器來測量進出的能源，[189] 每十五分鐘就會評估一次用電需求。[190] 參與者按照需求，以每度再生能源等於一個 NRGcoin 的方式，來購買流入的電力，讓石化燃料成為次要選擇，[191] 支付則是由智能合約在即時的 P2P 自動執行能源市場中進行。

NRGcoin 的願景是以 DAO 的方式運行公共權益證明的共識協定，所以只能使用區塊鏈技術，因為區塊鏈能夠以去中心化、公開透明、防竄改的方式進行交易，而中心化的方式則不具備這些特色。[192]

雖然 NRGcoin 已經和閘道器供應商合作，但尚未開始大規模應用，這

並不是個案，大部分類似的計畫都無法接觸主流市場，NRGcoin 的負責人米哈伊・米哈洛夫（Mihail Mihaylov）對此則有以下解釋：

> 經過幾次嘗試後，我們的結論是目前市場還沒準備好接受 NRGcoin，我們認為對大部分的消費者來說，這個概念太先進，他們比較喜歡針對現有的模式，進行更簡單、更廣泛的升級或改進……其他計畫空有構想，卻沒有資金，必須做很多公關才能得到來自群眾或創投的資金，接著他們必須「展示成果」，才能證明自己有在做事，而他們必須為此做更多公關。[193]

NRGcoin 和類似概念在未來無疑會成功，大家有支持他們的理由，電力公司也不會反對。濫竽充數的計畫充斥能源市場所帶來的損害，和區塊鏈技術的應用相比，根本不算什麼。科技巨頭常把區塊鏈視為威脅，金融基礎設施、大數據、中介機構經常阻礙相關區塊鏈解決方案的發展。樂觀主義者總是亂槍打鳥，學界也厭倦繼續幫忙擦屁股，進而造成比產品上市推遲更嚴重的後果。有這麼多新創公司在處理類似的問題，好的解決方案只會淹沒在這股洪流之中。

新創公司及競合

Netflix、臉書、Google、亞馬遜的區塊鏈山寨版，用最少的資源得到最多的關注，也犧牲了區塊鏈的名聲，而賦予區塊鏈成功故事正當性也走向極端，例如大量購買 .edu 的教育網域等。[194] 聳動的構想被虛假的權威所接受，創造出意識形態的同溫層，只有助於一廂情願的投射。[195] 這類不道德的做法，只會放大由普遍錯覺引起的問題。

在最好的情況下，新創文化會孕育出創新的非傳統方法，這些方法原先可能受僵化的企業結構桎梏，新創公司會鼓勵探索創新的去中心化科技，並

促成先前無從想像的相關研究崛起。至於新創公司的角色，隨著殘酷的現實成真，先進的區塊鏈新創公司可能需要來自其他組織的協助，而這些組織正是他們亟欲打倒的，這造成了明顯的矛盾，因為需要透過**中心化**的現職機構，來調和**去中心化**運動。換句話說，為了達成真正的典範轉移，必須採取**競合**，也就是探索合作性競爭的可能性。

區塊鏈是強大的工具，可以增進企業的效率。[196]一個完全去中心化的系統要成功，創建者必須拋下自己的心血和相應的報酬。[197]需要這種人道主義的行為才能成就最棒的未來，但即使對最無私的組織而言，這也是不切實際的。在企業的世界中，利他主義的動機顯然不會得到太多支持，真正的區塊鏈科技又要如何才能在資本主義社會中蓬勃發展？

區塊鏈真正的精神不能壓縮在區區一間新創公司之中，而是必須在完全沒有領導者的網路中才能實現。諷刺的是，如同我們在最後一章會討論到的，區塊鏈產業的另一把雙面刃，就是只有擁有創投資金在背後撐腰的新創公司，才有能力打造足夠複雜的網路。計畫通常會以非營利基金會的方式運作，而在建立使用者擁有的網路後，就不再需要基金會了，大部分的創新接著會由網路社群的成員達成，新創公司則退居次要，這才是真正的典範轉移。

關於區塊鏈新創公司，我有好消息，也有壞消息。先從壞消息開始吧，將一切中心化的趨勢，可能會壓過區塊鏈運動去中心化的追求，也就是說，新創公司亟欲打倒的組織，將會得到網路的控制權。這可能會以企業打造擁有私人「區塊鏈」網路的形式體現，或是有錢的實體掌控某個網路的代幣供給，進而得到統治權。新創公司起初的目標充滿野心，企圖打造一個去中心化的網路，但後來都會逐漸向傳統公司靠攏，包括確保資金、雇用員工、增加收入等，他們打造的網路也就跟著變得中心化了。自始至終，我們都和典範轉移擦身而過。

接著是好消息，創立無領導者組織的嘗試一開始都會失敗，這不令人意外，因此必須採用中心化階層組織中熟悉的元素當成權宜之計，一開始失敗沒關係，因為更大的改變隨後就會到來。想要成功傳播去中心化帶來的好處，區塊鏈不需要掌控一切，因為組織總是會依照當下的策略決定去中心化的程度。

Skype 和 Linux 必須採取某種程度的中心化才能獲利，而 Google 和亞馬遜去中心化的部分，讓他們和中心化的競爭對手相比，擁有更多優勢。[198]網路公司之所以不情不願地在中心化和去中心化之間擺盪，都是為了生存，連帶使得衍生的副產品充滿公共精神。隨著區塊鏈在數位組織上創造出一層去中心化的信任層，出自競爭的理由，企業將被迫開始適應類似的模式。把去中心化的協定引進市場，是個緩慢又複雜的過程，但是目前日益崩壞的組織信任，恰好為區塊鏈產業帶來更多寶貴的時間和支持，從某個角度來說是樂觀的發展。

過河拆橋

如果區塊鏈產業朝著和早期願景相符的方向發展，新創公司在其中扮演的角色就會越來越邊緣。想取代科技巨頭，不夠激進可是不行的。典範轉移將隨著使用者擁有的平台到來，社群成員會在此一同開發新穎的公共網路服務，所有人都會透過經過整合的代幣經濟，從自身的貢獻獲取報酬。

我們也不能忘記目前的中心化區塊鏈只是權宜之計，要如何讓沒有領導者的組織在多功能的階層組織下運作，是維持網路去中心化重要的挑戰。目前唯一可行的方法，就是運用正確的數位治理，但這並非一蹴可幾，區塊鏈治理必須處理如何治理的社會問題，以及如何讓類政府（pseudo-governments）在網路中運作的技術問題。

　　第五章會深入探討這些重要的治理機制，這一章和第六章至第八章會討論去中心化網際網路運動的可行性，第九章和第十章則是會直接討論假設性議題，包括沒有領導者的數位階層組織是何樣貌，以及有哪些計畫成功建立了這類組織。

第 五 章

解決治理困境

網際網路為世界帶來的美好改變總是伴隨威脅，社群網站雖提供無遠弗屆的互動，卻也降低了人們思考自身權益的需求，甚至成為操控大眾的工具。網際網路科技本應是政府協助人民維護自由的工具，卻成了極權和專制的幫兇。應用人工智慧的領域會降低人力需求，而設計嬰兒、量子運算、數位意識等先進科技，則會對倫理帶來深遠的影響。

隨著科技的用途越來越駭人聽聞，重點在於如何決定科技的發展方向，目前決定權完全掌握在宰制階層組織頂端的人手中，比如科技巨頭的量子運算和人工智慧開發，就是由頂尖科學家和高階主管掌控。讓創造者掌控自己的產物很合理，但是當這些產物可能毀滅世界時，這個道理就不再適用，針對可能影響全世界的決定，應該有分散決策的權力。

幸運的是，基本上科技創新都和運算系統有關，這代表決策過程可以讓更大的社群參與，但這目前並非主流想法，因為我們對可信任系統還很陌生。這點會隨著時間改變，但是因為我們在談的是數位政府的基礎，所有的技術細節都應在社會層面上討論才有意義，特別是在**階層組織**中，也就是特定群體創造的先天架構，現在和未來都會主導和人類集體成果有關的決策。

朝更少階層組織邁進

綜觀人類歷史，彼此競爭的階層組織規模都不大，不管是部落、封建制度、組織、政府，都受到地理限制，只能掌控小範圍的領域。這樣的社群分布，讓多元的思想和進步能在沒有全球勢力干預的情況下蓬勃發展，但這對人類集體的進步卻沒太大幫助，因為多元的思想無法大規模應用及傳播。

印刷術、蒸汽機、網際網路等典範轉移，雖然消弭了資訊分享的鴻溝，卻必須付出代價：導致更大型的階層組織出現。這些進步使階層組織間的物理疆界變得更模糊，同時減少整體數量，然而平均規模卻越來越大。大型階

層組織的優點，在於更多合作機會跟效率，缺點則是進入的門檻更高，容易演變成獨占。把這個概念應用到多元的思想上，就表示有許多思想會因此遭到埋沒。

如果地球兩極不算，網際網路已為企業階層組織移除了所有物理疆界，使得這些階層組織的規模，特別是科技巨頭，變得前所未有地巨大。隨著階層組織囊括的人數以線性成長，其規模和中心化程度也以指數方式成長，並遵循帕雷托分布。階層組織中現在有數百萬個互相連結的人，但是決策權力卻集中在少數幾名領導者身上，出現領導階層很正常，不過掌管的人數多達數百萬人就太過分了。

臉書提供的平台由數十億人組成，可說是世界上最大的社會階層組織。階層組織的最底層是大約三十億活躍用戶，這個階層組織的構成，可以想像成某個用戶比其他人擁有更多聲望，不過這會因小失大。根據二○二○年六月的數據，百分之零點零零二同時也是臉書員工的臉書使用者，[199] 在這個超大社會階層組織中所掌握的權力，比其他三十億使用者全部加起來還多。而這些員工當中，只有一小部分負責處理支配數十億人日常經驗的演算法，所有科技巨頭的情況大致相同，使用者唯一的反制方法就是停止使用這些平台。

網路公司階層組織大權在握的問題，並不表示階層組織本身有問題，因為只要人類組成社群，就一定會出現階層組織。從演化的角度來看，人類的階層組織通常是非正式的，在最多一百人的群體一定會出現。問題在於，隨著人數增加，組織也會失去穩定性，必須採用正式的規則、共通的神話、某種程度的中心化，組織才不會瓦解。我們現在擁有數十億人組成的階層組織，然而負責控制階層組織的人數卻是史無前例地低。

現代的階層組織，特別是科技巨頭，規模已經變得如此之大，大到能夠

透過嚴格控管來限制多元思想的傳播。而現代階層組織的侷限，造成了某個和區塊鏈特定功能相關的全球問題。我承認上述的歷史脈絡牽涉眾多因素，絕對比我整理出來的還多，但我的想法並非特別激進，要完整解釋這個問題，可能需要另外寫一本書。

到了這個階段，區塊鏈如果整合得當，便能為階層組織帶來公開透明和去中心化，促進信任、鼓勵合作，並保留大型階層組織的效率以及小型階層組織的多元性。換句話說，區塊鏈能夠萃取中心化和去中心化制度的精華，讓多元創新的思想自由傳播，同時又能大規模應用，而要達到這個目的，必須以某種治理方式取代企業階層組織，這正是本章討論的重點。

我們現在擁有一項科技，可以透過公開透明的方式，分配數十億人階層組織中的權力。區塊鏈**真正**的目的便是治理，因為可以結合去中心化和中心化系統的優點。但這個想法和傳統的觀點牴觸，傳統觀點認為，區塊鏈本質上是一種可以讓系統在沒有階層組織的情況下運作的工具。

目前看來，將區塊鏈和階層組織結合的想法可能難以置信，因為有很多失敗案例，而且如同上一章所述，現在也很難導正大眾的誤解，只要扯到區塊鏈，科技專家好像就無法分辨好壞，也因此造成新創公司的失敗。接下來我會先建立脈絡，以便解決如何將階層組織和去中心化融合的複雜問題。

很少人理解第三章提到的網際網路階層組織，這是一個比喻，用來解釋科技巨頭彼此之間的戰爭，使其他人永遠不得其門而入，要顛覆這個階層組織並開創新局，典範轉移是唯一方法。假設今後真的如此發展，Web3 也不會用來消滅這些巨大的線上階層組織，而是讓這些組織的天然結構變得更加扁平。

釐清典範轉移

本章提到的某些計畫之所以是典範轉移，是因為從根本上分散了運算，如果情況真的如此，上一章中普遍存在的錯覺就會變成具有遠見的成果。在更真實的層面上來說，那些符合主流 Web3 論述的計畫，甚至不屬於典範轉移的一部分，大眾無法看清這點，是因為在科技層面上，受到網際網路階層組織的某個元素誤導，而這個元素和網際網路的分散化有關。

一九九〇年代，科技公司（特別是微軟）想像的網際網路基礎架構是一系列封閉的協定，但後來是由開放的協定標準勝出。[200] 這就是微軟現在沒有壟斷網路的原因。可是即便是在科技巨頭的控制之下，技術上來說，我們仍是以最低層次的協定，在使用一個開放、去中心化的網際網路。隨著我們運用同樣的協定讓系統變得更分散，典範轉移究竟會以何種方式到來？又要如何縮小信任差距？

先思考一下如何定義典範轉移，比如電力就是人類生活中的典範轉移，但這個典範轉移從何時開始？是其存在、發現、捕捉、或應用？這些答案都很合理，而且本身還能分成更小的類別。在第三章中，印刷術、蒸汽機、網際網路被視為典範轉移，分別縮小了知識、距離、溝通的差距，這些當然都是基礎發明，但將其視為典範轉移，客觀上來說其實是錯誤的。很少人記得印刷術在好幾個世紀間經過了數百次改良，[201] 蒸汽機也沒有直接縮小距離的差距，縮小距離差距的是輪船和火車，接著柴油引擎和蒸汽渦輪，則是藉由汽車和飛機的發明，更進一步縮小了距離差距，我們之所以把蒸汽機視為典範轉移，是因為其扮演催化劑的角色。

這麼做並不是要貶低後續的發明，但也不是要把所有發明都視為典範轉移。電腦、TCP/IP、參與節點，都是網際網路的必要條件，但網際網路才是目前**唯一**的溝通典範轉移。科技巨頭全都屬於改良版的網際網路，但本身

卻不是典範轉移，因為他們必須依靠現存的基礎設施，而且也沒有創造新的基礎設施。

我們總是喜歡簡化歷史，例如革命性發明的演進過程等，但我們正身處科技日新月異的時代，而那些看似憑空出現的新科技，其實都是從無名天才年復一年的智力勞動累積而來。難怪大眾會這麼好騙。

大部分的區塊鏈都不是典範轉移，因為無法取代網際網路，而是依靠網際網路而生。區塊鏈最常見的應用，也無法顛覆科技巨頭的階層組織，因為兩者共享同樣的網際網路基礎設施。真正的網際網路典範轉移，將會是某種不需現存的網際網路基礎設施也能蓬勃發展的新科技。

信任的差距仍然存在，即便是運用開放協定，信任仍然集中在數據蒐集者和驗證機關的階層模式中，在網址列的左上方，總會出現一個安全鎖頭的圖示，這就是原因。[202] 就算是最知名的「去中心化」新創公司，他們的區塊鏈節點也是在科技巨頭的雲端上運行。真正的去中心化系統必須獨立於一切（電信基礎設施除外）：沒有擁有者，沒有雲端，沒有平台主機，沒有母公司。因此本書目前為止探討的所有科技，都不能算是典範轉移。

即便擁有真正去中心化的基礎設施，Web3 成為典範轉移、縮小信任差距前，仍需進行兩個重要的步驟：解決區塊鏈的相容性問題以及治理困境，第十章會探討前者，本章則會探討後者。

網際網路治理

科技巨頭通常不會被視為治理實體，但現在或許正是時候，科技巨頭是大型的組織，由小型實體提供的各式服務驅動，並且某種程度決定了這些小型實體的存亡。科技巨頭的行為歸根究柢就是一連串的決定，這些決定通常都是自動化的，而且能夠影響子公司的命運。最明顯的例子，同時也是去中

心化系統的開端，便是在科技巨頭宰制下的應用程式和網頁。小型實體會在科技巨頭的雲端上，打造應用程式服務，並透過科技巨頭的搜尋引擎接觸到大眾。開發者會為雲端服務付費，並由科技巨頭審核是否通過，因此我們可以把科技巨頭視為網際網路治理的中心，因為科技巨頭建構了進入網際網路階層組織的門檻。

區塊鏈科技則是提供了另一種進入網際網路階層組織的方式，如果一系列分散的電腦具備和中心化雲端伺服器相同的功能，就能直接在網際網路上打造新的應用程式，這在打造 dapp 的開發者圈中已經相當普遍。還有一點非常重要，即便現今大部分的 dapp 仍是依靠雲端，但是隨著 Web3 的發展，這點一定會改變。本書使用 **dapp** 一詞時，指的是真正去中心化的應用程式。

Dapp 因提供開發者的優勢而廣受歡迎，值得注意的是，只要成功打造出 dapp，不需允許就能在一個不可竄改的網路上運行，並和網路本身一樣成為永恆的存在。有些人會將這波邁向去中心化網際網路的風潮，視為運算的典範轉移。

在這個去中心化基礎設施建造的過程中，有兩個主要的應用問題，第一個是缺乏點對點的價值創造，因為這部分目前由網際網路階層組織把持，解決方法便是招募更多使用者，但這跟技術層面無關，也不在本章的探討範圍之內。更為迫切的問題則是和治理相關的爭議，在不破壞網路不可竄改特性的情況下，如何下架一個支持恐怖主義或犯罪行為的 dapp 呢？簡而言之，根本不可能。

但是某些世界上最聰明的人並沒有放棄，而是想出有創意的變通方法，開啟了電腦決策的新頁。目前的構想是打造一個由社群擁有、公開透明的政府，同時融入 AI 元素。透過描繪網路行為的邊界所獲得的應用實例，將能發展成頗具規模的治理實體。去中心化的治理，便是區塊鏈最尖端的運用。

在一頭栽進治理的世界之前，我們必須先釐清，針對普遍存在的錯覺，目前還沒有解方。看起來就像科幻小說的區塊鏈治理，會不會又是一次錯誤資訊的重複利用？宣稱治理是區塊鏈的另一個殺手級應用，只會讓懷疑者更把區塊鏈說成沒用的跟風行為。

這其實很合理。因為我們在談的是未經證實的系統，而且只有一小群密碼學家了解，很難確定這些構想是否值得追求，就像所有建立在典範轉移之上的發明，在發展初期都遭到忽視一樣。回顧那些從無到有打造區塊鏈卻遭到遺忘的天才，將能讓我們一窺純粹的真理，並了解區塊鏈真正的目的。

現在我們先暫時當一下區塊鏈懷疑者，從區塊鏈是場騙局的觀點出發，從他們的角度追尋區塊鏈的起源。

加密龐克的理想和區塊鏈悖論

典型的區塊鏈懷疑者最開始質疑的就是比特幣，他們覺得比特幣永遠不會成為全球性貨幣，本身也沒有價值，世界甚至不知道比特幣是從哪來的，因為比特幣的創造者是匿名的，而且主流媒體對比特幣的描述也偏離現實。這些懷疑雖然過度簡化，但都相當合理，以下便是這些懷疑遺漏的部分。

本質上來說，比特幣是一場意識形態革命的技術基礎，背景則是密碼學，在追溯至一九八〇年代的紀錄中，傳說中的比特幣創造者和早期的開發者（也就是加密龐克），就已多次提到他們的意圖。[203] 加密龐克（Cypherpunks）想要一個擁有隱私的自由網際網路，現在仍是如此，他們相當重視言論自由和選擇性公開個人資訊的權利，這兩者都是政府和企業不允許的事。[204] 要達成這個目標，必須撰寫和傳播加密的程式碼，程式碼還不能被現存的階層組織破壞。[205]

即便加密龐克的原則有些已成為共識，而且不斷出現，但要深入探討這

些原則，仍然需要發揮想像力。加密龐克是無政府主義者，至少在線上是如此，他們不信任政府和大型企業，認為加密軟體正引導人類文明的發展，而這是世界領袖單憑智商無法理解的。[206]

正是這個部分造就各式陰謀論，所以在沒有可信證據的情況下，我們不會妄加揣測加密龐克的成果。最明顯的例子就是加密貨幣的成功，而加密龐克正是其中最大的受益者，其他著名的例子還包括維基解密（WikiLeaks），這是一個由加密龐克創立的非營利組織，專門公布流出的文件，主要是關於政府和企業的惡行。[207] 在數以百萬計的公共紀錄中，最著名的便是美國民主黨全國委員會（Democratic National Committee）的電郵伺服器遭駭事件，據稱這起事件影響了二〇一六年美國總統大選的選情，並導致 FBI 局長下台。[208] 從更廣泛的角度來說，維基解密專門洩漏政府的不法行動，這點和加密龐克的宗旨相符，因為他們的目標就是要助長對政府的不信任。[209] 維基解密影響深遠，導致捐款管道遭到 Visa、MasterCard、PayPal 封鎖，網站還被匿名人士攻擊。[210]

無論你是否認同加密龐克的理想，都無法抹煞他們在科技上的成就，低估加密龐克是個錯誤，但大家還是沒有學乖。區塊鏈可說是他們最重要的成就，加密龐克最常吹噓的，便是他們能在暗中達成遠遠超過所有人智慧的成就，至少這點能夠解釋，針對區塊鏈的社會功能，為何總是有這麼多互相矛盾的意見。

加密龐克的理想和區塊鏈科技最大的重疊便是去中心化系統，為了簡化會將其稱為 dapp，只要有足夠的網路影響力，去中心化系統理論上是有能力複製任何中心化系統的。選舉、電網、供應鏈、政府資金籌措和再分配、企業收入和支出、保管醫療紀錄、企業數據使用等，只是私人軟體管理的一小部分，卻都能由去中心化的系統取代。無論大家知不知道，這就是區塊鏈

如此重要的原因。

　　去中心化系統還有個大問題。使用中心化軟體的組織同時也會掌控該軟體，而去中心化軟體必須在治理組織之外獨立運作，這點先前總是需要充滿爭議的解決方案。在極端情況下，中心化系統可以幫忙復原遭竊的身分，因為銀行、政府、信用機構都有備份，以防軟體系統當機或出錯而影響終端使用者。如果去中心化軟體遭到濫用，轉而攻擊終端使用者，就不會有任何備份，因為系統是按照「程式碼即原則」的最高宗旨運作。[211] 智能合約也不足以解決這個問題，因為永遠會有設計者沒想到或根本不知道會存在的情況，所以程式碼永遠不可能完美。

　　很多人認為這個天生的限制會影響區塊鏈系統的接受度，牛津大學網際網路研究所（Oxford Internet Institute）的維利・勒敦維塔（Vili Lehdonvirta）教授，在二〇一六年時便將這個現象稱為區塊鏈悖論，又稱「維利悖論」（Vili's Paradox）。[212] 維利教授的專長是電腦科學和經濟社會學，他提出了精巧的論述支持區塊鏈懷疑者的觀點，他認為區塊鏈的革命性特色，在於以更為平等的分散式網路取代第三方的能力，但是分散式的帳本協定作為第三方，卻是根據中心化開發者小組創造的規則運作。因此在某種程度上，去中心化網路和中心化網路沒什麼兩樣，兩者的規則都是由創造者制訂，去中心化網路提供的自由是種幻覺，因為所有協定永遠都需要治理，而治理永遠都會破壞去中心化，進而出現悖論。

　　雖然加密龐克的科技在過去受到懷疑和忽視，其成功卻持續超出預期，區塊鏈正是這個趨勢的最佳例證。請記得，區塊鏈治理是區塊鏈開發者獨有的挑戰，而非其他非技術人士。以太坊經典和比特幣現金（Bitcoin Cash）就是血淋淋的硬分叉案例，因為開發者的意見分歧而使網路受到重創。確實，加密龐克和區塊鏈開發者一直都知道這些爭議性解決方法的限制，但他

們還是繼續支持區塊鏈科技。簡而言之，將區塊鏈視為一項無法治理的科技，是錯誤的想法，區塊鏈本身其實就是**有關治理的科技**。

和比特幣的狂熱信徒一樣，區塊鏈懷疑者遵循的也是擁有缺陷的意識形態，雙方正在進行的爭論，其實是去中心化和中心化之爭，而雙方論述的致命武器，則會讓我們再次回到維利悖論，維利悖論深入爭論的核心，卻不會陷入雙方幻想的陷阱。區塊鏈可以透過有效整合中心化和去中心化元素來解決這個悖論，這個嶄新的觀點，可說為區塊鏈的發展潛力帶來決定性的影響。因為上述的原因，本章在探討治理機制時，會將維利的批評謹記在心。

為了深入了解這個悖論演進的過程，必須詳細檢視目前數位治理領域的各種選項。

可能的網際網路治理機制

治理無所不在，可以是法律的形式，也可以是規範組織決策的原則，治理是一個模糊的詞彙，可以指涉一切，因此更需要在科技的脈絡下為其做出定義。

所謂治理，指的是**治理的行為或方式**，思考是一種治理機制，因為思考掌控行動，幸運的是，你的治理機制會透過和外在世界的互動迅速調整。相較之下，以社群為基礎的治理機制，例如地方政府等，因為受制於滿足不同群體的需求而無法迅速調整。隨著規模變大，治理機制的調整和適應速度也會變慢。治理某個規模太大的組織，會遇到的麻煩根深蒂固，因此需要在網際網路上重新打造應用程式，我們將其稱為**「網際網路治理」**。

大部分和網際網路治理相關的文件，都不是技術性的，而是專注在協定相關的法律和原則上。[213] 本章則是聚焦在協定本身，我們可以撰寫和法律具備相同功能的程式碼，而且全自動執行。只要程式碼足夠複雜，並加上線

上投票的民主機制，就能建立網際網路治理機制，我之後談的**「治理機制」**指的就是這個。

　　儘管治理無所不在，治理機制卻難以在支持者中站穩腳步，政府修法的速度很慢，改變治理方式的速度更慢。[214] 要讓立法者思考如治理機制般先進的概念，根本就是天方夜譚，因為他們在立法的現代化上非常落後，另一方面，企業則具備足夠的動能來實驗及創新治理機制。私部門的問題則是在於無法確認治理機制是否發揮作用。[215] 小規模公司的試驗通常會被廣為宣傳、政治化、浪漫化、貨幣化，使其成為多樣性的不良指標，而且是在企業未揭露原始科技的狀況下發生。

　　政府和企業早已治理得得心應手，因為他們一直以來都這麼做，但是在檢視先前的治理機制後，理解全新治理模式的需求就更加必要。在上一章中，我們討論了現代的階層組織變得太過陡峭時會帶來的危機，尤其是網際網路階層組織，這些危機至少有某部分是來自壟斷的治理策略，隨著階層組織加深而加劇。

　　治理方式如此演變的原因相當簡單，階層組織的特色就說明了一切，階層組織治理的複雜程度，會依其規模等比例提高，複雜的治理模式通常比較僵化，沒有適應或調整的空間，例如聯邦政府就是。有兩個方式可以提升治理的多樣性，第一是把規模變小，像是州政府和地方政府，第二則是把治理的權力限縮在一小群人手上，比如讓總統或總理擁有更多權力，但這兩個方式都有缺點，前者會造成效率下降，後者則導致自由遭到剝奪。

　　對科技巨頭來說，效率和多樣性非常重要，拆分科技巨頭，會摧毀他們的創新能力，因此不是個好選擇。科技巨頭治理全球多元群體的方式，就是將權力集中在少數領導者手上，一如所有傳統的階層組織，這樣一來，決策就不會有太多阻礙。一旦科技巨頭的治理升級，大眾絕對是潛在的受益者。

　　說的更清楚一點，我們討論的集中式權力治理和分散式權力治理，就等同於中心化和去中心化之爭的光譜兩端，階層組織在擴張的時候，通常會朝中心化發展，因而造成陡峭的企業帕雷托分布以及持續擴張的聯邦政府權力，州政府和地方政府的權力則是不斷限縮。

　　不同的治理機制在光譜上的位置相當明確，荷蘭葛洛寧恩大學（University of Groningen）的安德烈・澤特（Andrej Zwitter）教授，就將治理機制分為三種模式。[216] 為了簡單解釋，我們會假設治理機制中只有三個參與的節點：政府組織、企業、社會（參考圖四），模式一是中心化的命令和控制階層組織，國家擁有絕對的權力，可以掌控非政府組織，社會的影響力則是趨近於零，有點類似獨裁統治。

圖四：治理的模式

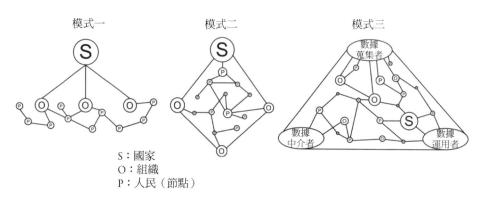

模式一　　　　　模式二　　　　　模式三

S：國家
O：組織
P：人民（節點）

註：圓圈大小等於網路影響力的比例

　　模式二加入了水平的規則制定，國家、企業、社會會依據自身在階層組織中的位置獲得權力，並透過專注在各自最具影響力的領域，來平衡彼此的影響力，結果便是政府和組織會分成更小型、更專業的部門，而這也是現今最普遍的治理模式。在模式一和模式二中，權力通常屬於組織中的正式領導職位。

　　模式三主要的差別在於，身分並不是靜止的，權力流動是動態的，這是最去中心化的模式，從來沒有大規模應用，因為這種模式只存在於數位領域中，尚未發展成熟。在模式三中，權力在不斷改變的關係中流動，所有的身分都會根據流入的數據和不斷變動的社會關係改變，此外，流動的權力也使得組織的控制有限，因為正式的身分遭到社群網站分析取代。[217] 要讓這種程度的治理化為可能，只能仰賴區塊鏈科技。

　　上述針對治理模式的討論非常籠統，特別是模式三，要解釋組織如何過渡到去中心化治理，最好的方式就是透過假設，我們會用蘋果舉例。具體來說，過程會是從模式一和模式二的融合，過渡到成熟的模式三治理。

　　我們來看看蘋果的 App Store 如果採用模式三的網路治理機制會如何，這個假設的前提，是開發者事前要讓應用程式上架的手續通通都不存在，下一節會再解釋要怎麼做。為了方便，我們暫且將這個版本的 App Store 叫做 i-Dapp Store，其責任包括封鎖和移除惡意應用程式、公平排序應用程式、提供支付方式、透過分散式雲端成為應用程式的主機、安全管理使用者數據。目前蘋果在這些事項的決策上擁有絕對的權力，並從購買中抽取百分之三十的佣金，但對上述大部分的責任來說，蘋果的獨立判斷都很值得質疑。

　　透過採用治理機制，i-Dapp Store 將會消除所有的系統不確定性，調整制定和執行規則的方式，投票協定會取代蘋果原先的決策者，任何人只要願意都能參與這個協定，而每名投票者都必須根據網路身分、專精領域、資本

建立自己的名聲。特定專業的標準，將決定每次投票針對特定議題的影響力，投票者過往決定的結果也會影響名聲，而這整個過程都是公開透明的。

如果因為演算法沒有納入評分比例和使用者滿意度，所以憤怒鳥的開發者評分比 Temple Run 的開發者還低，任何憤怒鳥的夥伴都可以提議更改規則。如果鼓勵人肉搜索的應用程式上架，也會及時遭到投票移除，或是有人發現「部落衝突」（Clash of Clans）會竊取使用者的信用卡資訊，網路也能強制其賠償，就像及時被告上法院一樣。

所有決策都會由菁英制民主達成，也能提議改變治理模式本身，並依投票者的需求進行調整，不過 i-Dapp Store 仍不是發展成熟的模式三治理機制，因為沒有來自其他機構甚至蘋果的雙邊回饋。

蘋果甚至可以進一步成為建立這個模式的組織，雖然這是區塊鏈的狂熱信徒無法想像的。想像一項去中心化的科技可能源自一間中心化的企業，這個構想一開始可能很矛盾，但是在了解其治理目的之後，這樣的組合就顯得很合理。實務上來說，蘋果也可以和中心化新創公司打造去中心化平台一樣，運用相同的模式創造 i-Dapp Store。

只要能夠接受由中心化實體發起的去中心化治理，那就沒有極限了。如果蘋果能夠成功治理應用程式商店，為什麼不能把這個模式套用到其他平台上？有什麼商業決策不會因為民主化的治理機制變得更好？這種模式又為何不能延伸到公共組織和政府？根本充滿無限可能，當然，要讓這整個模式成真，最大的挑戰在於說服蘋果打造 i-Dapp Store，他們一定會激烈反對。

如果再加上之前忽略的複雜之處，就會出現更多社會和技術問題。模式一到模式三都是大型的治理模式，由三個部分組成，也就是政府、組織、人民，每個部分都有各自的次治理模式。請務必記得，就連規模和個人思維一樣小的治理機制都很精細複雜，因而人民、組織、政府這三個部分，都需要

量身打造的治理模式。圖五便簡單描繪了三個治理次要的組成，每個圓圈都代表一個部分。你會在組織治理的最底層找到 i-Dapp Store，為了要讓大規模的治理順利運作，內圈的部分都需要某種程度的相容性，接著三個部分還必須定期互動，因此在真正實現之前，還有很長一段路要走。

不過還是有跟治理機制有關的好消息，無論規模大小，每個治理模式的基本原則都是一樣的，正因如此，去中心化治理才可以在由上而下應用時成功。如果第三方的應用程式發展出獨立的治理機制，就只會影響到其使用者。如果蘋果的 i-Dapp Store 也發展出獨立的治理機制，就會影響商店中所有應用程式的使用者，只是程度不會像特定應用程式的治理機制那麼細微。理論上來說，由蘋果採用的治理機制，將會擁有巨大的影響力。

圖五：治理的解決方案

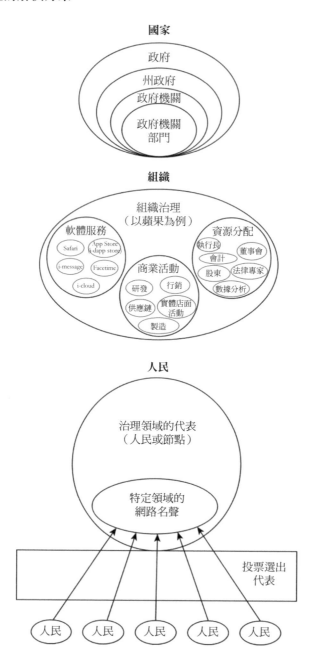

回到現實，要讓蘋果或其他科技巨頭加入類似的構想，應該只是癡心妄想，第九章和第十章會探討科技巨頭更實際的可能發展。至於現在，從社會觀點來回答上述假設性問題，將會得到肯定的答案：大規模的民主治理機制，可能應用在組織和政府上。

一如往常，要從科技領域得到答案更為困難，傳奇密碼學家暨以太坊創辦人維塔利克・布特林（Vitalik Buterin）對區塊鏈治理相關議題的看法便頗為悲觀，他很清楚一件事：把區塊鏈視為能夠去除人類偏見、完成所有決策的演算法，是個很荒謬的想法。[218]

針對去中心化的網路民主制度，布特林點出了三個主要問題：[219]

一、投票的人數會非常低，因為每個人的影響力微乎其微，因此沒有足夠的動機，這讓原本公正的投票機制變得很不穩定，可能會受到收買和賄賂。

二、建立在代幣持有數量之上的治理機制，會造成財閥崛起，讓有錢人掌握所有權力。[220]

三、投票者永遠會根據自身利益投票，也就是說，如果你持有比特幣，你會希望比特幣能保值，並反對可能使其變成實際貨幣的改變。

只要這些問題存在，去中心化的優點就不可能維持，因為投票者基本上是根據階層動機行動，不過當然有辦法解決，這些問題都和投票動機有關，動機應該要來自內部而非外部，以防止投票率太低、投票結果遭到操弄、賄賂等問題。

一個妥善的治理機制需要良好的協定隨機性，才不會讓投票者得知其他人的選擇，只有在投票結束之後，才會公布使用者的選擇，因此也不會出現從眾現象。其中一個防止賄賂的策略，便是隱藏特定的投票選擇，只向追蹤投票的演算法開放，如此一來，投票者就不會遭到賄賂，只會根據提案的優

劣來投票。至於要如何防止財閥形成，治理機制應該更重視整體的價值，而非代幣。

網際網路治理也必須考量投票節點的權力，最常見的方法是獎勵和主流民意相符的投票者，針對「正確」選擇的獎勵，讓投票者願意在某些領域把投票權交給專家，並在偏好的領域保留投票權。

當然，總是偏袒主流民意會有隱憂，畢竟如果現在網路出現一個治理機制，針對要邁向 Web3 還是留在科技巨頭進行投票，Web3 必敗無疑，因為多數人根本不了解 Web3。更進步的治理方案會注重衡量決策倫理，並將其轉換成節點的聲望分數（reputation scores），有大量使用者數據可以讓這個願景化為現實，但這些大數據策略也會有公開透明的問題，應該受到網路治理規範。

演算法可以根據協定對網路造成的影響，衡量協定隨著時間改變的效率。如果投票支持對網路帶來正面影響的協定改變，就會提高節點名聲、網路影響力、整體的收入，做出錯誤的選擇則會帶來反效果。這樣一來，理想的菁英制民主便會出現，投票反對錯誤決定的人會得到獎勵，並因身為異議人士而受到尊重。

在治理機制上，布特林支持所謂的「多因共識」（multifactorial consensus），也就是最後的決定是由多元機制共同決定的結果。[221] 換句話說，一個優質的治理機制，會結合來自多個獨立來源的結果，再來進行決策。只要網路達到這種程度的點對點信任，中心化機構扮演的角色就會逐漸式微。[222] 如果這個理想成真，去中心化系統就能達到科技巨頭的服務品質，卻不用擔心受到中心化的干涉。[223] 至於這些解決方案到底有多實際，新創公司仍是我們擁有的最佳指標。

真實世界案例探討：DFINITY 治理

DFINITY 是致力於探索區塊鏈治理的新創公司之一，除了擁有絕佳的構想和科技支持外，DFINITY 的治理之所以如此重要，便是因為其系統和我們假設的 i-Dapp Store 相當類似。

DFINITY 很快就發現網際網路壟斷的問題，特別是科技巨頭的中心化雲端，同時認為現今的網路開發者，因為被迫使用複雜的傳統資訊科技工具而失去創作自由，例如資料庫、REST 應用程式介面、負載平衡器、防火牆、內容傳遞網路、瀏覽器插件、使用者名稱、密碼、網頁伺服器等。[224] 為了開發應用程式，你必須和專家保持聯絡，以確保資安和程式運行。[225] 開發者大多數的成本都耗在這個過程裡。[226]

開發者也被迫使用科技巨頭的應用程式介面來打造軟體，使他們自動劃歸於科技巨頭的管轄之下。[227] 此外，科技巨頭的動機轉變，可能會造成應用程式介面隨時撤銷，而使依靠這些應用程式介面維生的人無以為繼，因此大部分的科技新創公司，都會將「平台風險」視為事業的威脅。[228] 我的解釋是採取由上而下的角度，新創公司無法在陡峭而擁擠的網路階層組織中生存，DFINITY 由下而上的觀點，則是將這樣的權力差距，視為新創公司「根基不穩」所導致的結果。[229]

為了解決這個問題，DFINITY 的第一步，便是透過打造「The Internet Computer」，試圖取代或簡化傳統的資訊科技工具，讓你可以直接在網路上打造應用程式。[230] 這個架構能夠實行，靠的是數據架構和一系列的協定，打造出某個類似下一代區塊鏈科技的東西，主機不是位於科技巨頭的雲端，而是獨立的數據中心。數據中心基本上共享相同的數學規則，因為根據同樣的協定建立和運作，使得 The Internet Computer 本身非常安全，[231] 而大部分的資訊科技工具也都已內建。

　　DFINITY 的作為完全符合理想，開發者能夠自由撰寫網頁、應用程式、其他網路服務，而不用擔心來自平台權利人的剝削，從這個角度來說，DFINITY 初期的設計其實和 dapp 商店非常類似。就像蘋果的 App Store 需要管理，DFINITY 也必須在沒有階層組織掌控的情況下進行治理。

　　第一步便是確保誠實的去中心化數據中心，這是傳統系統從未達到的成就。DFINITY 的所有獨立伺服器，都會透過 DFINITY 的網路治理機制或神經網路系統（Network Nervous System，NNS），獲得一組數據中心身分（Data Center Identity，DCIDs），而神經網路系統也會做出支持網路的決策。

　　和 DFINITY 的發展相同，神經網路系統的進步也是秘密進行，以下我便會解釋 DFINITY 的神經網路系統一開始計畫的功能，不過基於這些原因和治理機制快速演進的特性，某些構想可能會看起來有點過時。[232]

　　DFINITY 的神經網路系統使用的是「神經元」（neurons）而非節點，每個神經元都可以提出改變網路架構的提案，之後所有神經元會針對批准的提案表決是否採用。投票按照影響力採計，影響力則是依神經元持有的原生代幣（ICP 幣）比例決定，神經元也會依據參與的投票獲得代幣。投票可以手動進行，也可以將投票權委託其他神經元自動進行。[233] 大部分的 ICP 幣都是分配給提供幫助的早期支持者、早期投資人、基金會，公共市場則可以透過將代幣販售給想要參與治理的人，來進一步分散代幣的分配。

　　一旦基礎的治理機制成形，加入 AI 元素就會相對容易。[234] 此處的構想是加入能夠研究決策結果的分散式 AI，AI 可以根據網路累積的數據，創造出更隨機的決策方式，進而防止有心人士獲得其他神經元的支持和委託投票權。網路的 AI 會追蹤所有的決策及其影響，揭示錯誤的決策和失敗。最終會有許多神經元加入神經網路系統，進而為 Internet Computer 創造出靈活

的大腦，而且每個神經元的品質或說投票者智慧，都會由一個正直的 AI 負責追蹤。

DFINITY 的治理，只是 The Internet Computer 能夠遙遙領先傳統 Web3 計畫的元素之一，而且真的超前非常多，所以把 DFINITY 歸類到 Web3 相當失敬。我們最好重新調整 Web3 的論述，使其更符合 DFINITY 對抗科技巨頭壟斷的計畫。比特幣在區塊鏈上成就的，以及以太坊在 Web3 上成就的，DFINITY 則是要為更廣大的網際網路達成，我們會在第十章更深入探討 DFINITY 和 The Internet Computer。

初始治理機制的眾多可能

二〇一七年底加密貨幣熱潮興起時，大多數的新創公司根本沒有想到治理，但現在你根本找不到一家加密貨幣新創公司，沒有在網站首頁上提到「鏈上」（on-chain）治理。出於必要，治理在區塊鏈產業已成為普遍的創新領域。每個去中心化系統都需要某種程度的監管，而現在有這麼多不同的去中心化系統，根本就沒有一體適用的治理機制，不過這沒關係。

新創公司的各種需求顯示網路治理的潛力有多大，而且可能朝著布特林倡導的多因治理更近一步。老實說，後來出現的區塊鏈治理提案都蠻基本的，只提到固定影響力的投票群體。Aragon 這間新創公司甚至讓區塊鏈計畫都能在五分鐘內生出一個鏈上治理系統，就跟魔法一樣神奇，但是並不會為先進治理機制帶來任何貢獻。[235] DFINITY 所擁有的治理和其他 Internet Computer 概念上的發展，甚至可說是領先到怪誕的地步，目前也有越來越多區塊鏈開始了解到治理的重要性。

Tezos 是目前市值最高的加密貨幣之一，最大特色就是能夠透過分散式投票改變和調整網路架構，也就是一種治理機制。[236] 不像其他大型加密貨

幣，Tezos 特別有彈性，不需要動用到硬分叉（在出現歧異時分裂網路），就能解決網路上的爭端。

有些人可能不信任完全以區塊鏈為基礎的治理機制，在這個情況下，人為介入的網路治理可以和區塊鏈網路治理結合。Neo 是間成功的新創公司，業務包括 dapp 開發、區塊鏈身分管理、打造「下一代網際網路」的基礎層等，他們就結合了鏈上和鏈下治理來解決爭端。[237]

有些企業比較喜歡由中心化管理階層進行決策，而非一群普通人，這對那些不需要去中心化的企業來說很合理。另一間致力於在網路上打造信任層的新創公司 Hedera Hashgraph，就提供類似的分散式投票軟體，差別在於他們使用三十九間任期固定的組織和企業當成治理的節點，而非個別的股東。[238] 順帶一提，所謂的雜湊圖（hashgraph），基本上就是更有效率的區塊鏈，只是捨棄了區塊鏈的理念，不過請注意 Hedera 粉很不喜歡這種簡化的解釋。

不同區塊鏈之間會有相容性的問題，有些新創公司正在不同區塊鏈間打造「橋樑」，但這個概念難搞的部分，在於每座橋樑的兩邊都採用不同的網路規則，因為不同的區塊鏈本身就遵循不同的規則。為了解決這個問題，就需要一個治理機制，波卡（Polkadot）可說是目前針對區塊鏈相容性最先進的提案，治理機制包含利害關係人和選舉出來的官方代表，投票者會針對提案進行表決，選舉出來的專家則是擁有否決的權力。[239]

另一間新創公司 Cosmos，也讓個人和企業可以獨立打造和使用自己的區塊鏈，同時仍保有和其他區塊鏈的相容性，這些區塊鏈匯集而成的便是所謂的 Cosmos Hub，為了讓分散的區塊鏈彼此互動，Cosmos 也運用了投票系統，還有可以調整的爭議處理架構。[240]

預測市場 Augur 則是採用了完全不同的方式，來解決各種和治理有關

的問題，這個構想稱為「群眾智慧」（wisdom of the crowd），透過大量投注組合精準預測全球事件。這個創新的決策方式，創造了具備潛力的數據來源，可供世界領導者在制定政策時參考。

有一點非常重要，那就是上述所有的治理案例，都獨立於區塊鏈的共識機制之外。在大多數的區塊鏈治理案例中，都是由礦工負責確保加密貨幣的交易，投票者決定的則是協定是否需要調整，兩者完全獨立。不過這並不表示治理不會影響區塊鏈的共識機制。區塊鏈的擴張問題，便是源自每個節點都必須同意及複製每一筆交易，如果為了加快速度，而將責任轉移到少數幾個節點上，中心化就會對整個共識機制造成威脅，而透過應用治理機制的上述特色，將能使挑選代表的過程更安全。EOS 便是採用代議式民主共識機制，來解決規模問題的新創企業：代幣持有者會運用投票系統，每產生一百二十六個區塊，就選出二十一名區塊生產者。[241] 整合治理的共識，能夠確保網路的安全，而且不需要在數千個節點間複製及驗證每一筆交易。

這些治理機制都還只是粗糙的決策機器，會經過不斷優化，以產出最棒的解決方案。治理機制有很多形式，能夠填補平台決策的空白，同時也能解決加密貨幣最普遍的問題：加密貨幣的目的。

上一章我們討論了加密貨幣如何用來資助新創公司，之後就沒什麼作用了。犯下錯誤的新創公司被迫以沒用的貨幣來打造商業模式，股票的模式並不適用於加密貨幣，因為區塊鏈系統不該存在擁有者，然而，本節提到的治理機制其中都包含代幣。

以區塊鏈為基礎的代幣本身就是很好的指標，可以提供網路如何分配的資訊，同時也能在沒有所有權的狀態下分配權力。代幣之所以有價值，是因為持有者能夠決定網路發展的方向，代幣持有者會把網路的最佳利益視為優先事項，因為代幣的價值是依平台成功與否而定。此外，對那些為網路做出

貢獻的人來說，代幣也是合適的獎勵。

在這個代幣化的模式中，代幣最後也會扮演影響網路成敗的角色。可以說原先的老闆、股東、投票者，都遭到代幣持有者取代了。我在下一節討論治理的分類時，會再進一步解釋這個轉變的重要性。代幣還有另一個重要功能，即購買運算能力，就像以太坊的以太幣可以拿來購買運算所需的燃料。

網路治理目前還處在未臻成熟的階段，在分散式帳本科技中也不是熱門的領域，因為其架構大部分尚屬理論而且相當複雜，所以一開始無法吸引太多注意。相較之下，組織治理則是炙手可熱的議題，因為自動化競賽不能沒有組織治理，但大部分的組織都轉向平台決策的傳統模式，在 AI 越來越先進的情況下，這看起來不太妙。

維利悖論又來了：區塊鏈是多餘的嗎？

人工智慧（Artificial Intelligence，AI），特別是類神經網路（Artificial Neural Networks，ANNs），是機器決策目前最先進的發展。類神經網路是模擬人腦形式的運算系統，設計目的是當作治理機制使用，就跟人類思維一樣。類神經網路的應用廣泛，在治理機制上的應用也已超越區塊鏈，除非兩者能在以區塊鏈為基礎的類神經網路合作。這可能會使得區塊鏈治理成為一個平庸的過渡，讓位給未來的類神經網路。

要解釋為什麼這個想法是錯誤的，我們要再次回到維利悖論：去中心化系統不可能成功，因為中心化元素無可避免會在任何可能的情境中壯大。維利確實也有提到治理機制的運用，他的挑釁如下：

一旦開始處理治理問題，你就不再需要區塊鏈了，你也可以使用傳統的科技，讓一個受到信任的中心化實體來執行規則，因為你已經信任某人（或某個組織和過程）創造出來的規則。我將這個狀況稱為區塊鏈的「治

理悖論」：你只要熟悉其中的道理，就不再需要區塊鏈了。[242]

按照這個邏輯，如果 DFINITY 的治理機制變得和區塊鏈共識機制一樣值得信任，就不再需要區塊鏈本身提供的信任了。傳統系統可以直接採用這樣的治理，如果類神經網路的治理機制比區塊鏈投票更先進也更值得信任，組織可以直接採用這樣的治理方式。

然而，鏈上和鏈下治理永遠都會有本質上的差別，因為治理機制中的信任是由區塊鏈賦予，即便先進的類神經網路，透過本章描述的網際網路治理過程，為組織進行所有決策，也不會讓類神經網路值得信任。傳統的類神經網路永遠都有某些私有元素，讓其創造者擁有不成比例的權力。治理要值得信任，治理機制中的所有元素從一開始就必須公開透明，而這只能透過區塊鏈才能達成，包括由網路投票者控制的類神經網路。我們必須分辨值得信任的治理機制和不值得信任的治理機制，因為治理機制之後將會非常普遍。

科技巨頭的治理方式大致形塑了現代網路，而他們的決策值得質疑。身為數位創新的王者，你可能會認為科技巨頭的商業決策有部分是自動化的，然而至少就大眾所知，科技巨頭的最高治理層級還是以傳統組織的方式運作，包括執行長、董事會、股東等。可以這麼說，像科技巨頭這樣的階層組織，對於分散權力的治理方式完全不感興趣。傳統組織也同樣擁有老闆和內部階層組織，使領導者沒有動機促進治理的民主化。

就算類神經網路發展到治理能力超強的地步，企業採用類神經網路也無法解決治理問題。如同布特林所警告的，沒有人類干預、單靠演算法治理的想法實在太瘋狂。組織的鏈下治理永遠都會受到自身的階層動機影響，需要人為干預的時候，責任仍會回到一開始的領導者身上，但他們本該將權力分散出去才對。擁有階層的組織永遠都會創造腐敗的治理機制，數位治理的問題不可能只靠單一方法解決，而是需要妥善運用各種不同的解決方式。

　　每種治理機制都需要取代某種程度的信任，鏈下治理將信任放在已建立的實體中，這不可能有用，因為不帶偏見的實體不可能存在。只要想像有個公正的實體運用類神經網路來解決科技巨頭和政府之間的爭端，你就會很清楚這樣的實體根本不可能存在。

　　鏈上治理也需要取代信任，但卻不需要實體，因此 DFINITY 和類似的模式，不會和科技巨頭一樣走向壟斷。DFINITY 基金會既不制訂規則，也不擁有平台，這都是由使用者完成，DFINITY 的目標是要支持這個計畫，直到基金會再也不需要存在為止。鏈上治理模式並不是運用實體來解決科技巨頭和政府間的爭端，而是透過分散的專家投票者。

　　鏈上和鏈下治理機制都以某種不完美的共識機制取代信任，圖六描繪了兩者之間的差異，兩種治理模式仍是以階層組織的方式達成共識，最主要的差別在於鏈上共識採用的是分散的領域，而非一個至高無上的群體，不同的領域會從根本把階層組織變得扁平，而且和大型階層組織相比，決策也會更為細緻。

　　決策的細緻使得系統中所有的鏈上職位都是由投票者決定，而非由一個領導者指派，這代表所有低層級的使用者都有直接的投票權，不只是微不足道的影響力。此外，網路治理不斷變動的本質，也會讓職位的流動率較高，所以權力總是不斷流轉。一個由特定領域組成的階層成員和選出這個制度的系統組成的機制，正是鏈上治理取代實體信任的方法，如此一來，大型階層組織就會是由不同部分的集體努力組成，布特林倡導的多因共識也能實現。

圖六：治理的分類

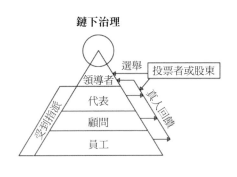

鏈下治理

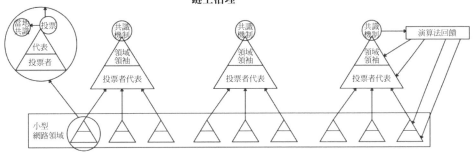

鏈上治理

撒除技術細節不論，區塊鏈治理的構想其實相對簡單。在傳統的治理模式中，代表個體的是階層組織的領導者，在數位時代來臨之前，永遠沒有其他選擇，因為不可能追蹤所有個體的選擇。但是無縫的個體連結和信任加進這個等式後，階層組織就變得更細緻，可以將網路變成直接民主，差別在於投票直接影響決策，而非選出領導者。而投票者代表的制度，則是加入了菁英式民主的元素，在區塊鏈科技出現之前，這種構想根本不可能存在，因為永遠都有可能缺乏信任。

去中心化自治組織的願景

只要妥善結合治理和自動化，就能造就自給自足的科技，這就是其中一個區塊鏈酷炫應用：去中心化自治組織（Decentralization Autonomous Organizations， DAOs）背後的構想。DAO 如果發展到成熟的階段，就是他們所說的：能夠自行運作的組織。不過現在我們先往回退一步，解釋一下要如何從原本的「區塊鏈」進化到完全自動化的公司。

因為效率的關係，組織本身就會想要發展自動化，科技公司更是如此，傳統的套裝軟體有助於自動化，但還是必須透過中介機構。隨著以太坊的智能合約誕生，眾人才開始注意到，區塊鏈可能有辦法移除中介機構。智能合約是能夠依據預先設定好的情境而自動執行的軟體，除了以太坊的 Solidity 程式語言外，現在許多程式語言也都可以用來撰寫智能合約。

顧名思義，智能合約的應用之一就是當成合約，個人、公司、機器都可以透過智能合約進行交易，不需要律師、會計師、公證人、銀行家、第三方代管服務的協助。但是大家都受到合約的概念桎梏，使其變得有點狹隘，在分散式網路上撰寫的程式碼有個特色，不管是不是合約，一旦程式碼寫出來，就不歸任何人擁有，而是會為了所有使用者存在及執行，[243] 所以或許**「自治軟體」**（autonomous software）會是更好的名稱。這樣一來，智能合約或自治軟體就可以讓應用程式、軟體服務，甚至企業完全自治，以企業而言便是發展成熟的 DAO。

在進入 DAO 階段之前，我們還有很多內容需要討論。因為這些都無法在傳統的資訊科技基礎設施上運作，所以我們必須先開發出可靠的 Internet Computer，才能打造 DAO。平台也必須擁有以區塊鏈為基礎的身分管理系統及金融服務，我們在接下來兩章會詳細討論，最後，還必須有辦法解決我們沒想到的情況，也就是不在智能合約參數裡的情境。類似這樣的漏洞，將

會再度開啟對律師、會計師、第三方仲裁者的需求，為了要達到 DAO 的自治標準，會需要一個治理機制來解決這樣的爭端。

我們現在已經熟悉治理機制的功能和必要性，基本上就是 DAO 邁向產業應用的方式，但是 DAO 實際樣貌會是如何？**「去中心化自治組織」**這個術語，就跟**「人工智慧」**、**「物聯網」**、**「量子運算」**、**「超自動化」**、**「區塊鏈」**這些術語一樣，在相關的發展成熟前就已經被創造出來了。我們必須在現存組織的脈絡中探討 DAO，但是以今日的科技發展來說，我們根本無從想像任何先進的 DAO，考慮到這一點，《組織設計期刊》（*Journal of Organization Design*）的這段引文，便非常適合拿來當作認識 DAO 的起點：

想像替一個全球商業組織工作，其日常業務是由軟體協定進行，而非由管理者和員工掌管，業務的指派和獎勵是透過演算法隨機分配，資訊也不是在階層組織中流通，而是公開透明、安全地記錄在一個稱為「區塊鏈」的不可更動公共帳本上。此外，組織本身的設計或策略調整的決策，是透過民主投票過程進行，參與者則是人類歷史前所未見的利害關係人階級，稱為「礦工」，要通過和執行所有協定改變，都必須在組織層面上達成共識。[244]

文獻中經常出現的相關案例，就是 Uber 的 DAO 版本：Duber。Uber 是一個共乘應用程式，使用者付錢給 Uber，Uber 抽成後再付錢給司機，公司賺錢的同時，也負責處理爭端和法律訴訟，Uber 扮演的中心化企業角色尤其重要，因為在沒有領導實體的情況下，法規可以讓所有人都沒得玩。

現在把 Uber 應用程式換成 The Internet Computer 上的 Duber dapp，除了網路基礎設施所需的成本外，這個模式不僅能讓乘客付更少錢，也能讓司機賺更多錢，因為沒有收割利益的母公司存在。爭端則是透過治理機制解決而非法律訴訟，除了設立網路節點參與的門檻外，Duber 會是完全自給自

足的自治組織。

不只是 Uber，DAO 同樣能應用在 Airbnb、Fiverr、Zoom、Spotify，還有科技巨頭的許多服務上，不過科技巨頭的某些製程會比較難自動化，我們在第八章和第九章會深入討論。和所有創新一樣，DAO 一開始的發展會透過模仿現存的應用程式和軟體服務，因而相當緩慢，但是只靠模仿這些應用程式必敗無疑，DAO 的重要性，將來自自身開創的科技新疆界，以及先前從未想過、現在卻可以在更自由的網際網路上實現的創新。

區塊鏈的狂熱信徒針對 DAO 的討論差不多會在此打住，但我們至今都忽略的重點，就是 DAO 並非注定成功，還差得遠呢。我們甚至還沒看到任何 DAO 打入主流市場，那些嘗試打入主流市場的 DAO，大都是模仿現存的線上服務，這個策略沒辦法長久，因為現存的平台已經掌控所有的點對點價值創造。因此就算完美的 Duber dapp 明天發布，也沒人會想用，甚至根本就沒辦法用。Uber 現在的市值高達五百億美元，並不是因為應用程式很厲害，而是因為有超過一億人在使用。同樣的道理適用於大多數的社群媒體平台、網站、其他線上服務，大家都想趕快註冊使用者人數最多的那個。

DAO 並不是未來必然的趨勢，去中心化的山寨版應用程式無法確保去中心化的未來，不那麼公開透明的傳統科技仍然有很多方式控制自治系統。根據我爬梳過去歷史的結果，目前有兩個可能性，可以讓 DAO 成為人類未來的一部分。

只要有正確的架構和治理，DAO 就能帶動真正的典範轉移，不然其原理就會遭到私有化，並在傳統企業中實施，像是蒸汽機本身雖然是典範轉移，但其影響力卻依賴鋼鐵、石油、鐵路工業這些壟斷的產業，另一個真正的網際網路典範轉移，也需要科技巨頭才能成就偉大。對私部門來說，自治組織也是提高獲利的方式，而且根本不需要去中心化。和過去的典範轉移一

樣，區塊鏈創新的理想容易受到私有化影響。雖然這個比喻不完美，卻符合科技演進的過程，能夠為我們提供方向，而非憑空臆測。

第一個可能性是出現某種前所未有、只能在去中心化基礎設施上運作的新型服務，技術專家認為這有可能發生，不過目前還不存在任何影響力夠大的例子。這有可能是我們都在等待的典範轉移，也有可能是個被戳破的白日夢。單純透過降低乘客支出、提高駕駛收入，來打敗 Uber 的自給自足 Duber，就是其中一例。

第二個可能性則是透過可供企業使用的科技，逐漸朝 DAO 邁進，大公司會想要運用自治軟體，而這能夠為逐漸邁向超自動化打下基礎。如果我們能圍繞獨立自治的商業行為打造出可行的獲利模式，DAO 就能和現存的企業並存，如此一來，Duber 最容易成功的機會，就是 Uber 選擇合併 Duber。如果新型服務隨著類似 DAO 的商業模式出現，傳統企業也會遵循類似的發展歷程，以便保持競爭力。

DAO 這個縮寫其實無法用來描述第二個可能性，因為第二個可能性已經沒有「去中心化」了，大企業可能會假裝這是 DAO，但實際上更像有少數領導者負責決策的半自治組織。

本節剩下的部分，會根據 DAO 將和企業合併的假設進行，因為只有透過真實的組織，才能用可以理解的方式來解釋 DAO，就像我們前面假設的 Duber 一樣。在更為實際的層面上，如果企業成了自治軟體的領導者，DAO 將不再是公開透明、去中心化、值得信任，而是採用中心化企業階層組織的相同原則，轉變為更先進的網路。

至於 DAO 會淘汰掉組織這點，本書將不予考慮，因為這表示資本主義和傳統政府將會崩潰，但目前毫無跡象顯示這種情況會發生。如果資訊及通訊科技在現實世界的影響力繼續快速發展，我們就有必要討論這點，也只能

希望到時網際網路將會去中心化，然而，這至少也要花上幾十年，所以我寫這本書的時候談這個根本沒屁用。

可能性一和可能性二的 DAO 應用，分屬意識形態光譜歧異的兩端，可能性一代表的是持異議的開發者和密碼學家，可能性二則是掌握資源的資本家，雙方打造的 DAO 會非常不同。如果 DAO 的發展是漸進的，一開始就不會完全去中心化和自治，不同版本的 DAO 將會落在光譜的不同位置，而區分 DAO 和傳統自治系統的界線會變得很模糊，就像區塊鏈新創公司不一定是以區塊鏈為基礎一樣，「區塊鏈」這個詞也已經不在中本聰一開始提出的脈絡中使用。由於**去中心化**和**自治**並不是 DAO 初期發展中最客觀的特色，我們必須找到更進一步的定義。

公開透明會是初期 DAO 特色的絕佳選項，雖然 DAO 會演變成某個我們目前無法預測的東西，但很可能會是由網路和治理機制組成，這兩者都不是什麼新玩意。**所有** DAO 網路和治理機制的獨特之處就在於公開透明，因為制定 DAO 規則的智能合約本身就無法隱藏，整個網路都看得到，如此一來，DAO 的治理結構天生就會是公開透明的。[245]

無論 DAO 的特色如何改變，都逃不出這個原則的手掌心，如果蘋果打造了一個類神經網路用來治理 App Store，但開發者卻看不到演算法，那就不是 DAO。假如 Uber 打造了一個 Duber 應用程式，使用者卻無法得知付款後錢給了誰，那也不是 DAO。就算蘋果和 Uber 想要把董事會、政府實體、其他中心化機關，當成治理機制節點，那也沒問題，而且仍有可能成為 DAO，但是如果他們隱藏決策過程的細節，那個系統就不是 DAO。

請記得，把公開透明當成判斷 DAO 的標準相當簡化，不過還是很有用。上述提到的兩種未來 DAO 可能性，在最好的情況下也只是假設。可能性一仰賴某種特別的 DAO 橫空出世、大獲成功，根本是癡人說夢，可能性二則

是要說服現存的產業採用去中心化模式，必須將傳統的資本主義收入模式整個打掉重練。正因如此，公開透明並非只是個譁眾取寵的術語，而是一項真理，作為精心打造策略的一部分。

對企業來說，公開透明在數位時代的重要性與日俱增，組織的財務透明便是很好的起點，而且已證明將會帶來最好的經濟效益。[246] 這真的很簡單：讓所有人都能仔細審視收入和支出的資料，然後就會出現改進的意見。公開透明的另一個形式則是和企業治理有關，也可以說是管理階層和利益關係人之間資訊流通的程度。企業治理架構各層級之間的資訊流通程度，是組織成功的重要因素。[247] 企業經營徹底的公開透明則是更進一步，也會帶來正面的影響。[248] 世界上最著名的某位投資人，甚至認為徹底公開透明是重要的企業原則。[249] 重點在於，對二十一世紀的組織來說，公開透明這個概念和特質越來越重要，DAO 必須好好利用這一點。

DAO 的未來願景，以及其為何是區塊鏈科技「最後邊界」的有利競爭者，便在於公開透明能夠改變合作的型態。到目前為止，我們討論的治理都是發生在系統之內，我們了解治理如何從個體層次開始，發展到子服務和商業部門，最終變成整個組織。治理模式隨著規模擴大帶來的巨大改變，便在於如何跟其他機制互動，節點治理連結後變成部門的治理機制，部門之間的互動則組成更大的組織治理，本章稍早出現的圖四，就透過所有節點、組織、政府治理機制間的互動差異，來分類不同的治理模式。最後得到的結果便是不同類型的「後設治理」，從完全中心化到完全去中心化都有。

圖五則描述了世界如何被治理，取決於組成不同治理機制的風格和影響，包括人民、組織、政府，這三方之間的關係充滿歧異和晦澀。政府最掙扎的地方，就是在缺乏相關資訊的情況下，進行企業的資金和稅務決策。政府不知道該如何調節科技巨頭的權力，因為科技巨頭的權力範圍以及運用方

式，並不是一直簡單明瞭。企業領袖的選舉仍然遭到操弄，因為投票過程並非公開透明。組織的自由和權力應該受到政府限制，因為其運用過程根本毫無公開透明可言。

簡而言之，現在世界仍然卡在圖四中的治理模式二，而運用 DAO 和其公開透明的本質，會讓世界朝治理模式三邁進。這個世界的爭端解決會類似直接民主，所有人對決策都有直接影響力，所有代表都是經過選舉選出，現在讓我們試著想想，如果科技巨頭和政府發生權力爭端，要如何解決。

要解決權力爭端，組織和政府就必須運用網路治理機制達成共識，科技巨頭首先要在政府的共識網路中擁有代表節點，政府亦然。假設微軟運用共識機制來處理 LinkedIn 的收購細節，如果美國政府投票認為這是壟斷，那誰會獲勝呢？最後的結果將會由全國性、甚至世界性的投票決定，許多組織乃至個人都會參加，投票的份量則依據網路影響力和議題的關聯性決定。更理想的解決方案，則是微軟同意完成收購後就公開所有 LinkedIn 的數據，這樣數據就無法用來進行壟斷行為。

進一步來說，如果參與的組織運用自治軟體，那麼他們也算是 DAO，能同時享有 AI 和類神經網路帶來的好處，因為不管 DAO 使用的是哪一種圖靈完備性程式語言，都能寫出相同的 AI 邏輯。區塊鏈可以為 AI 發展提供亟需的公開透明，兩者因而變成互補的科技，AI 成為提供資訊的工具，人類也能保有最終決定權。

這樣的願景可能很難達成，然而一旦達成，所有人都會受惠，光是從上面的例子就會知道，科技巨頭和政府有辦法避開法律戰爭，底線則是政府和企業都會基於自身的最佳利益而變得更誠實，應該會有足夠的動力讓這個互相連結 DAO 的世界化為可能。

如前所述，我們無法太過樂觀地看待 DAO 的發展，可能性一不太可能

發生，因為新創公司缺乏資源，而且區塊鏈不一定會是我們等待的典範轉移，而可能性二很可能也只會通向中心化自治組織。現今的 DAO 並不是典範轉移，因為目前打造出來的 DAO，和真正的 DAO 之間有很大的差距，去中心化的網際網路必須先出現，而我們連這點都還沒達成。

在認真思考 DAO 世界的可能性之前，第六章、第七章、第八章的身分管理、金融基礎設施、製程領域，都必須先經歷區塊鏈革命，接著還需要全新的網路基礎設施使解決方案發揮作用。如果沒有經過這些步驟，科技巨頭仍會打贏這場網際網路大戰，本書剩下的章節開闢了一條道路，能夠將去中心化網路基礎設施的發展，變成真正的典範轉移。

第 六 章

身分

傳統系統

自從身分資訊記載在紙本文件上後，身分管理（Identity management，IdM）從未經歷重大創新，而在追蹤敏感文件上，網路的崛起也沒有帶來激進的變革，科技巨頭雖證明整個傳統產業都能數位化，但是護照、駕照、社會安全卡的數位版在哪裡？這些東西根本不存在，因為機器驗證數位文件的能力不管多強，都不可能像面對面驗證實體文件那樣確定。[250]

身分管理還沒跟上網路改變產業的方式，大部分的網路都能匯集分散實體的商業邏輯，但是身分卻完全相反，強迫每個實體都必須保有無法共享的顧客憑證。身分相關數據的敏感性將網路排除在外，使中心化的驗證方式屹立不搖，也讓組織之間更加破碎。[251] 此外，試圖在線上複製實體的個人識別資訊，也讓接觸這個領域的組織承擔重大責任，實體的身分驗證則沒有這種限制。組織間缺乏信任，導致身分管理領域的發展困難重重，即便科技創新突飛猛進，仍然無法填補讓組織願意使用相關科技的信任差距。

由於身分管理無法與時俱進，使得個體必須在和每個組織互動時，都使用一組不同的憑證，你可能有超過一百個線上帳號，不是忘記密碼，就是共用或重複。[252]

沒有人會從中受益，使用者為了證明身分，必須經歷許多不必要的手續，驗證方也必須投注資源來確保這個過程，而且雙方都必須承受資料外洩的風險，這種現象年年激增[253] [254]。上述的不便都能套用在本章討論的概念中，本章結尾則是會以實例的方式討論細節。

快速解方

為了解決人類網路身分的碎片化，過去十年間出現不少補救方法，稱為**「再中心化」**（re-centralization），不過這些快速解方都不是有效的身分管

理方式，而且經常被忽略。密碼管理以基本的形式做到這一點，不是直接解決身分問題，而是透過移除可能的歧異（忘記使用者名稱和密碼）。這種方式除了容易遭到攻擊之外，還缺少兩個身分管理的重點：能在沒有歧異的狀況下分辨出使用者的「**識別碼**」（Identifiers），以及能夠連結驗證方式和識別碼的「**屬性**」（Attributes），又稱原始個人識別資訊數據。[255] 換句話說，使用者名稱和密碼無法代表實體，因此在專屬的服務之外並沒有太多用處。

在管理密碼上，使用者名稱便是識別碼，帳號資訊則是屬性，但無法在指定範圍內使用。線上身分可以代表某個化名或暱稱，但除此之外和個人識別資訊毫無關係。[256] 這使得在單一平台內部產生的數據也不相容，至少對單一使用者來說是如此。在不同平台間維持一致的使用者偏好設定便是一例，如果你從臉書跳到 YouTube，帳號能代表相同版本的你，那一定會超讚，而且這個跨平台版本的你，也不會危害到你的數據。只要數據是從真實身分產生，便能加以保護，因為這時數據會和真人連結。要讓數據分享更透明，並防止惡意的數據使用，這是必要的步驟。到了本章結尾時，我們就會清楚知道，要讓這個願景實現，就必須採用各種身分管理解決方案。

政府核發的憑證識別度更高，身分證字號是識別碼，相關的資訊則是屬性，但是政府之間有這麼多不同版本的身分證，即便全球越來越無國界，仍無法邁向全球通用的個人識別資訊標準。[257] 現在大家仍把心力花在調整傳統系統上，但這個系統其實已經準備好迎接典範轉移。

「改變中心化治理」是方法之一，也就是讓發行憑證方、中介機構、使用者都變得更值得信任，[258] 可以透過提升使用者的個人資訊保護意識以及促進身分提供的多元管道達成。[259] 在數位革命之前，這種不具體的解決方案或許足夠，但現在卻跟身分管理的困境毫無關係。私部門比政府更了解我們的真實身分，甚至還能將其轉換成物聯網可讀取的形式。我們了解科技巨

頭至少能夠同時擔任發行憑證方、中介機構、驗證方後，「中心化治理」在
身分管理領域是否仍具有穩定的意義？在解決身分管理問題上，科技巨頭很
明顯擁有資源、動機跟高度量身訂做的潛力，但他們還沒有成功，他們不斷
嘗試，也不斷失敗。

過往的嘗試和有限的成功

雖然網際網路在缺少身分層的情況下崛起，但這並不代表沒人嘗試過。
一九九九年，微軟便推出了 Passport，一開始的宣傳標語是「網路商務的單
一登入」，後來則變成「全網共通的登入系統」。[260] 這個軟體的功能比早
期的密碼管理軟體好一點，但根本無法獨立生存，其中心化的儲存選項會產
生數據誘捕系統，不僅會吸引駭客，也會奪走使用者的所有權。[261] 後來微
軟在 Windows 10 中把這個功能加進 Windows Hello，並擴展出多方驗證功
能，包括生物識別鎖、密碼鎖、內部加密的裝置密鑰等。[262]

微軟 Passport 的後繼者 CardSpace 在二〇〇七年推出，當時標榜「身
分後設系統」。[263] 這次身分提供方和中介機構的參與，使得識別碼和屬性
以資訊卡的方式連結，身分提供方是核發身分資訊的單位，中介機構則是以
自身驗證方式接受這些身分的單位，這兩種實體可以是政府、信用機構、私
人企業等。CardSpace 讓使用者能在自己的裝置上自行核發及管理身分卡，
而不是像 Passport 一樣需要透過微軟的資料庫。[264] 微軟甚至還透過以代幣
為基礎的驗證方式和公鑰基礎設施保護身分卡的安全，進而使其成為去中心
化系統。[265] 但後來 CardSpace 卻因不明原因中止運作，在以使用者為中心
的身分認證上，CardSpace 走得太前面，當時很難找到足夠的身分提供方和
中介機構，因為他們不了解其中的優點或懷疑系統的可信度。

後來微軟在二〇一一年又推出 U-Prove，並在代幣部分進行了兩項技

術調整，透過代幣驗證屬性的過程更加安全，因為身分核發和相關數據的呈現，不再能夠追蹤到代幣的密鑰上。[266] 此外，使用者對是否公開個人識別資訊也有更多控制權，因為驗證只需提供必要的數據。[267] 但現在看來，U-Prove 只是個遭到遺忘的過時密碼庫。[268] 不過微軟的身分管理系統演進，仍是透過驗證核發單位，在不過度分享資訊的情況下，成功將身分管理系統的發展重點定調在驗證上，而這也是今日身分管理系統普遍發展的方向。

在科技巨頭之中，微軟是身分管理的最佳範例，因為其系統和使用者數據的關聯鬆散，剩下的科技巨頭也經歷了同樣的發展，最終誕生的身分管理系統也都和微軟的類似。有趣的是，這些進步證明了分散式隱私和資安的需求日益提高，卻和區塊鏈的崛起完全獨立。這個領域目前的領頭羊是 Google ID 和 Facebook Connect，但由中立的第三方進行的系統性分析，才能提供更全面的解讀，OpenID 的單一登入解決方案就符合上述的標準，也可說是目前最接近業界標準的方式。

世界上大多數的線上驗證都是透過 OpenID 服務或協定進行，但其相關術語卻令人混淆，稱為「安全聲明標記語言」（Security Assertion Markup Language，SAML），這是一種古早的程式語言，在網頁應用程式中仍相當盛行。[269] SAML 是以 XML 為基礎，透過機器可以識別的文件生成個人識別資訊。OpenID Connect 則是更近期的發明，同樣都是用來進行使用者驗證，但有經過調整，所以和 SAML 相比，在開發本機或手機應用程式時會比較簡單。[270] OpenID Connect 使用的是 OAuth 2.0 架構，能夠支援驗證協定的開發，並讓 JSON 和 HTTP 之間的通訊暢行無阻，這兩個程式語言是各個應用程式或網頁使用的數據傳輸及轉譯格式。[271] 簡單來說，「OpenID Connect 便是以 OAuth 2.0 為基礎，用以取代 OpenID 2.0（OpenID）。」[272]

OpenID 家族和相關的程式語言，是將中介機構和身分提供方跟使用者

連結的主要工具，OpenID 總計有超過十億個使用者帳號，由超過五萬個網站採用，包括臉書、Google、微軟等，[273] 能夠讓應用程式開發者在不同的應用程式間驗證使用者，卻不須承擔自行保管使用者數據的責任。和過去相比，網路上有更多免費的應用程式，使用起來也相當安全，這就是原因。你可能從沒聽過 OpenID，因為它非常去中心化，而且深植在解決方案的架構之中，深到你永遠不會發現。OpenID 幾乎是個完美象徵，擁有科技巨頭身分管理系統在保持中心化的狀態下試圖仿效的所有特色，現在則是以共生的方式，成為科技巨頭身分管理解決方案的一部分，結合去中心化資安的優點以及中心化組織的效率，但是科技巨頭也因這個去中心化的身分認證弱點，而無法防止網際網路與生俱來的惡意。

OpenID Connect 成功從前車之鑑學到教訓，修補**大部分**容易遭受攻擊的漏洞。[274] 下一版的缺點應該會更少，然而即便是無堅不摧的 OAuth 版本，也無法修好執行時出現的根本問題。由於 OAuth 2.0 是開發者工具而非獨立的服務，執行時不僅會出於同樣原因，因打造獨立系統造成資源浪費，不同的程式碼也可能會有潛在的漏洞。[275] 攻擊可能來自許多來源，其中最容易拿來分析也最先進的兩種便是身分提供方混淆（IdP Confusion）及惡意端點攻擊（Malicious Endpoint Attacks）。[276] 在這兩個情況中，風險在於未經認證的資料存取通常來自中介機構，而且使用者渾然不覺。[277] 我們可以合理地假設，程式執行永遠都會讓系統的漏洞越來越多。[278]

但身分管理系統資安漏洞的解決方案卻完全走錯方向，只是在單一登入系統之上加入更多服務，例如漏洞掃瞄工具等。[279] 然而即便是有效的掃瞄工具，仍有不足之處，並導致無限迴圈，不斷加入服務層，這是治標不治本。單一登入需要根本上的改變，小修小補已經不夠了。

區塊鏈正是最棒的解方，但現在講這些都還太早，目前為止我們探討的

一切，都是標準的單一登入科技，只是有些創新改變，要在線上驗證真人身分，根本八字還沒一撇。好的解決方案不會在線上誕生，因為系統還沒在複雜性和安全性之間取得正確的平衡，而且私部門針對哪些屬性組合能夠視為合法的身分，尚未達成共識。

自主身分和中心化身分

我在本節使用「**中心化身分**」（federal identity）一詞時，指的是由中央機關核發的個人識別資訊憑證，通常是政府，不過私部門核發和生成的個人識別資訊也日趨普及，中心化識別碼包含護照、駕照、社會安全卡等。

自主身分（Self-Sovereign Identity，SSI）的定義則更模糊，因為目前還只是個構想，這個構想由區塊鏈新創公司推動，可以解釋為一系列由個體持有及控制、能夠組成數位身分的個人屬性。

最簡單的自主身分可能跟護照很像，包括姓名、身高、體重、眼睛顏色，護照號碼則是由數位識別碼取代，差別在於數據核發的方式和所有權，比起由政府定義、擁有、控制這些屬性，現在做主的是你自己。不幸的是，因為你習慣叫自己鮑伯，因此會以鮑伯的身分驗證，這並沒有太大改變。目前每個計畫都透過降低主體性的方法，來面對這個挑戰。基礎設定好之後，就可以加入更私密、理論上也更有用的屬性，例如「社交媒體帳號的數據、電子商務網站的交易紀錄、來自朋友或同事的證明等」。[280] 基本上，有了真正的自主身分，那些無形的人格特質（第二章中討論的數據）將不再受到限制，因為這些特質已經由使用者本身的所有權保護。

這個願景聽起來很棒，但實行困難，不過已有證據顯示，在中心化身分不管用時，自主身分就能派上用場。沒有身分的難民在區塊鏈上儲存了不可竄改的個人識別資訊，並用生物識別資訊來確保自身和數據之間的連結。[281]

運用區塊鏈和生物識別科技的新創公司也已撥款給難民，並在過程中降低國安風險。[282] 從實務的角度來看，這個階段的自主身分，只是在為少數人複製中心化的個人識別資訊，目前如果要跨越邊界，不管是物理疆界或虛擬疆界，最好的認證方式還是透過政府核發的號碼，而非透過一個僅因你自稱是鮑伯、就認定你是鮑伯的區塊鏈。

　　缺乏無形的個人識別資訊和自主身分的需求，並不是這個領域發展緩慢的主因。就像大多數的原創構想一樣，如果這個構想前所未見，就很難勾勒出實際的架構。自主身分的情況便是如此，而且在討論相關議題時大都使用模糊的術語。這在目前的階段來說沒問題，但是卻阻礙了進一步發展，因為很難避開已經損壞的系統，在新的版本出現之前，線上中心化身分管理必須堅若磐石才行。

　　和中心化身分相比，自主身分非常敏感，在正式實施前，應該提高資安程度，而在以區塊鏈為基礎的自主身分合法之前，中心化身分也需要擁有區塊鏈等級的資安。本章討論的身分管理解決方案，大都只著重在中心化身分上，因為這就足以達成應用，如果自主身分真的成功了，主要的差別也只是在於數位識別碼背後的數據類型，因而本章討論的身分管理先進發展，將著重在標準的數位識別碼上，同時也保有自主身分的廣泛應用性。

區塊鏈身分管理系統的架構

　　傳統系統的資安風險非常高，但是潛在的威脅尚未嚴重到讓市場尋求激進的變革，相較之下，和時間跟金錢有關的效率，反而才是更好的改變動機。只要你註冊了新的服務，然後弄丟登入憑證，或是出現資安漏洞，你跟服務本身都會浪費時間和資源。每個情況下的損失不盡相同，稍後我會用SecureKey 這間公司來解釋，理想的區塊鏈身分管理系統，能夠在沒有任何

一方保有個人識別資訊的情況下進行驗證，進而減少所有人的麻煩。[283]

區塊鏈的目的通常是移除中間人，但是檢視身分管理的合適方式，反倒是嘗試加入中間人。[284] 說來奇怪，但只要確保彼此互動順暢，讓更多人參與反而會增加效率。有些公司設下障礙，避免和他人互動，反而出現問題。商店和顧客總是親力親為，每間商店都必須為當地的顧客開設實體商店。亞馬遜的物流系統成了有效的中間人，因為每次購物體驗都會消除商店和顧客之間的距離。這個比喻雖然標新立異，但仍相當正確，因為私部門從來不存在身分中間人，企業不能代表使用者把信任外包出去，只有區塊鏈才能藉由原始數據保護中間人和目標服務，提供這樣的信任並減輕責任。

在這樣的系統中，使用者數據完全由使用者擁有及控制，讓使用者在組織間運用數據時，很快便能同意、執行、驗證。[285] 當然，上述特色目前止於理論，而將這些特色應用到現代身分管理系統的方式，便是運用《初探區塊鏈上的身分管理計畫》（*A First Look at IdM Schemes on the Blockchain*）一書中，提到的七個原則進行評估：[286]

一、資訊的提供是在使用者同意的情況下。

二、使用者可以控制在最低限度下公開個人屬性。

三、個人識別資訊存取的正當權限由目標服務提供。

四、使用者能夠控制網路中所有屬性公開與否。

五、系統和其他身分管理計畫相容。

六、簡單的使用者體驗。

七、在不同平台間維持運作。

應用在真實的應用程式中時，上述所有的指標都會落在光譜的某一個位置。架構差異使身分管理系統設計必須有所取捨，即使系統的組成和術語因具體情況而異，這兩者仍是所有系統共通的元素。身分管理系統會連結使用

者、身分提供方、中介機構間三種不同數據，即身分主張、證明、核實，[287]身分主張是有關你本人的陳述，證明是能夠驗證這個主張的文件和證明，核實則是有關單位核發憑證的證明。

　　身分管理系統有兩種基本架構，由上而下和由下而上。憑證如果是由系統擁有者，也就是中央機關核發，那就是由上而下的模式，會導致階層組織的誕生。[288]中心化身分通常是來自由上而下的架構，自主身分理論上則代表由下而上的模式，情況卻未必如此。[289]如果中心化身分是依靠去中心化協定來生成、核發、儲存，那就是由下而上的，假如自主身分是由科技巨頭生成、核發、控制、儲存，那就是由上而下的，雖然技術上來說這不算自主身分，卻仍是按照特別的概念所產生的新時代數據。身分管理系統結合了這兩種架構，需要擷取兩者的特色，目前中心化提供了最高程度的個人識別資訊，去中心化則是為使用者帶來最大限度的自由，區塊鏈的挑戰便在於如何保有這兩者的特色。

　　新創公司中能夠拿來類比上述光譜的概念，便是去中心化身分、自主身分、零知識證明。[290]大多數新創公司目前使用的都是穩固的中心化身分，但提供同意發布功能和分散式儲存，比如去中心化身分，就和由上而下的方式有點類似。而自主身分對中心化核發的最小依賴，以及強調使用者數據所有權，則較接近由下而上的模式。如果用上述的原則來檢視，自主身分符合第一和第二條原則，而去中心化身分優秀的標準化，使其在第五到第七條表現較優異，剩下的原則則難以評估。雖然零知識證明比較像一種技術，而非一種系統，但如果當成構想妥善應用在身分管理上，那麼無論架構為何，都能大大提升系統在第一到第七項的表現。

　　你應該知道網址列的綠色鎖頭，代表你來到了想前往的網站，而不是釣魚網站吧？這稱為「**擴充驗證憑證**」（extended validation certificate，

EV），優點在於不用交換個人識別資訊，便能確保網路互動的正確性，整個機制是透過擴充的公鑰基礎設施和密碼學達成。網站會提供公鑰給驗證機構，驗證機構會用私鑰簽收，並透過 HTTPS 協定，發還經過瀏覽器確認的擴充驗證憑證。[291] 不幸的是，過程中仍有個中心化的驗證機構，因此仍會遭遇將信任放在單一機構中的種種問題，可能發生單點故障。[292] 此外，公鑰基礎設施技術相當昂貴，無法透過傳統方式觸及個別使用者。[293]

要大規模執行這類盲驗證功能，零知識證明是最適合的技術，零知識證明的技術細節不在本章的探討範圍，不過在接下來介紹的計畫中，我們就會得知其功能之強大。在獨立的應用案例中，如果有人需要借錢，只要請信用機構發函給銀行，表示「可以」或「不可以」，就可以證明信用分數，過程中不須揭露其他個人資訊。這個分析方法應用到其他產業上也有益處，例如完全客觀產生的保險或訂閱費等。

零知識證明數十年前開發出來時，只有單一功能，但後來就成了昂貴的演算法子集，在以區塊鏈為基礎的身分管理系統中，扮演重要角色。[294] 就像區塊鏈科技的第一個廣泛應用是比特幣，零知識證明的技術本身應用範圍不大，但是當轉換成一個構想後，就成了代表其重要性的比喻。

我們要討論的最後一個結構元素是系統的整合，跨鏈相容是另一個令人頭痛的棘手問題，應用到身分管理系統上時，選項就會變得很少。以傳統網路架構打造、能跟區塊鏈互動的第二層身分管理協定，就是選項之一，能夠從多條區塊鏈上復原數據，供同一個系統使用。[295] 而對使用大型開源區塊鏈，例如新創公司 Corda 和 Hyperledger 來說，跨鏈也是選項之一。[296] 在目前的系統中，第二層協定和跨鏈功能都非常受歡迎，但是如果要打造全球通用的標準仍過於侷限，全球性的解決方案可能會是以去中心化識別碼的方式達成，這樣的全球標準正在崛起中，為身分管理領域注入新活力。[297]

　　在身分管理系統變得有效率之前，我們仍需要官方的數位身分版本，如同前面所討論的，目前還沒有出現中心化身分的數位版，原因便在於缺乏信任。即便是核發單位的權力都必須經過其他人驗證，因此你會需要不同的身分，而且驗證方式都不一樣，如果一個去中心化身分就包含所有的個人識別資訊，那我們要信任哪個驗證機構來核發呢？答案是沒人可以信任。這時區塊鏈就會發揮作用，如果沒有區塊鏈，就不能在沒有第三方干預的情況下，生成去中心化身分，就像以太坊不需要以太坊基金會的監督，就能生成錢包的公鑰和私鑰組一樣，區塊鏈去中心化身分也可以在不需核發實體的狀況下生成。

　　一旦屬性和區塊鏈連結，區塊鏈的位址就可以視為一種去中心化身分，但這種簡便帶來的麻煩，就是會出現許多沒有聲望的去中心化身分，這將使得標準架構很難達成。一旦接受了跨平台的去中心化身分，就能達成相容性，整體功能也會日趨完備。

　　全球資訊網協會（The World Wide Web Consortium，W3C）正透過去中心化身分和驗證憑證，開始打造身分管理的標準。[298] 實體中心化身分文件中包含的所有屬性，都能轉成數位化的 W3C 驗證憑證，只要這些憑證確認通過，任何改變都會一目了然，而且還能透過加密方式驗證，[299] 不會像實體文件一樣遭到偽造或竄改。去中心化身分本身，則是透過分散式帳本科技註冊驗證憑證，讓使用者能夠復原屬性。[300] 復原機制運用獨特的數據集，以及生物識別資訊和密鑰，來描述去中心化身分的主人，也就是使用者。[301] W3C 設計的身分管理架構都具有良好相容性，不管是自主身分、中心化身分、類似的計畫，都能彼此相容。[302]

　　以上便是堅若磐石的區塊鏈身分管理系統構想，只要妥善運用這個模式，私人公司就能從中獲益，本節提倡的身分可以重複使用，將能簡化客戶

審查、洗錢防制、供應鏈管理、資產追蹤、數據交換、保險申請、憑證驗證等流程。[303]

區塊鏈不是專注在身分管理領域發展的唯一科技，但很可能是目前為止最棒的一種，對身分管理系統來說，獨特的識別碼、防竄改的數據、安全的儲存空間、安全的端點互動、受信任的存取管理，都是非常重要的元素。[304]

三間新創公司案例探討：Uport、Sovrin、ShoCard

要探討區塊鏈和身分管理的關聯，最棒的案例就是這三間知名新創公司：Uport、Sovrin、Shocard，這三間公司不同的策略，橫跨了上述討論的各種架構，使其成為最佳代言人，以下的順序是從最去中心化的排到最中心化的。

Uport

Uport 建立在以太坊上，並運用智能合約來執行功能，是這三間公司最去中心化的，並同時透過鏈上應用程式（dapp）和傳統應用程式，例如銀行系統和電子郵件運作。[305]Uport 沒有中央伺服器，讓使用者享有最大的控制權及安全，Uport 可以在理想的世界中運作，但是無法提供身分的所有權證明，因為這些身分和「真實」身分的連結太過薄弱。[306] 這將使得身分偽造相當容易，系統的名聲也會因此受損，此外，由於創造身分相對容易，讓這些身分與「真實」的個人識別資訊脫節，而有好幾個 Uport ID 的人也無法連結這些身分。[307] 多重身分的使用限制，使得中介機構不太可能從採用 Uport ID 上獲益。

只有使用者的私鑰才能證明身分所有權，而私鑰是儲存在使用者的裝置上，[308] 如果裝置遺失，使用者就必須依賴社會復原過程，一旦復原牽扯到

社會機制，過程中就會需要信任，因此也不保證能夠復原，[309] 而負責社會復原的受信任方也可能串通，使得使用者身分的名聲受損。[310]

由於私鑰代表完整的身分所有權，使用者可以透過更改星際檔案系統，也就是儲存層上的數據，來修改自己的屬性。[311] 這項特色是把雙面刃，因為使用者可以只公開最低限度的資訊，並選擇性刪除負面的屬性，例如不佳的信用分數等，但這些資訊可能對中介機構相當重要。此外，使用者身分的揭露是根據單向的識別碼，也就是說，使用者在揭露身分時，並不能驗證中介機構是否可靠。[312]

Uport 完全免費下載，在接受的服務上可以進行單一登入，而系統要增加功能必須依靠中介機構。位在瑞士的楚格（Zug）便是一個成功範例，只要有 Uport 應用程式和線上入口網，再跑一趟市政府，就能在楚格擁有數位身分。[313] 這項實驗的主要目的是簡化流程，例如不用借書證就可以到圖書館借書，之後也希望開發更多進階功能。[314] Uport 的應用程式會把楚格市核發的憑證放在區塊鏈上，基本上就是超級安全的單一登入。Uport 完全有能力處理傳統單一登入的各種問題，但是之後更廣泛的身分應用是否可行，仍有待觀察。

Sovrin

Sovrin 承認數位簽發的憑證、去中心化註冊、發現、獨立生成的密鑰是身分管理系統的挑戰，但是多虧 W3C 和公鑰基礎設施，目前已出現共通的標準，[315] 而將這些去中心化的標準和中心化系統結合，便是 Sovrin 預計為所有人帶來可用身分的方式。系統由三個部分互動組成：用戶、中間人、帳本層。[316] 用戶指的是在邊緣裝置，例如使用者的手機和平板上運行的應用程式，中間人可以想成是加密貨幣錢包，也就是將用戶連結到 Sovrin 帳本

的網路端點，帳本則是 Sovrin 區塊鏈和數據儲存層。[317] 用戶和中間人確認完屬性後，就會加入帳本中，憑證的核發方和認證方可以直接連到帳本，以鏈上數據進行驗證。

不像 Uport，Sovrin 會將受信任的機構，例如政府組織、銀行、信用機構等，當成特殊節點，也就是管理者。[318] 在使用者端，W3C 的去中心化身分會從受管理者認證的個人識別資訊，生成標準的數位身分，透過這個系統，使用者可以選擇公開哪些屬性、要在哪裡分享（鏈上或用戶端伺服器）、哪些中間人可以分享數據、受允許的第三方可以分享哪些屬性等。[319] 同時全向和單向識別碼也都能使用，這表示中介機構可以發布組織身分，並讓使用者得知他們的個人識別資訊最後會流向何方。[320] 但這些特色也造就進入 Sovrin 最大的門檻，即非常複雜的使用者體驗。[321]

Sovrin 運用現存的身分管理基礎設施，雖使其個人識別資訊憑證相當可靠，卻無可避免必須使用私人區塊鏈，管理者便是深受信任的公共實體，如此才能達成區塊鏈的共識。[322] 至於挑選和規範管理者的治理實體，則是 Sovrin 基金會的信任委員會（Sovrin Foundation Board of Trustees），他們遵循的是一系列 Sovrin 治理架構中所列的「法律」，[323] 這樣的模式具備的優點包括效率、便宜、大規模共識。然而，信任仍是來自中心化實體，也就是管理者，而非一般偏好的二進位程式碼原則及使用者節點，[324] 系統的復原也是以 Sovrin 基金會的信任委員會為依歸，這牽涉到中心化實體，再次付出了中立的代價。[325]

隨著時間經過，會有越來越多中心化實體加入，如此便能進一步分散「信任網」，不會有串通的可能。[326] 但 Sovrin 仍不是理想的自主身分系統，因為目前可用的驗證方式只有中心化身分，不過 Sovrin 針對何種形式的身分屬性能夠數位化，態度相當開放，因此具備跨平台特性，策略上仍保有

自主身分革命發生的空間。Sovrin 的區塊鏈是特別為身分管理設計，可以用來打造其他身分管理協定，像是認證組織網路（Verifiable Organizations Network），這是一個潛在的標準，能夠提供組織數位身分，以促進網路互動。[327]

ShoCard

ShoCard 是本章介紹的區塊鏈身分管理系統中，最中心化的一個，這間新創公司使用應用程式替使用者生成 ShoCardID，原理是透過裝置的相機掃描身分憑證後生成隨機的密鑰組。[328] 最初的認證過程結束後，就能透過系統間的互動加入額外的屬性，比如從支援的銀行加入銀行帳戶，屬性加入後，會在比特幣區塊鏈上進行雜湊加密並壓上時間，便能成功創造出不可竄改的身分紀錄。[329]

原始數據通常儲存在使用者的裝置上，ShoCard 確實有提供加密儲存選項，不過個人識別資訊在使用者和驗證方之間傳送時，資安還是稍嫌不足，因為是在鏈下的中心化伺服器上進行。[330] ShoCard 並沒有使用去中心化身分或其他解決方案將紙本憑證轉換成數位憑證，而是運用經過雜湊函式加密的中心化身分文件，但雜湊函式本身無法驗證文件真偽，只能證明文件在第一次上傳後沒有經過修改，類似存在證明（proof-of-existence）協定的目的。

ShoCardID 依賴的是中心化的權力，假如 ShoCard 倒閉，身分就不能用了。[331] 而和 ShoCardID 一起使用的文件，例如駕照和護照等，在大多數的登入憑證上也不需要，使這個應用程式對低價值的帳號，例如訂閱制的網站登入來說，並沒有吸引力。[332] 而用來驗證時，因為屬性源自實體文件，應用程式也會有過度分享的疑慮，例如你把數位駕照寄給中介機構驗證姓名，提供的資訊其實遠遠多於中介機構需要的。因為上述原因，ShoCard 的

功能其實非常有限，而且在身分管理上，也不算是理想的新創公司範例，ShoCardID 的特別之處，在於針對需要合法憑證的服務，可以當作單一登入使用（不像大多數單一登入只是一組使用者名稱和密碼）。

目前已有兩個個案研究探討過 ShoCard 在金融部門的商業應用，在其中一個研究裡，阿賈濟拉銀行（Bank of Aljazira）在應用程式中使用了 ShoCard SDK，並結合政府文件、生物識別資訊、銀行認證進行驗證，[333] 不僅簡化銀行手續，同時也符合客戶審查要求。[334] 另一個研究則是透過信用應用程式，運用 ShoCard 來驗證使用者的信用分數，過程中完全不需向驗證方提供真實的信用分數，[335] 該研究證明了 ShoCard 在不同應用程式間，完成離散數據證明的能力。

加拿大的身分管理系統

加拿大幅員廣大，使得當面驗證相對麻煩，也造就了身分管理創新，加拿大數位身分及認證委員會（Digital ID and Authentication Council of Canada，DIACC）便是其中的領頭羊，由各式和身分管理有關的私部門及公部門機構組成，致力於解決線上身分問題。[336] 根據該組織估計，若是不趕緊處理數位身分問題，加拿大的損失至少高達一百五十億美元，佔 GDP 的百分之一，[337] 而不作為的後果，便是會讓科技巨頭的魔掌逐漸深入國民的生活之中。[338]

在 DIACC 的眾多成員之中，SecureKey 以其精緻的身分管理解決方案鶴立雞群，特此聲明，本書跟 SecureKey 和書中提到的其他計畫都沒有利益關係，之所以深入探討 SecureKey 的系統，是因為最接近上述討論的理想身分管理系統，透過結合先前新創企業的優點，打造出可以廣泛應用的線上身分，這是所有公司夢寐以求的成就。此外，SecureKey 也透過提供高度需求

的服務，成功以獨特的方式脫離學界，打入市場。

　　傳統系統中提到的限制，涉及廣泛的身分議題，SecureKey 則是透過現有過程中的實際運用來解決這些問題。驗證使用者需要哪些個人識別資訊，目前是由目標服務說了算，這是件好事，應該繼續保持，只是對使用者來說很煩就是了。銀行、公營事業、社會服務網、健康照護、商業、政府等主要實體，都是透過次要實體來提供目標服務。[339] 由於每個實體都有不同的驗證規則，你很可能會有超過兩百組登入憑證。[340] 如果不想自己管理，就只能透過憑證中間人，問題在於憑證中間人雖然誠實卻也好奇，而他們打造的數據誘捕系統，也為駭客解決了最重要的問題：知道要去哪裡尋寶。[341]

　　針對這點，SecureKey 的身分長安德烈・博伊森（Andre Boysen）提出了以下解釋。SecureKey 的區塊鏈是以「私人秘密的公共證明」（public proof of a private secret）的哲學打造，只儲存個人識別資訊的雜湊函式，使屬性無法竄改。[342]SecureKey 的區塊鏈是建立在 Hyperledger Fabric 上，屬於私人區塊鏈，由受到信任的節點運行，這些節點同時也持有個人識別資訊，包括信用機構、銀行、電信業者、政府組織等。[343] 如此一來，每個節點都能在不揭露節點本身的狀態下，傳送個人識別資訊，並驗證其完整性。

　　在實務上，整個過程都是在 Verified.Me 應用程式中運作，從使用者的角度來看，跟相關單位註冊花不到五分鐘，博伊森便以銀行、電信業者、信用機構登入為例。[344] 成功登入服務之後，信任節點就會開始交叉檢視相關數據，電信業者也會驗證使用應用程式手機的電話號碼和 SIM 卡，[345] 接著相關單位會再驗證和 Verified.Me 應用程式登入相關的電話號碼和生物識別資訊。[346] 這個方式和之前的單一登入都不一樣，因為幾乎所有可信的個人識別資訊，現在都能透過 Verified.Me 存取，除了登入以外，程式同時也能用來註冊所有相關服務。

　　這個例子中的電信業者是加拿大的 Rogers 電信，[347] 如果你想換一支新手機，目前的交易過程大概耗時四十五分鐘，Rogers 要支付的成本則是五十美元。[348] 在把資料轉移到新手機之前，Rogers 需要來自受信任機構的證明，證明你是你說的那個人，例如來自運行 SecureKey 區塊鏈節點的背書，[349] 而在你透過生物識別認證同意後，所有資料都可以在兩分鐘內安全轉移完畢，Rogers 則只要花不到五美元。[350]

　　在整個過程中，最低限度的資訊揭露及隱私安全，是透過 SecureKey 所謂的「**三盲身分**」（triple-blind identity）達成。[351] 個人識別資訊的接收方並不知道這些資訊從哪來，寄送方不知道資訊要去哪，SecureKey 也看不到原始數據，但還是能夠成功驗證個人識別資訊。[352] 至於資訊公開，由於你的手機和目標服務都擁有密鑰，要公開資訊就需要完整的密鑰，[353] 使用者能夠完全掌控資訊的公開，好奇的使用者也能在應用程式上檢視所有的數據傳輸細節。[354] 區塊鏈整合將使個人識別資訊無法複製，裝置本身也不會保留原始數據，即便裝置遺失，身分仍然相當安全，復原過程也很簡單。[355] 目前加拿大某些一流的銀行和信用機構，已開始採用 SecureKey 的服務。[356]

　　和 Uport 相比，SecureKey 應用真實的個人識別資訊，解決了身分偽造和假名的問題，單方驗證也升級了，因為 Verified.Me 的使用者是和自己選擇的機構互動，這些以機構為基礎的節點，和 Uport 的社會復原機制相比，也能夠讓復原過程更加安全。[357] 而 ShoCard 過度分享、個人識別資訊傳輸不夠安全、源自紙本文件的個人識別資訊真實性有限等缺點，SecureKey 也都一併解決了。

　　從原理上來說，SecureKey 和 Sovrin 最像，只是有些重要的差別，SecureKey 在使用者體驗上表現比較好，此外，Sovrin 的復原過程仍需依靠其基金會的信任委員會，其經濟模式則是依靠 Sovrin 幣，使得每次驗證都

會在使用者、驗證方、核發方之間，產生一個小型支付網路。[358] 至於電話註冊的例子，SecureKey 只會收 Rogers 五美元，Sovrin 則是會期待 Rogers 以 Sovrin 幣付錢給使用者、信用機構、銀行，Sovrin 的代幣導向經濟模式，目前看來是多餘的架構，只會讓過程變得更複雜，不過等到市場足夠成熟，這種方式將會變成減少成本、移除中介機構的標準程序。

SecureKey 巧妙展示了區塊鏈促進私人公司和政府共生合作的能力，其優質的合作關係，使信任水漲船高，而類似 Sovrin 這樣的計畫才剛開始編織他們的「信任網」。不過這並不表示 SecureKey 是最理想的解決方案，因為脫離學界的問題之一，便是要勉強接受現有的功能，Sovrin 和類似計畫則是已準備好張開雙臂迎接真正的自主身分來臨，新的身分管理系統可以在 Sovrin 區塊鏈上打造，而去中心化身分則使其具備跨平台特性。

SecureKey 是自主身分的極限，因為使用者資訊並不是連在去中心化身分上，使用者的個人識別資訊控制權，也只限於告訴目標服務何時可以傳送數據，而非如何運用，但這會讓沒有中心化身分的二十億人被排除在外。此外，在自主身分系統加入無形的個人識別資訊之前，缺乏數據所有權也不會是個嚴重的議題，到了這個階段，SecureKey 無法阻止科技巨頭「竊取」使用者數據。去中心化身分可以讓我們對自身產生的數據擁有絕對的所有權，這樣我們就能得到協商數據用途所需的籌碼。

未來的身分管理系統趨勢

身分管理系統最終的目的便是要使不須信任的互動化為可能，假設你有一個值得信任的朋友名叫戴夫，信任應該是來自共同經驗的資訊。你第一次遇見戴夫時，還沒涉入這個資訊及價值交換過程中，就算戴夫真的是個很可靠的傢伙，你也不可能一眼就看出來，簡而言之，這就是線上身分管理系統

的問題。

網際網路縮小溝通差距後，雖使得資訊及價值交換過程變得更有效率，卻沒有增進雙方之間的信任。由於我們依賴中心化機構識別他人，合理的解決方法應該是讓我們和這類實體之間的線上傳輸過程更有效率更安全，這便是我們先前討論的基本解決方式。但要是我們能夠蒐集你透過社會互動從戴夫那邊取得的私密資訊呢？這些數據如果轉換成廣泛的身分和聲望分數，就能補上自主身分基本教義派的最後一塊拼圖。

這其實不會很牽強，我們在第二章便討論過嚴重的人類數據蒐集問題，大型蒐集背後都具有目的，而且不會停止，但我們仍有機會選擇如何治理。這其實離我們很近，只要看看中國的社會信用分數系統就知道了，中國政府已經開始以社會信用分數分類公民，分數本身則是根據政治活動、位置歷史、購買紀錄、人際關係決定，[359] 這個分數系統，可以和社群媒體對西方民主國家的影響相提並論。[360] 你的線上自主身分，將會是真實的你細節最詳盡的版本，而科技在達成這個目標之前不會停止，因此把所有數據丟進自主身分可能會是最好的防護。

我們還無法深入探討自主身分的實際影響，因為目前還沒有計畫進入大規模應用的階段，科技巨頭是最接近達成這個階段的實體，至少和其他組織相比，他們能夠打造出準確的私人自主身分。請注意，本節並沒有太多引用文獻，因為科技巨頭掌控身分這種概念在學界根本不存在，但是書都寫到這了，這點無庸置疑，不過只有在大家學到慘痛教訓後，才會正視這個問題。

只要自主身分在身分管理系統中紮根，科技巨頭根據其市場定位，會有兩種結果，贏者全拿或全盤皆輸，自主身分革命的結果，將會落在這兩個極端可能性的光譜上。

我們可以將產生的數據，視為和某種形式去中心化身分相關的私人財

產，包括所有形式的數位數據，如果是具備人道主義的數據使用案例，就會先取得數據擁有者的同意，而分析行為和結果也會向大眾公開，至於以使用者數據獲利的私人公司，就必須針對同意討價還價。Humanity 便是正在推動這個概念的其中一間公司，他們試圖讓數據所有權成為第三十一項基本人權。[361]

但更有可能的選項，則是繼續維持中心化的憑證核發，政府會繼續核發中心化身分，不過隨著自主身分越來越準確，中心化身分的價值則會降低。科技巨頭會成為自主身分憑證的製造方、核發方、控制方，當然，此處的身分會是由科技巨頭宰制，而非真正的自主身分，但卻能涵蓋個人識別資訊的複雜性。區塊鏈並不是唯一能夠用來管理身分憑證的工具，支持者並沒有考慮到自主身分會為蓬勃發展的數據經濟帶來滾雪球效應，但這個發展路徑更接近我們目前的方向，我們應該感到害怕，全世界應該起而反對以避免這樣的結果。

在烏托邦式的自主身分，以及反烏托邦式的科技巨頭宰制身分之間，是一張無法預測的可能性之網，這張網子無邊無際，相當複雜。數據能協助世界以各種方式解決問題，但我們卻不想要犧牲生產力以確保隱私。原則上，要在保障使用者隱私和數據分析的創新之間達成平衡，唯一的方式就是組織必須極度公開透明。

這個看似矛盾的構想確實有可能達成，My31 理論上能夠保障使用者自身數據的所有權，Sovrin 這類系統可以提供連結自身數據和個人識別碼的科技，SecureKey 的優勢則是和受信任的機構合作，在不揭露資訊的情況下驗證數據的真實性。如果出現一個融合上述特色的身分管理系統，而科技巨頭是其客戶，就會出現改變，使用者將可以選擇儲存自身的數據，並將其自產生的平台上隱藏，數據會由相關的去中心化身分、也就是終端用戶合法持

有，對應的平台則是可以在不揭露資訊的情況下驗證數據。

目前這樣的平台尚未出現，但這是有可能達成的，不像目前身分管理系統使用的數據（中心化的身分屬性），來自科技巨頭或類似公司的自主身分，對駭客來說並不是什麼大目標。社群網站的數據在大規模蒐集時最有用，如此一來儲存選項就有了彈性，星際檔案系統這類區塊鏈系統就是很好的選擇。中心化身分也不是迫切的議題，由政府統一儲存社會安全碼沒什麼問題，因為除了剽竊身分之外，也無法用來從事惡意行為，相較之下，心理特質相關數據就可能造就惡意的動機，因此科技巨頭不應持有你的個人資訊。

人類身分之外

到目前為止，我們討論身分時，都是將其視為使用者和目標服務之間的單向關係，因為只有目標服務負責驗證，而組織通常也經由中心化驗證，和人類的中心化身分類似。組織驗證體現的形式，便是准許販賣或執行的服務供應商執照，消費者的信任則是來自品牌名稱、商標、公司資訊等，除了這些特色之外，幾乎不存在任何組織識別碼，因為公司太過複雜，無法壓縮成一張用來互動的大頭貼。但隨著身分的目的變成透過聲望分數來提高價值傳遞，最大的效用將在於如何應用在私人組織上。

以 American Eagle 為例，我們看看這要如何應用在身分上，我之所以信任 American Eagle 這個品牌，是因為他們有類似連鎖店中心化身分的商用零售執照，同時也因為線上評論、朋友推薦、先前購買的經驗，我得知 American Eagle 的褲子不錯。這一系列的數據都不是很直觀，也不能壓縮到一張零售執照上，但目前科技在量化無形的事物上已越來越好，這類較為主觀的數據只要蒐集得夠多，就可以根據使用者為中心的名聲認證，得到某個組織的自主身分和聲望分數。隨著企業日趨數位化這類需求也會增加，回到

American Eagle 的例子，如果他們想在線上賣出更多褲子，由於顧客看不到也摸不到褲子，就必須透過數位方式確保褲子的品質。

把這個概念應用到製造商、供應鏈、產生一般數據的實體上，就會發現同樣的可能性。如同先前討論的，獨特的識別碼通常會在物聯網感測器和製造的部件上，這些機制製造的數據會回到原先的組織，因此能夠為來源實體打造可靠的自主身分和聲望分數。分散式系統的治理機制要能順利運行，就必須依靠這類的聲望分數。

上述的解釋並不是要支持聲望分數的概念，而是要探索各種自主身分的可能，並展示其更廣泛的發展。

科技巨頭擁有夠多數據足以影響產業發展，幸好在數據使用上有所限制，他們才沒有這麼做。但成功的科技巨頭身分管理系統，將會突破限制。如果科技巨頭掌控這類私密又複雜的數據，那麼所有擁有身分的實體主權都會受到侵害。

假如真的發生這類極端情況，對其他產業發展來說，自主身分都會帶來深遠的影響，因為分散式系統依賴身分管理提供的解決方案，都不會受到中心化權力機構宰制。而落實組織的公開透明，則需要透過中立的管道，向大眾公開相關的名聲數據，希望本節的討論，能夠改變身分管理系統潛力無窮的發展方向。

身分管理系統和 Web3 的關聯

Web3 的重點在於賦予網路互動信任，如果組成網際網路的連結是安全的，我們就可以透過點對點的方式做更多事，例如直接交換資產、訂定合約、傳輸敏感資料等。讓這些互動化為可能的 dapp，不能使用千瘡百孔的使用者名稱和密碼模式來建立信任，大部分提供 Web3 基礎設施的新創公司，也

會提供一個區塊鏈身分，能夠存取所有使用該基礎設施打造的 dapp。

　　供 dapp 使用的區塊鏈身分目前運作正常，卻忽略了 Web3 身分管理系統真正的問題。首先，這些區塊鏈身分通常並未持有可以在非區塊鏈世界使用的個人識別資訊，主要是拿來儲存 dapp 和加密貨幣錢包的收入。Web3 基礎設施越來越多後就會發生嚴重問題，因為每個區塊鏈身分互不相容，不同的區塊鏈身分在進入每個 Web3 基礎設施時都要經過重新核准，這會讓我們回到起點，就像所有網路服務都需要互不相容的煩人登入憑證。

　　要解決這個問題，需要能夠統一個人識別資訊蒐集過程的身分管理解決方案，可能同時包含中心化身分和自主身分的元素，這個解決方案也必須是以區塊鏈為基礎、完全公開透明，並擁有安全的數據儲存方式，才能受到信任。所有 Web3 基礎設施都必須採用這個統一標準，而不是每個都試圖打造自己的標準，這只是要達成 Web3 相容性的障礙之一，萬一這點沒有達成，我們就會走回以前的老路，那就是在網路上不管要做什麼，都必須一直證明我們的身分，實在很煩。

第 七 章

S

金融基礎設施

金融完全沒道理

比特幣的存在是為了修補或取代金融基礎設施，儘管這是區塊鏈的第一個應用實例，卻不是區塊鏈唯一或最好的用途。由於比特幣是區塊鏈著名的應用實例，也使其成為傳播加密無政府主義思想的工具。幣圈裡盛行的反政府及反法定貨幣思想，讓我們有必要來複習加密無政府主義的某些論述。

法定貨幣常被誤認為是由菁英階級創造、用來竊取窮人財富的工具。[362]懷疑論者可以針對這種「法定貨幣奴役論」和許多人至今仍抱持的概念，提出許多紮實的論述，[363] 但這些想法其實是來自對宏觀經濟世界的愚昧及誤解。由於我們已對帕雷托分布有所了解，便不會把經濟的差距怪在法定貨幣系統上，現在就讓我們暫且丟下對政府的偏見，好好探究一下這些誤解吧。

表面上看來，法定貨幣和加密貨幣支持者的爭論，總是會回到貨幣本身的價值上，這很好笑，因為這兩種貨幣本身其實都不具備任何價值。法定貨幣背後的政府支持完全沒有意義，大多數法定貨幣都不能拿去換取商品。[364]法定貨幣和比特幣兩者的價值都是建構在共同的迷思上，其中一個加密無政府主義反對法定貨幣的著名論述，便和法定貨幣參數的主觀性有關。

截至二〇一八年會計年度，美國國債為二十一點六兆美元，而且持續攀升。[365] 這個數據比美國當年的 GDP 還高，[366] 並超過全球 GDP 四分之一，[367]也等同於四家科技巨頭二〇二〇年的市值總和。考慮到二〇二〇年美國流通的紙幣其實只有一點七五兆美元，上述的數據十分令人費解。[368]

通貨膨脹也同樣是個謎，在美國基本的假設是聯邦準備系統印製鈔票，因此提高供給，並造成通貨膨脹，但是上述的一點七五兆美元，只是要滿足通貨膨脹需求的一小部分，聯邦準備系統也不能就在大帳本上增加一些數字，通貨膨脹的真正原因，其實是由商業銀行的借貸無意間造成。[369]

箇中道理可以用一個簡單的比喻解釋，在美國，銀行借錢時都是用高於

通貨膨脹的利率，這樣才有賺頭。為了舉例，我們先假設每筆貸款的年利率是百分之十，也就是說，銀行在二〇二〇年借出一千美元，到了二〇二一年就會變成一千一百美元。由於世界經濟每年只會成長百分之二到百分之三，這代表會憑空出現七十到八十美元流入世界經濟。[370] 更恐怖的是，銀行的借貸金額其實可以達到儲備款的十倍，[371] 如果有間銀行有十億美元，理論上可以用百分之十的年利率借一百億美元給別人，藉此又會憑空生出十億美元。不過並不是所有錢都是以貸款的方式存在，也不是所有人都會繳貸款，所以情況其實沒有這麼誇張，但是這些錢確實都是透過不可能追蹤的方式，從通貨膨脹中「創造」出來的。

大規模借貸的能力是一項美好的人類發明，能夠促進經濟成長，只是如果沒有妥善使用，就會產生缺陷，有時還會影響法定貨幣的健全程度。當然這都是簡化的說法，有一整本期刊就充滿了類似的比喻，期望能讓大眾得到一點知識。[372] 年度的通貨膨脹並不具備一言以蔽之的法則，通貨膨脹基本上是根據市場的深入評估決定，不是由某個共通帳本的狀態、或是政府的喊話而來。[373] 然而，將貸款通貨膨脹和同樣令人費解的政府印鈔行為結合，就會使整個金融系統變得更不具正當性。

雖然網路縮小了大眾和菁英階級之間的知識差距，某些財政分析仍是暗中進行不會揭露。缺乏資訊使得大眾無法理解全球經濟，而透過猜測協助大眾理解，便是加密無政府主義者唯一值得稱道之處。惡名昭彰的法定貨幣奴役論雖然有些極端，仍是具備價值，因為其誇大了現存系統真正的缺陷。

由於整個金融領域都是根據神秘的原則運作，後繼的市場是一場猜謎大賽，想要猜出某個二進位的謎題。金融領域的引擎，也就是法定貨幣，至少應該具備嚴謹的特質，然而貨幣市場的波動只不過是針對共同迷思的猜測。政府採用固定匯率對抗這個問題，透過幫弱勢的貨幣擦屁股，營造出穩定的

假象，這對維持短期穩定來說或許有用，但是掩蓋針對世界經濟弱點的客觀分析，只會造成金融危機。[374]

加密貨幣之所以擁有優勢，正是因為你可以看見所有參數，包括所有的供給、通貨膨脹率、不同位址的貨幣分配等，通通都是公開的，其價值與政治無關，這只是經過一系列權衡的取捨。[375] 加密貨幣的管理和交易都很有效率，也很直接明瞭，至少在更先進的案例中是如此，只要付出足夠的努力，這些優點也會有機會擴展到法定貨幣上。

上述這些問題說起來很有趣，也是加密貨幣目前如此受歡迎的原因，數十年後甚至會變成非常賺錢的行業，不過原則上來說，這些目前都只是烏托邦式的意識形態，忽略了區塊鏈的應用限制。單靠區塊鏈並不能解決世界的後設問題，不過仍證明區塊鏈在去中心化金融的誕生過程中會有很大幫助。本節的討論算是個練習，目的是避免落入加密貨幣狂熱分子抱持的歇斯底里心態。解釋完金融科技的箇中奧妙之後，本章結尾會再回到這些後設問題。

從金融服務開始是個很好的起點，金融服務主要有三種功能：提供信用（群眾募資、商業貸款、個人貸款）、資產管理及金融諮詢、支付，本章將會在這三種功能的範圍討論金融服務。而在所有金融服務之上，則是目前幾乎不存在的金融科技數據管理，現在只有百分之五十八的組織能夠記錄不同企業間的交易，刪掉管轄權重疊的部分後，比例則是降到百分之五十三。[376] 監控交易的方式仍然古老，並沒有充分運用可用的數據，加入先進數據管理的金融服務將更有效率，而這也是區塊鏈科技在金融基礎設施的首要目標。

銀行業

銀行有悠久的歷史和傳統，使我們很難就其現代發展展開誠實的討論，區塊鏈和分散式科技在不需要金融機構的前提下提供金融服務，多年來第一

次改變了遊戲規則。[377] 現代的支付程序、資產管理、貸款平台，都已超出了傳統金融業的限制，但這並不表示中心化的銀行業會遭到淘汰，他們仍因長期受信賴的品牌、針對立法的影響力、現有的消費者，當然還有其營運資金，而握有巨大的權力。

消費者應該自問究竟想從金融服務中得到什麼？如果答案只是一系列的服務，那麼要取代銀行業的步驟，只要一本小冊子就可以搞定。中心化的銀行業組成全球經濟的基礎，目前還沒有研究在探討少了銀行業會有何後果，閱讀本章時請務必記住這點。區塊鏈狂熱分子支持加密貨幣優於法定貨幣的強大論述背後，依靠的往往只是單向度的分析。

銀行業以獨特的方式平衡私人公司和政府之間的利益，這點是經過證明的，效率並不會自動取代這種可靠的經濟合作關係，因而本章後續討論的銀行業替代方案，應該視為科技手段，是用來改善銀行業或替去中心化金融提供未來選項，而非將金融科技轉為私人機構的方式。簡而言之，不要太快摒棄銀行業，因為科技巨頭很有可能取而代之，而我們早已深知科技巨頭分配財富的方式。

銀行業的帳本目前仍按照十六世紀的原則運作，[378] 都是由中心化機構持有，和其他帳本之間的交易維持相同原則，轉換到電子帳本時保留了這種複式記帳（double-entry bookkeeping）風格，行動銀行的更新也只是把同樣的紙本邏輯數位化，因此效率不彰。[379]

Fedwire 是美國大規模企業對企業轉帳採用的主要技術，由聯邦準備系統管理，雖然我們只以美國為例，但大多數國家其實都擁有類似的系統，而且已經超過一百年沒有調整。[380] 建立在 Fedwire 上的銀行、私人公司、政府機構，受制於這個過時的基礎設施，無法發展出自身的特色，這個系統每天處理數兆美元的金流，但是鑑於成本和規模的限制，除了大型企業對企業轉

帳之外毫無用處。[381] Fedwire 對終端使用者來說毫無價值，因為這個系統根本無法處理個別使用者，這類服務是由小型的服務供應商提供。

一般消費者現在有各種支付選項，而其中最受歡迎的信用卡，便是浪費資源的最佳範例，雖然銀行和商家之間的支付會立刻批准，消費者卻忽略了其中的結帳過程，例如要讓商家和銀行間的帳本對上就要花上好幾天。[382] 複式記帳過程資源密集，成本又高，完全沒必要。一項針對十萬名歐洲消費者的研究指出，平均每用信用卡支付一百歐元，就必須花上二點八歐元的成本，[383] 如果用 PayPal 的話，成本則是一點六七歐元。[384] 這只是粗略估算，而在傳統電子支付領域中，類似的費用依然存在，比特幣則是已解決了雙重支付的問題，轉帳的成本和原始數據傳送的成本相同，也就是幾乎免費。

過時金融基礎設施帶來的問題之一，便是已開發世界經常忽視這個廣泛的後果，在你閱讀本章時，很可能不在乎 Fedwire 或是信用卡的交易費用，因為你根本看不到成本。這是因為銀行經濟模式本身的設計就是隱藏這個過程，銀行業的獲利是透過借貸，把現存帳號中的金錢轉換成資產，這個基礎設施免費歡迎有錢人，因為他們能夠提供營運資金，同時也是可靠的借貸者。但這不代表沒有成本，成本就反映在利率上，並以各種你想得到的方式，轉借到消費者身上。

由於金融基礎設施成本高昂，根本沒有讓窮人進入系統的動機，世界上還有大約二十億人沒有實體的銀行基礎設施，[385] 這迫使他們必須依靠更昂貴、負擔更重、也更不可靠的轉帳方式。[386] 數據無法完整呈現問題的嚴重性，但二十億人代表世界上有超過四分之一的人口，因為沒辦法獲得資本而注定貧窮，銀行沒有道德義務去解決這個問題，但區塊鏈和金融科技解決方案卻可以提供協助。

目前本節的討論僅針對銀行轉帳相關服務，如果再分析銀行業先前在資

產管理和借貸上所掌握的強大優勢，如何因為信任減少而下滑，那問題就更大了。

魯莽的銀行決策使得世界在二〇〇八年迎來金融海嘯，銀行和投資銀行為了把握大好的經濟局勢，以他們擁有的每一塊美元，多借了三十到四十美元，[387] 這個經濟上「多出來的資本」和低利率，使得投資需求大增。銀行並不是唯一有錯的一方，放款人才是罪魁禍首，因為貸款違約引發了經濟衰退。[388]

二〇一三年，賽普勒斯前兩大銀行接受了國際貨幣基金（International Monetary Fund，IMF）一百三十億美元的經濟援助以避免倒閉，這個數目超過賽普勒斯一半的 GDP。[389] 除了這筆援助外，賽普勒斯的銀行也進行了債務重組，名下的帳戶遭到扣押用於重建，[390] 整個事件結束後，從這些帳戶支付的金額大約落在六十五億到一百三十億美元之間。[391] 上述事件助長了大眾對銀行的不信任，類似案例不勝枚舉。

銀行錢自己賺、損失社會扛的歷史由來已久，二十一世紀已經沒人站在銀行那邊了，大眾也已準備好面對金融系統的劇烈變革，不管是以什麼方式。比特幣便是受二〇〇八年的金融海嘯啟發，中本聰甚至在創始區塊中引用了一篇相關文章。[392] 但這表示區塊鏈系統足夠聰明，比銀行更能避免和預測這類情況嗎？當然不是，我們稍後會再回到這個問題，畢竟到最後，決定金融科技贏家的不一定是事實，而是大眾的信任。

大眾究竟信任什麼實體，這點有待討論，有趣的是，在信任程度上，大眾對科技巨頭和銀行抱持的態度歧異，二〇一五年一項大眾對各企業信任程度的調查顯示，花旗銀行為百分之三十七、Google 百分之六十四、亞馬遜百分之七十一。[393] 即便這項調查可能只是恰好命中，趨勢仍顯示銀行原有的信任和安全優勢正逐漸降低，在新時代的競爭對手面前，無法再保有其市

場霸主的地位。[394]

　　在協助銀行與時俱進上，行動銀行可說是一大進步，行動銀行甚至足以和先進金融科技新創公司一較高下（不包括較低的基礎設施成本）。金融科技的數位化程度更高，主要特色便是數據運用，銀行則是除了詐騙偵測、風險管理、客服管理之外，完全不知道該如何運用數據，[395] 他們的資料庫雖然龐大，結構卻非常糟糕，無法用來進行有效分析。[396]

　　銀行業沒有跟上大數據潮流的原因是因為沒有必要，也就是說，銀行並不注重廣告投放和零售，這個錯誤不會摧毀銀行業，只是讓科技巨頭免費提供相同的金融服務而比銀行賺更多錢。這也使得以財政公開透明為導向的解決方案未必會順利誕生，但銀行業是有資源改變命運的，只要他們選擇這麼做，而區塊鏈就是最棒的工具。

　　根據估計，區塊鏈能讓轉帳過程和記帳成本降低百分之五十至八十。[397] 考量到 Fedwire 每天處理數兆美元的金流，這個數目非常龐大，銀行業如果採用區塊鏈，便能造就完美的紀錄儲存系統，就算只是採用私人區塊鏈，也能改善數據管理和追蹤，並帶來經濟效益。[398] 此外，若是將數據架構和區塊鏈身分結合，就能夠讓數位簽署化為可能，簡化線上商務合約簽署、結帳、開戶等過程，[399] 麻煩的客戶審查和洗錢防制也會變得全自動化。最後也最重要的一點，銀行業如果採用區塊鏈，就能避免經濟危機，因為區塊鏈本身就具備公開透明的特性。[400]

　　當然，上述的優點都還是理論，因為這個領域缺乏後勤支援，使得這些願景很難實現，我們稍後會再探討實務上的困境。

　　存款利率能夠對抗通貨膨脹的時代早已消逝，[401] 這點原本很可能是銀行業無法取代的最後優勢，根據一項針對不同實體對金融業影響力的全球金融科技報告估計，新創公司為百分之七十五，社群網站及網路平台為百分之

五十五，資通訊科技和大型科技公司為百分之五十，電商為百分之四十三，金融基礎設施公司為百分之四十一，傳統金融機構則只有非常低的百分之二十八。[402] 銀行業在金融科技發展上已經落後了。

中心化銀行系統從十七世紀開始便已存在，而這是他們第一次遇到挑戰。[403] 雖然這聽起來好像很刺激，但當消費者決定金融科技的贏家時，仍應該留意那些假裝對抗中心化、實則是在助長中心化的趨勢。

金融科技公司

金融科技（Financial technology，fintech）指的是金融服務產業為消費者提供的創新科技，可能代表金融科技公司或技術本身。此外，雖然科技巨頭目前已提供不少金融科技服務，本節仍會專注在新創公司上，首先我們要先了解金融科技的起源。

每一次崩壞的過程，都是由典範轉移展開，接著新技術便會崛起，並加速崩壞的速度。[404] 中心化銀行業是經濟領域的典範轉移，也因而發展出複式記帳這類效率調整。[405] 行動金融服務則可說是另一次崩壞循環的開端，以投資和金融應用程式展開。如同我們所知，行動銀行雖然方便，成本卻很高昂，因而迫切需要金融科技帶來的創新效率，去中心化交易管理（即無限記帳）、能夠做出精準預測的數據管理、智能借貸合約，便是區塊鏈金融科技的主要競爭項目。

要進入金融科技領域，資通訊科技和身分是唯一的門檻，並不需要傳統的銀行分行，幸好全球的資通訊基礎設施日趨普及，這同時也和金融科技的發展息息相關。[406] 不過由於這個產業實在太過新穎，使得針對市場成長的預測相當歧異，沒有參考價值。為了了解目前的市場規模，按照 Statista 的估計，二〇一八年金融科技產生的數位支付價值只有約三點五兆美元，[407]

這其中並不包含數量較少的金融和借貸服務，但這兩類服務應該會有巨大的成長。[408] 數位支付產生的價值幾乎全來自中國，這代表世界其他地方的發展潛力還很大。[409] 在數百個金融科技計畫中，只有少數能創造價值，包括支付、資產管理、借貸。

支付服務是金融科技最廣泛的用途，也是三者中最直接也最高的需求，因此幾乎創造了金融科技領域中所有的價值，以 PlasmaPay 這個功能完善的「分散式帳本帳號」來說，能夠和傳統金融基礎設施互動，[410] 提供數十種貨幣的支付方式，而且完全合法。[411] PlasmaPay 提供優質的服務，使用者卻很少，這正是許多以區塊鏈為基礎的「銀行」面臨的狀況。

這些分散式帳本「銀行」不算失敗，也說不上成功，只是提供免費的資本儲存和轉移已經不再特別，對一般消費者來說，PlasmaPay 只是一個陽春的新應用程式，在行動銀行加入了加密貨幣功能而已。對支付服務來說，科技算是簡單的部分，因為支付服務的規模無限大，也就是說，全世界只需要一個高效率的支付網路，這些支付服務新創公司的差別在於用戶數量，要具備基本的競爭力，必須提供嶄新的服務或是跟大公司合作。

傳統金融基礎設施之所以能吸收支付服務的成本，完全是依賴資產管理和借貸壯大，這個領域的新創企業有很多機會。一般的股票交易服務，平均每筆交易要抽取八點九美元的手續費，還有三十點九九美元的佣金跟三十二點五美元的帳號維護費。[412] 而線上股票新創公司 Robinhood，在股票交易時幾乎不抽取任何費用，[413] 並藉此證明上層的仲介以往收取高額的費用根本毫無道理。移除中間人，使得窮人只要接觸資通訊科技就擁有投資管道，也能帶動加密貨幣交易。和支付網路一樣，Robinhood 最大的障礙，便是獲取新使用者的信任。現今的仲介如果不降低或徹底捨棄收取的費用，便無法保持競爭力。

中心化銀行也是以類似的方式，透過發放貸款來填補鉅額的營運開銷，P2P 借貸則是把區塊鏈當成可信任的平台架構，去除了中間人成本。Circle 和 Lendoit 這兩間新創公司，便是使用智能合約的 P2P 借貸平台，[414] 你現在就可以根據信用和名聲系統，在平台上面借錢給別人，還能獲得對應的回報，[415] 理論上來說，回報會更高，利率則是會更低，分散式協定的歧異也幾乎不可能發生。

以太坊，特別是 ERC20 代幣銷售，則是把借貸和群眾募資結合在一個穩固的協定之中，唯一的問題就是畫地自限在加密貨幣上。公正的代幣供給可以解決這個問題，例如比特幣就能以位元串的方式，創造各式各樣的代幣，並以加密方式確保任何東西的所有權。[416] 但加密貨幣的汙名卻阻止了這樣的發展，不過隨著一切塵埃落定，加密貨幣很有可能成為股票或其他資產的公開持有證明。

本節的討論只是金融科技的冰山一角，不過確實介紹了一些金融科技能夠為銀行系統帶來的迫切升級，對金融科技來說，區塊鏈是一項重要的資產，雙重整合將會帶來一個更簡單的生態系統、更高的安全性、更快的速度、公開透明、更低的營運成本。[417] 但是，這一切如果沒有使用者就毫無意義，現今的金融科技公司已經供過於求，而這些公司提供的技術品質根本不可能成功，對邊緣化的金融科技平台來說，唯一的解方將來自現存的用戶基礎、已經建立的聲譽、合法性，但大多數的新創公司都不太可能達成。

中間人聯姻

金融科技公司和銀行迫切需要彼此，從歷史的角度來看，扼殺創新、不懂得把握眼前大好機會的現存機構，都會迎來長久的衰敗，只要看看 IBM 決定梭哈在現在已被淘汰的主機科技上就知道了，傾頹的巨人永遠都會登上

頭條。新創公司則是擁有錯誤的信心，即便取代現存的機構，知名度卻遠遠不如失敗的先烈。事實上，那些精心打造的新創公司先驅，都是因為忽略現存機構的威力而失敗。[418] 銀行業明顯跟不上金融科技發展的速度，但金融科技也沒有大量資源可以揮霍，以達到銀行業的市場規模。

競合將是銀行和金融科技公司整合的驅動力，雖然雙方都受彼此威脅，但卻會因為自身利益而被迫合作。想像花旗銀行和 PlasmaPay 合作，將充滿效率的科技引進大型銀行，合作一定很不情不願，因為雙方都放棄了基本原則，但一定會帶來更大的利益。只要這樣的方式成功，比起被主要的競爭者拋在後頭，其他的銀行也會選擇和最初的對手合作，要是沒有這樣的競合，就沒人能夠收穫創新的成果，而且雙方很可能都會因此滅亡。[419]

支付服務指令修正案（Revised Payment Services Directive，PSD2），也就是歐洲有關支付服務的法律架構，已成功鼓勵及促進銀行和金融科技公司的整合，[420] 但是根據公開的資訊，目前還無法檢視這類合作究竟是成功還是失敗。

假設金融科技公司和銀行真的達成生態系統整合的願景，就會回到我們前兩節開頭探討的問題：我們究竟想從金融服務產業得到什麼？消費者從整合中得到的好處，便是大幅改善的效率，但中心化銀行的缺點依然存在。此外，金融科技公司和銀行都屬於中介機構，因此其整併也只是造就一個更大型的中介機構。[421] 銀行和金融科技公司的整合很有可能發生，這又讓我們回到最初的起點，或是距離起點很近的地方。

科技巨頭：完美候選人

未來幾年零售支付系統全球影響力前三大的公司會是哪幾間呢？你很可能會覺得是銀行、信用卡公司、金融科技公司、區塊鏈新創公司，答錯了，

再想想，根據 CGI 集團的調查，未來零售支付系統的三大巨頭將會是蘋果、亞馬遜、Google，臉書則是排行第七，[422] 背後的原因耐人尋味。

　　如果試圖拆解傳統金融服務，你會發現銀行是服務供應商，金融科技公司負責引進新的構想和科技，科技巨頭則是扮演網路協調者。[423] 請注意，科技巨頭可以做到其他兩者負責的工作，但其他兩者卻無法成為科技巨頭，比如說，科技巨頭可以打造科技，並提供這項科技當成服務，但金融科技公司和銀行卻沒辦法扮演網路協調者的角色。而網路協調者本身在金融科技的整合上，也具備最高的獲利潛力，[424] 因此線上購物、社交媒體、通訊軟體在跨平台的價值交換上，都是必備的服務，需求也日益增加。[425] 同時由於科技巨頭掌控了這些平台，整合支付方式因此成了重點發展事項。[426]

　　雖然這樣的支付方式是由 Gmail 或臉書訊息的支付功能展開，卻不是科技巨頭瞄準的市場定位，只是在現存的服務上加入支付功能，將會大大限制支付的潛力。電子錢包才是能夠廣泛應用的支付方式，同時也是科技巨頭更大的野心。[427] 電子錢包具備跨平台特性，能夠在不同的零售和 P2P 支付平台上使用，因此本節我們會將重點放在科技巨頭和電子錢包的關係上。

　　不過銀行確實還有一道防線尚未被科技巨頭攻破，因為電子錢包通常只能處理轉帳，而不實際持有和管理金錢，但這才是更有利可圖的方式。[428] 科技巨頭未來可能會達成這點，不過他們現在仍在享受規避法規帶來的好處，就跟 Uber 和 Airbnb 用來規避執照申請的做法一樣。[429]

　　接下來是在本書中第一次，也是最後一次，應用程式的命名方式難得簡　潔，Apple Pay、Android Pay、Samsung Pay、Microsoft Pay、Amazon Pay、Facebook Pay、Google Pay 都是現在最廣泛使用的電子錢包，這些公司還有延伸的支付服務，但上述的清單已囊括大部分主要的服務。我們只會討論 Apple Pay，因為這是現在市占率最高的數位錢包，而且其他數位錢包

的發展軌跡也很像。

Apple Pay

　　二〇一四年 Apple Pay 推出時宣傳鋪天蓋地，本來預計要淘汰信用卡並壟斷行動支付市場，不只是大眾一頭熱，還包括大型銀行和信用卡公司的積極參與。[430] 但是 Apple Pay 華麗地「失敗」了，因為使用者的接受度很低。目前大眾仍把 Apple Pay 當成一個失敗，甚至認為這根本不算是行動支付「開天闢地的創舉」，[431] 但這種想法絕對是錯誤的，科技巨頭之所以在失敗的電子錢包上傾注資源只為使其繼續提供服務，背後是有原因的。

　　伊格・佩奇（Igor Pejic）的著作《區塊鏈巴別塔》（*Blockchain Babel*）是少數討論到科技巨頭和金融科技關係的著作，這本書出版時，電子錢包正瀕臨失敗，作者卻認為科技巨頭就算虧錢並成為消費者的笑柄，也會堅持繼續發展電子錢包，[432] 科技巨頭到底打著什麼算盤呢？

　　一切都要回到數據，本書第二章探討科技巨頭的數據蒐集和營利過程時，並沒有納入支付數據的影響，因此很容易忽略科技巨頭的最終目標，那就是把數據變成錢。支付端點可說是消費者數據的聖杯，銀行和信用卡公司掌控所有未發展的潛力，不是在金庫裡，而是在帳本中，由於網路協調者擁有產品和服務，他們將這些數據轉換成利益的能力無人能及，這同時也是科技巨頭能夠宰制金融科技的原因。

　　科技巨頭在金融科技的緩慢起步並不代表失敗，雖然 Google Pay、Samsung Pay、Apple Pay 離 PayPal 的市占率還差得遠，但是近期的成長趨勢顯示差距已逐漸縮小。[433]Apple Pay 的使用者數量幾乎年年翻倍，二〇一九年九月，使用者數量已達到四億四千一百萬人，佩奇是對的，科技巨頭是不會放棄支付服務的。

科技巨頭的潛在優勢

科技巨頭在金融科技領域最大的挑戰，便是要激起大眾的興趣，他們必須展示金融科技中微小重要的科技差異，而更重要也更具挑戰的，則是說服使用者願意再註冊另一種服務。這是科技巨頭的另一項優勢，進入支付科技領域的門檻很高，而科技巨頭善用的策略，就是為了增加市占率不惜延遲獲益，銀行是唯一能夠等待這場風暴結束的對手，但他們也無法激起大眾的興趣。銀行提供產品，消費者會尋求服務作為回報，科技巨頭則可以提供使用者出乎意料、免費增值的自助服務，這便是金融科技未來的發展方向。[435]

網路使用者和商人一定會超愛，因為和信用卡轉帳支付的手續費相比，電子錢包是供他們免費使用，他們只會在乎這項服務是否夠普遍。一旦電子錢包的使用者人數夠多，就會進入正面的回饋循環，並創造出協商的時機，科技巨頭將成為網路的守門人，向銀行和信用卡公司收費，為消費者提供服務。屆時你不得不相信科技巨頭，因為你必須透過科技巨頭才能接觸到銀行，最後將會使傳統的金融服務變成沒必要的中間人。

看到大家認為他們的支付實驗完全失敗，科技巨頭一定很開心，因為他們大部分的區塊鏈和金融科技開發都非常保密，[436] 這很可能是刻意的操作，故意隱藏事實：對非科技巨頭的公司而言，金融科技已經成為一片寸草不生的荒原，完全無利可圖。上述的情況乍看杞人憂天，但只要看看類似情況正在發生，你就不會這麼想了。

目前中國在行動支付遙遙領先世界各國，在中國行動支付是常態，全國的行動支付主要由兩家公司壟斷，支付寶和微信，[437] 全國的獲利驚人，而這兩個支付軟體的類似版本抵達西方世界，也只是時間早晚的問題。幫你快速複習一下，世界上前五大科技公司就是科技巨頭，第六名和第七名則分別是阿里巴巴和騰訊，也就是支付寶和微信背後的母公司，[438] 因此推論科技

巨頭將會宰制全球金融科技合情合理。

在金融科技中，科技巨頭比銀行和金融科技公司加起來還可怕，因為科技巨頭擁有更多資源、能夠輕易擴展市占率的平台、品牌辨識度、競爭對手缺乏的數據動機。對科技專家來說，應該支持最好的金融科技公司跟最棒的公司整合，而不是繼續彼此競爭。

區塊鏈金融科技公司

加密貨幣常被視為萬能的支付解決方案，技術上來說，有一小部分是正確的，你可以用加密貨幣把一大筆錢轉到世界上的任何地方，只要付一小筆手續費就好，問題在於交易所為法定貨幣和加密貨幣交易設下的巨大門檻。針對這個問題沒有治本的方法，因為這並不是技術問題，而是需要來自政府、銀行、交易所的通力合作才能解決。

正因如此，沒有跡象顯示非法定的加密貨幣能夠改變支付領域的規則，金融科技可以達到超越加密貨幣交易的效率，還能擴展其功能，因此加密貨幣科技可以視為金融科技創新的基本動力，但不是主要的動力。銀行擁有加密貨幣永遠無法達到的健全聲譽和市場定位，而加密貨幣一旦和金融科技整合，一定會失去基礎特色或損害全新整合系統的名聲。

中心化的銀行曾考慮發行自身的數位貨幣，以更新交易基礎設施，在一個完美的世界中，這將使得銀行可以跟上金融科技，不會失去優勢地位。但是實際上，這些嘗試卻帶來洗錢、隱私問題、法律問題、恐怖分子籌措資金、網路攻擊，在銀行發行的數位貨幣和以法定貨幣為基礎的穩定幣（stable-coins）上都曾經發生。[439] 加密貨幣科技不一定是罪魁禍首，但是因為還沒證明自身的實力，在和銀行合作時，缺點只會遭到放大，因此銀行業最大的機會，便是優先發展行動銀行的創新，而非替代的虛擬貨幣。[440]

　　加密貨幣在金融科技上的失敗，只是反映了實際的嘗試，加密貨幣的未來無法預測，仍然充滿希望，特別是當成實用代幣或交易媒介使用，但要成為貨幣的殺手級應用已是不切實際的夢想，這是很好的前導應用沒錯，因為人類早已知道如何量化金錢。而人類尚未標準化的資產數位化，也是加密貨幣和代幣的重要用途，不過諷刺的是，這和貨幣扯不上邊。只要和穩定的貨幣整合，區塊鏈在金融科技中就會有更大的影響力。

RippleNet

　　RippleNet 很可能是全世界最受歡迎的區塊鏈支付網路，背後的私人公司叫做 Ripple，RippleNet 則是他們提供的主要服務，支援全球超過四十個國家的三百間金融機構。[441] 整個支付網路主要由兩個族群組成：網路使用者（小型銀行和支付服務供應商），以及網路成員（大型銀行和支付服務供應商）。[442] 大多數族群都會直接使用 RippleNet，而不是自身的加密貨幣。RippleNet 的價值在於網路端點透過標準化的應用程式介面彼此互動的能力，包括即時支付、在支付時夾帶附件及訊息、端對端（end-to-end）的交易細節公開透明等。[443]

　　Ripple 之所以如此受歡迎，很大一部分是因為其加密貨幣 XRP 幣，XRP 幣在 RippleNet 中有時會當成橋樑貨幣使用，以優於早期加密貨幣的效率聞名，不過 XRP 其實是 RippleNet 中沒必要的設計，會成功全是來自私人區塊鏈的效率，[444] 而且 Ripple 社群還因為和 XRP 幣的關聯，特別在意自己被說是中心化，但這就是其成功的主因。對一個中心化系統來說，採用另一個中心化系統比較容易，認證節點的功用就是提供必需信任的中心化銀行。釐清這點之後，Ripple 唯一的特色就只剩市場定位，技術本身沒有特別之處，數百個合作夥伴也無法證明服務到底好不好用，雖然宣傳自己和誰合

作非常流行，但這些合作關係的目的和意義後續卻很少提及。

ONE PAY

Ripple 不只是一個獨立的服務，而是一個基礎層技術，能夠延伸到其他量身訂做的解決方案上，公司名稱或許也是雙關，指的就是要在全球掀起漣漪效應。One Pay 是一個以區塊鏈為基礎的計畫，由桑坦德銀行（Santander）開發，專供銀行國際轉帳使用，目前已在五個國家提供服務。[445] 整個科技是以 Ripple 的 xCurrent 分散式帳本打造，也就是 RippleNet 的前身，提供比傳統匯款便宜非常多的即時轉帳，[446] One Pay 的特色在於匯款者可以追蹤整個匯款過程，同時看見過程中的所有手續費以及收款者最終拿到的金額。[447]

Corda

R3 是一間區塊鏈公司，主要服務便是 Corda，這是一個提供金融服務的企業級分散式帳本，Corda 帳本系統的目的和其他分散式帳本類似，也就是取代每個機構都必須複製數據的需求，同時避免歧異產生。[448] Corda 也採用網路式解決策略，需要多方使用者一同採用，否則獨立服務無法發揮作用。此外，由於 Corda 比較像是一系列不斷生成的區塊，不是一個固定的服務，因此任何組織都可以採用，甚至可以打造 Cordapps。[449] 技術上來說這並不是區塊鏈，因為帳本使用的不是區塊鏈，但仍具備不可竄改性和公開透明的特色，[450] R3 已經做了許多測試，但對產業的實質影響還有待觀察。

Hyperledger Fabric

在國際企業對企業交易上，銀行採用區塊鏈來促進信任的互動，中介機

構的角色相當必要，因為賣方希望在購買時預先支付款項，買方則是想在收到商品之後才付錢。運用區塊鏈的銀行正在協助處理這中間的落差，已有超過十間採用 Hyperledger Fabric 的銀行加入了 we-trade 聯盟，致力達成這個過程。[451] 系統使用預先安裝的智能合約，並根據不同的情況執行，[452] 銀行保障買賣雙方的身分，按照智能合約監控特定的事件，這樣就能在不揭露身分的情況下完成互動。

Batavia

企業採購也會面臨類似的信任問題，傳統的方法是以大量的文件解決，包括後勤、保險、支付、外匯、財務，過程通常需要花上七天。[453] 而 Batavia 這個由五間銀行組成的計畫，則是透過 IBM 區塊鏈將商業互動數位化，並成功把過程縮短到一個小時。[454]

不像其他領域，金融科技大規模的應用案例很少，要分辨某項金融科技到底成功還是失敗，幾乎不太可能，因為實務報告不可信，同時還充斥大量無用的資訊。金融科技區塊鏈是簡單的科技，就是一個酷炫的帳本，但是這個產業卻非常複雜和難以預測，因為有數千家新創公司都在處理一樣的問題，同時還被迫彼此合作。這使得誰輸誰贏非常難說，不過這些集體的努力，確實都為區塊鏈金融科技帶來源源不絕的發展動力，Ripple 就是很好的例子，整個產業就像一部很難踩得動的飛輪，但是一旦開始運作，大家都會想辦法跟上。[455]

當然，這類計畫最後都能替主流交易減少百分之一至百分之三的手續費，但大家都注重在交易的效率上，反而忽略了金融的巨大潛力，區塊鏈鮮為人知的金融應用就藏在你我眼前，並已在一般的加密貨幣中完美展現。

區塊鏈瀏覽器

區塊鏈瀏覽器是將所有區塊鏈交易細節轉換成非技術格式的使用者介面，基本上就是區塊鏈的搜尋引擎，著名的公共區塊鏈都有一個區塊鏈瀏覽器，我們在此討論的便是以太坊最受歡迎的瀏覽器「Etherscan」，你現在就可以直接連上去使用，自己體驗一下以下的特色。

Etherscan 上可以看到以太坊歷史上每一筆交易的雜湊值、區塊鏈編號、時間戳記、發送者位址、接受者位址、發送金額、相關費用，而每一枚 ERC-20 代幣——以太坊網路使用的加密貨幣，現在有成千上萬個——也都能在 Etherscan 上看到，同樣有上面所有細節，只要點一下發送者或接受者位址，該節點的交易歷史就會出現在一個頁面中，一覽無遺。此外，dapp 上的數位資產交易也提供同樣的細節，以及該智能合約的原始碼，這其中的美妙之處，在於所有紀錄都分布在上萬個節點之中，完全一樣，而節點本身的資訊也都公開透明。

除了區塊鏈瀏覽器之外，世界上沒有類似的系統，而這應該成為向企業推銷金融科技的賣點，這不僅能夠解決貨幣交易的效率問題，也能為金融服務帶來完全的經濟公開透明。但這個構想尚未受到重視，因為區塊鏈瀏覽器無法實際應用，除非存取控制機制能夠讓區塊鏈上的部分數據私有化，網路身分也能連結到真實身分，區塊鏈瀏覽器的潛力才會實現，我們在本章結尾會再回頭討論區塊鏈瀏覽器的重要性。

區塊鏈金融科技公司的問題

沒有人在討論區塊鏈對金融服務造成的影響，但我敢打賭更少人知道背後的原因。上述的例子只是簡單討論了金融部門的區塊鏈相關發展，因為大部分的發展都是秘密進行，或是只存在於假設中。學界也並未像在其他領域

一樣，探索區塊鏈解決方案在金融科技中的發展，很可能是因為這個領域更為商業導向，而非技術導向，投機的加密貨幣新創公司是最大的玩家，使得資訊只能從 Cointelegraph 或其他加密貨幣媒體取得。為了避免造成誤解，本節針對解決方案的描述將會模糊帶過，因為找不到詳細的相關資料。

比如說，金融產業以區塊鏈為基礎的存款數目最普遍的估計，大約落在兩百億美元。[456] 這個數據來自 Coindesk 上的文章，引用的是桑坦德銀行的估計，但沒有標註來源，也沒有公開的分析可供參考，估計之間的落差非常大，不過我們就暫且使用這篇文章的數據吧。幾乎每一篇廣泛討論區塊鏈和金融服務關係的文章，都會提到 R3 的 Corda 和 Hyperledger，還會順道簡單介紹一下參與每個聯盟的銀行，有時候也會估計投資的總額，但永遠沒有一致的數據。在數年的「發展」之後，針對全球最大的金融科技組織運作狀況，我們還是沒有足夠的數據。

因為問題已經不再是科技，我們最好承認根本不懂區塊鏈為金融科技帶來了什麼，只有這樣，相關的分析才能超越主流媒體的無知，並帶來幫助。

除了上述的普遍錯覺之外，許多區塊鏈金融科技間的相似之處，也指出了最基本的問題，那就是不同的科技選擇會帶來不同的解決方法。環球銀行金融電信協會（The Society for Worldwide Interbank Financial Telecommunication，SWIFT）列出了以下幾個導致區塊鏈的優勢無法發揮的因素，包括穩固的治理、數據控制、法律遵循、標準化、身分架構、資安、可靠程度、規模。[457]

這些宏觀的議題不斷在本書中出現，在金融科技領域之外，這些議題可能也是普遍的問題，只要證實足夠可靠，就會造就量身訂做的解決方案。這類解決方案可能是中心化的，也可能是去中心化的，因而又回到區塊鏈類別之爭，科技巨頭和銀行的功能穩定，包含上述的特色，卻不需要用到區塊鏈，

這使得中心化金融科技成為預設的模式，卻犧牲了公開透明。

公共區塊鏈的治理機制、數據控制、管理方式、可擴展性通常令人遺憾，導致沒有金融機構會認真考慮採用區塊鏈，私人區塊鏈因而在金融科技領域獲得了過渡期的優勢。[458]

私人區塊鏈使得上述 SWIFT 提到的限制要由各個機構在內部自行解決，聯盟區塊鏈也必須符合同樣複雜的需求，而且還要由多個機構同時達成，穩固的治理、數據控制、標準化、資安、可靠程度全都仰賴部分選定的節點，所以這些節點可說是「固定的」，只是還沒到去中心化的程度。針對這點，傳奇電腦科學家尼克 • 薩博（Nick Szabo）的解釋相當著名：

要移除銀行的弱點，就代表也要移除個體的控制權，以及移除掌控或擁有系統存取權的個體，銀行天生就討厭失去權力，但是如果他們想要獲得嚴格、持續、安全地檢查彼此工作的獨立電腦大軍所帶來的優勢，那他們就沒有選擇的餘地。[459]

以上描述的便是公共區塊鏈，但是因為公共區塊鏈還無法應用，金融科技只好暫時妥協，先轉向聯盟區塊鏈（consortium blockchains）。

以太坊的共同創辦人維塔利克 • 布特林認為，針對聯盟區塊鏈和私人區塊鏈之間的差別，目前還沒有正式的定義，在私人區塊鏈中，一個組織就是一個節點，聯盟區塊鏈則是從數個組織中選擇多個節點，兩者在功能上除了中心化程度的微小差異之外，其實沒有差別。[460] 基本上，聯盟區塊鏈和私人區塊鏈幾乎可以交替使用，但和公共區塊鏈對立。本節剩下的部分，將會探討聯盟區塊鏈注定失敗的原因，接下來我會介紹一些調整的參考，能夠加入更棒的功能，同時對聯盟區塊鏈提出更精確的定義。

聯盟區塊鏈理論上的能力和世界頂尖企業展現的能力之間，有非常大的差距。金融科技的應用有獨特的瓶頸，因為這個領域是由調整速度緩慢的現

存機構宰制。適應快速的金融科技公司並不受這樣的限制影響，但現在毫無跡象顯示，新創公司能夠在金融基礎設施發展完善的領域中獲勝。[461]

只有金融科技公司和銀行決定攜手合作，差距才會縮小，將銀行和金融科技公司組成網路的構想其實沒有爭議，認為科技公司應該和現存機構合作，也不是激進的主張，不過沒有跡象顯示科技公司正在朝這個方向發展。什麼都不幹的數百個金融科技「合作夥伴」遵循這些鬆散的標準，只是為了滿足公眾形象，結果就是適得其反的新聞稿導致普遍的錯覺。

即便是最簡單的金融科技應用，都需要多方合作，理想的合作必須包括應用實驗，能夠積極說服各方參與，而且每一方都由彼此依賴的經營策略驅動。R3 的 Corda、Hyperledger、Ripple 都有可能達成這個標準，但卻不願公開合作狀況的內部細節。有個研究透過訪談參與區塊鏈企業合作前導計畫的員工，描繪了某間擁有超過十萬名員工的一流銀行內部情況，[462] 結果證明，對銀行業來說，要打造金融科技最好的方式就是聘請新創公司，引進區塊鏈也大幅提升了組織之間的溝通。[463] 目前針對前導計畫本身，還沒有任何技術上的解釋和評估，計畫也沒有繼續進行，但這就是我能找到的最佳案例了。

在意料之外的無形目標上，區塊鏈可以帶來很大的幫助，那就是團結分歧的各方，朝充滿建設性的合作邁進，這樣的連結看似不重要，但是只要你隨便拿一個區塊鏈在銀行業上的應用，和銀行業之外的類似應用一比，區塊鏈的重要性便不言可喻。現存機構雖然不會促進區塊鏈的創新，但是他們巨大、雜亂無章、錯誤百出、奄奄一息的資料庫，卻是最迫切需要區塊鏈援助的對象。

SWIFT 認為，只要成功克服上述的區塊鏈科技劣勢，就會出現以下的優勢，包括系統的信任提高、具備效率的數據傳輸、完全的交易追蹤、簡化

的調解過程、高度復原力。[464] 理想的私人或聯盟區塊鏈應用，就能體現上述所有優點，你可能也知道，公共區塊鏈其實是更好的選擇，就算無法提供上述所有的優勢，也能提供大部分，而且還能帶來更多優勢，但是銀行家絕對不會提到公共區塊鏈。

看來似乎不會有結果，早在一九九〇年代，銀行業就因為運用內部網路而在提升組織間的公開透明上摔了一大跤，[465] 而私人區塊鏈基本上就是更有效率的內部網路，只是多了加密查帳的功能，[466] 現存機構也一直逃避或糟蹋聯盟區塊鏈的應用。公共區塊鏈能夠提供所有可能的解決方案，但根本沒人認真考慮過，因為這完全不符合金融界的遊戲規則。

存取控制機制

公共區塊鏈不可行的主因有兩個，首先，因為匿名性缺乏中心化管理，使得客戶審查、洗錢防制、任何形式的法律遵循都無法實行，但只要在公共區塊鏈上應用區塊鏈身分，問題就能迎刃而解。

銀行改採公共區塊鏈的第二個缺點，則是效率降低，不過隨著時間發展，區塊鏈科技也會越臻成熟，只要我們能克服複雜的應用，許多區塊鏈方案的效率就會超越傳統的銀行帳本。

區塊鏈只要運用存取控制機制，就能解決上述的兩個問題，以區塊鏈為基礎的存取控制系統，主要的問題在於如何在數據傳輸過程中確保隱私。[467] 上一章提到的三盲驗證就能解決這個問題，不過在身分管理領域之外，我們還沒有看到這種技術應用在一般的區塊鏈上。在理想的情況下，金融科技發展到這個階段，看起來就會像是以太坊的區塊鏈瀏覽器，只不過所有位址都會變成去中心化的識別碼，但是去中心化的識別碼在一般區塊鏈上普及後，所有私密的交易細節都會在完全沒有匿名性的情況下公開，這是一個很大的

問題，同時也是為何現今區塊鏈的位址要保持匿名的原因。存取控制機制是必要的解決方案，但是金融科技領域卻沒有任何人願意正視這點。

由於存取控制機制在金融科技區塊鏈中還不存在，接下來的討論將會依據以下的粗略定義進行，即「存取控制機制代表透過自動化系統，偵測及防止未經授權的存取，並授權經過認證的存取，以保障資安的方法。」[468] 簡而言之，這是一個特定的機制，能夠限制特定平台的使用者權限，本節接下來將會試著以淺顯易懂的語言，解釋金融科技領域的存取控制機制。

存取控制機制在傳統金融領域和一般的網際網路服務中早已存在，區塊鏈相關的服務則是能在第二層的協定，也就是非區塊鏈的部分，加入標準的存取控制機制，但是這個做法有不少缺點，因此還無法應用。簡單來說，傳統的存取控制機制有四個缺點，第一、擁有能夠存取系統數據的第三方，第二、有可能出現單點故障，第三、非常難以管理，第四、效率不彰因而難以大規模應用，特別是在以公鑰基礎設施為基礎的機制上，這點更為嚴重。[469] 以區塊鏈為基礎的解決方案不僅是解決這些問題的完美科技，在適當的情況下，也能帶來存取控制機制中前所未見的信任。[470]

目的廣泛的概念驗證早已證明將區塊鏈和存取控制機制結合在商業上的潛力，特別是透過以太坊這個採用 Solidity 程式語言撰寫的智能合約，來管理存取控制參數的平台。[471] 這個發展最重大的影響，便是帶來完全的正確性，能為擁有權限的使用者提供完整的數據追蹤，更重要的是這個機制本身的公開透明，這代表在智能合約遭到竄改時，能夠追蹤到阻斷其他實體存取權以進行惡意行為的網路協調者。[472] 數據本身以及控制數據的程式碼都是公開透明的，而這也是存取控制機制應該致力發展的方向。

雖然這只是獨立的概念驗證，但這個概念已在不同產業的試驗中得到證實。一篇探討區塊鏈及智能合約相關研究的期刊文章指出，存取控制機制應

用的主要考量，便在於資安和效率，[473] 同時也指出對存取控制機制來說，最大的障礙在於身分管理。[474] 雖然同樣的情況在金融領域尚未普及，存取控制機制的未來應用已經可見端倪。

位在外太空的裝置必須搭配健全的存取控制系統，特別是用來防範及降低地球軌道相關計畫風險的「太空狀態監測系統」（Space Situational Awareness，SSA），這個迫切的需求，孕育了最先進的概念驗證存取控制機制。目前 SSA 的存取控制系統還是具有傳統系統的缺點，即單點故障、隱私問題、效能瓶頸，[475] SSA 同時也需要一個能夠在不危害國安的狀態下，促進跨國合作的方法。現在就有一個解決方法雛形在以太坊的私人區塊鏈上試驗，[476] 透過核發「存取代幣」（capability tokens）運作，也就是和特定區塊鏈位址相關、需要不同層級存取權限的代幣。[477] 網路服務供應商會透過智能合約，交互參照存取控制的要求以及現有的存取權，經過核准之後，存取權就能和存取代幣連動。[478]

不過在這個系統中，區塊鏈位址當然不會是匿名的，這些位址之所以有用，正是因為準確的屬性，而這個雛形遭遇的各式障礙，也和身分管理有關，同時反映了我們先前討論、不容忽視的議題，[479] 也就是在完美的身分管理解決方案出現之前，存取控制機制的各種可能性都無法發展。

太空衛星之後，在存取控制機制應用上，第二重要的裝置就是自駕車，或說所有自駕交通工具，因為如果有人駭進你的車取得存取權，那應該不是好事。自動駕駛要能安全，而且進行大規模的商業運用，建立和「車聯網」（Internet of Vehicles）之間的溝通管道相當重要，問題在於設計不良的嘗試想要利用共享的資源，同時也不想犧牲隱私。聯盟區塊鏈在這個案例上的應用，讓受到信任的車聯網資源共享化為可能，同時也能確保使用者的隱私，[480] 根據節點聲譽進行的數據存取及分享管理，讓這一切成真。[481]

　　傳統產業未能跟上這波潮流有幾個原因，首先便是缺乏現成的廣泛區塊鏈解決方案，在整合區塊鏈、適合產業的存取控制機制出現之前，甚至都還無法找到明顯的優點。而且，要推動這波潮流，就必須仰賴這些遭到忽視的潛在優點，需求為發明之母，如果衛星和自駕車的運作數據各自保存在原先的組織中，衝突就會因缺乏分享而生，但是假設他們開放系統數據，智慧財產權就會遭到竊取，裝置也會被駭。不過事實上，大部分的組織都不是明顯的目標，只要把數據分享維持在最低限度，並不會發生大災難，但這也是金融業的銀行帳本並沒有出現區塊鏈存取控制機制的原因。

　　車聯網和太空領域對存取控制機制的需求，和傳統領域應用之間仍存在巨大差距，便是因為資通訊科技的普及程度。網際網路能夠超越所有產業快速進步，正是因為能縮小溝通的差距，不管是在組織內或組織間，資通訊科技優勢都是來自日益增加的資源共享。一個商業模式運用越多數據，效率就會越高，這使得數據產生、分享、運用持續成長，同時也是經過驗證的創新策略，使其一步步進展到和自動駕駛及太空計畫等領域合作，而且不會停止，資通訊科技將會讓運用資源共享能力的產業持續發展。隨著數據在傳統的組織模式中逐漸佔有一席之地，妥善管理數據的需求也會等比例增加。

　　金融領域在這之中扮演的角色雖不顯眼，卻非常重要，也使其成為存取控制機制最好的白老鼠，財政透明最適合應用存取控制機制，因為這相對簡單，風險也比其他應用更低，不會因為應用失敗就產生大規模的後果，同時又能為參與的各方帶來絕佳的效率。

　　在應用一項創新之前，金融機構習慣先等待其標準化，這沒什麼問題，因為金融科技通常不會孕育長遠的創新，而金融領域好像也無法促進財政的公開透明。存取控制機制能夠讓財政透明化為可能，卻不需運用金融科技或其他外包的科技。只有在競爭驅動大型組織由上而下應用存取控制機制時，

這一切才有可能成真。

共同前提

　　區塊鏈和金融科技的整合，會是「漸進式的，而非革命性的」。[482] 到最後，所有區塊鏈的金融應用都是為了讓支付更方便，例如讓信用卡公司、PayPal、Fedwire 等企業抽取的手續費，從百分之一到百分之三降到不到百分之一。雖然這很振奮人心，卻不容易達成，因為大規模的解決方案依舊還沒出現。

　　另一方面，金融交易可說是使用者數據的聖杯，而金融產業是最有可能掌控這個數據的實體，金融基礎設施並不是區塊鏈的殺手級應用，大致上來說，金融其實和身分管理同樣重要。想像從企業金融顧問的視角看世界，可以鉅細靡遺看見每間公司的金流，細到每個部門、甚至是部門中的所有端點。傳統上，要在大型組織中追蹤這類數據根本徒勞無功，但這項新科技，將成為顧問的夢想以及組織的超能力，Etherscan 這類區塊鏈瀏覽器就是新奇的資料庫介面，而且遠在天邊，近在眼前。

　　讓我們無法放眼大局的短淺目光，便是來自公開透明的發展過程可能遭遇的種種阻礙，這和區塊鏈種類之爭很像，只有傷害沒有好處，而且也不會有進步。幫你複習一下區塊鏈種類之爭，私人區塊鏈為組織擁有，聯盟區塊鏈是由多個組織擁有的私人區塊鏈，公共區塊鏈則是由許多節點組成，所有節點都擁有同樣的控制權，也歡迎所有人參與。區塊鏈之間的差異，在於誰能決定共識機制，不同的共識機制，便是支持區塊鏈種類之爭各方技術論述的基礎，說穿了就是公開透明跟私有的對決。技術差異代表背後只有兩種意識型態，但這是錯誤的想法，因為共識機制和這些意識形態其實是獨立的，對擁有完整存取權的使用者來說，私人區塊鏈是完全公開透明的，使用者可

以是所有人，而公共區塊鏈的匿名身分，其實也不一定符合公開透明的原則。我們暫時不要去管接下來提到的區塊鏈屬於哪一種，先把重點放在公開透明的可行性上就好。

打造公開透明和去中心化金融

存取控制機制可以模擬公共和私人區塊鏈的優點，有份研究就針對以區塊鏈為基礎的大數據存取控制機制，提出了絕佳的架構。[483] 由於是在許多組織中運作，功能便類似聯盟區塊鏈，這個獨特的架構將認證架構分成兩層，不管是用公共區塊鏈或私人區塊鏈都可以管理。[484] 第一層掌管的是和組織間合作有關的存取認證，在這個架構中稱為「群集」（clusters），[485] 第二層則是嚴格管控特定群集提供給節點的存取權限。[486] 雖然可以採用任何模式，不過這個架構將第一層打造為完全分散式，第二層則是需要完全驗證才能進入。[487] 此外，由於這個系統在區塊鏈身分盛行之前就已出現，所以是透過智能合約發放提供特定資源存取權限的認證代幣。[488]

換句話說，如果你把這個架構應用到銀行業的聯盟區塊鏈上，相關銀行都會以一種去中心化的方式進行合作，個別銀行也能保有掌控自身存取權限以及私有帳本數據是否公開的權利，這個架構也能視為某種「後設區塊鏈」，群集便是主機網路中的公共節點，但每個節點又各自擁有私人資料庫。如果應用到科技巨頭的大數據上，將會是邁向公開透明的一大步，但是在測試和應用間仍有巨大的鴻溝，這個計畫尚未達到這個階段，不過仍顯示整合公共和私人區塊鏈的系統，確實是有可能的。

在未來數十年間，金融部門會有翻天覆地的改變，受到信任的網際網路出現後，銀行將會失去影響力和競爭優勢，金融科技公司還是會找到擁有創新潛力的冷門領域，但是在大規模的市場中，永遠無法和競爭對手一樣成

熟。銀行和金融科技公司不願攜手合作，將會加速共同消亡，即便合作，也無法繼續在金融世界維持壟斷地位。例如就算每間銀行都採用 Ripple 的產品，這對一個天生中心化的系統來說，確實可以大幅改善效率，但依然不會帶來典範轉移。

在取代銀行和金融科技公司上，科技巨頭將是危險的競爭者，任何金融科技公司打造的科技，對科技巨頭來說都是隨手可得，因為科技巨頭擁有無人能及的資源，可以投入金融服務的研發。此外，由於科技巨頭擁有廣大的客戶基礎，也容易打入市場，而對新加入、還在成長的金融服務來說，這會是最大的阻礙。或許科技巨頭擁有的最大優勢，便是促使他們進入金融科技領域的獨特動機。支付端點的數據就是科技巨頭最大的動機，因為科技巨頭可以運用這些數據，掌握消費者習慣，並運用這些習慣來創造其他機會。

除了政府出手干預之外，只有典範轉移的出現，才能阻止科技巨頭繼續染指金融領域，而對金融領域來說，只能透過以去中心化的方式，在金融服務中提供信任來達成。

「去中心化金融」（Defi）是一個廣泛的術語，指的是和金融相關的加密貨幣和新創公司，運作的方式便是在沒有中介機構的狀況下，透過區塊鏈提供金融服務，而這個領域變化的速度也快到跟不上。本章探討的解決方案，可以視為發展去中心化金融領域的基礎，不過由於這個領域變化迅速且無法預測，本章並不會特別強調特定的計畫。顯而易見的事實是，去中心化金融就要來了，而且不需要 Web3 就能蓬勃發展。

第一章討論的 Web3，也就是真正的 Web3，仰賴的是去中心化的獨立伺服器或硬體基礎架構，這樣的區塊鏈尚未出現，因為許多區塊鏈使用的都是在亞馬遜網路服務和 Google 雲端上運行的共識節點。比如說以太坊的節點有很大一部分是在科技巨頭的雲端上運行，網路的運算資源和數據儲存如

果是依靠中心化的硬體基礎設施，就永遠不可能達成去中心化的網路應用，幸運的是，對去中心化金融來說，這並不是很嚴重的問題。

去中心化金融的目的是要移除金融服務的中間人需求，並且把多餘的資源還給網路使用者，要達成這點，並不需要把整個網際網路基礎設施砍掉重練，因為公共區塊鏈就是個很好用的工具。例如比特幣就移除了支付系統中的中間人需求，雖然用來交易比特幣的應用程式和網站，其實本身都是中心化的。金融應用程式的發展已經進步許多，而且因為相對簡單，一直都走在Web3 的創新前面，可說是某種測試。

去中心化金融的目的是透過提供所有金融科技的獨立版本，來對抗金融服務產業，而去中心化版本的主要優勢，便在於使用者的經濟動機。最明顯的例子就是跨境支付，已透過 Stellar Lumens 這類加密貨幣成真，免費又即時。借貸也是另一個私人和銀行貸款已被取代的領域，僅僅透過智能合約，就能以完全點對點的方式，讓使用者擁有向他人借貸的能力。另一個受到影響的領域則是交易所，傳統的交易所通常由企業擁有，並收取高額的仲介費，去中心化的交易所則是建立在以太坊和類似平台上，是沒有擁有者也沒有領導者的協定，能夠降低交易的手續費和門檻。銀行帳戶的去中心化金融版本，就是加密貨幣錢包，而且加密貨幣錢包某種程度上來說可能更安全。

這類去中心化金融服務目前仍著重在加密貨幣上，這對追求穩定貨幣的人來說會是個問題，Dai 和 USDC 這類穩定幣透過和美元掛鉤，解決了這個困境。使用者可以透過為去中心化交易所提供金流，從手續費中得到被動收入，進而讓貨幣價值維持穩定，在去中心化金融計畫中，基本上是由一般使用者負責做事和獲利，而以往這個角色則是由銀行和金融服務公司扮演。

本節提到的去中心化解決方案已不再是空想，你在幾分鐘之內，就可以找到並參與和上述事項有關的新創公司，不過仍有幾個原因，使得去中心化

金融計畫無法成為主流。第一個原因，就是這些計畫永遠不會和銀行等現行機構整合，即便這在技術上可行，對銀行和去中心化金融計畫雙方的目的卻有所牴觸。第二個原因則是網際網路是根據現有的金融服務設計，使其很難轉移到其他地方，每個人多少都還蠻信任銀行帳戶的安全性，也知道如何使用，去中心化金融服務則恰恰相反。

要使用去中心化金融服務，必須先從註冊電子錢包開始，電子錢包和其他去中心化金融協定相關，而且只能存加密貨幣，不能存法定貨幣，然而大部分的人不信任也不了解電子錢包、去中心化金融協定、加密貨幣。如果這些東西哪天突然倒閉，政府實體完全不會賠償，而且一旦弄丟私鑰資產就會永遠消失，這點非常恐怖，足以嚇跑大多數人。

去中心化金融領域之所以會如此，是因為這只是邁向 Web3 的過渡期，換句話說，目前的去中心化金融領域，在網際網路階層組織中缺乏影響力，大部分的去中心化金融協定其實都是中心化的，後台的程式都是在科技巨頭的雲端上運作，網頁的前端仰賴類似的中心化伺服器，和區塊鏈錢包的連結則是依賴瀏覽器插件。MetaMask 是目前去中心化金融協定最受歡迎的電子錢包，這是一個瀏覽器插件，能夠連結你的加密貨幣錢包和不同網站，如果你還記得網際網路階層組織，那你就會記得 MetaMask 這類插件的階級是最低的，受其他階層宰制。如果你不想在瀏覽器中使用去中心化金融產品，唯一的方法就是從主流的應用程式商店下載應用程式，但網站和應用程式在網際網路階層組織中也只是高一階，因此無論透過何種方式，目前最盛行的去中心化金融應用程式，都仍是受科技巨頭宰制。

但這不代表科技巨頭會封鎖和去中心化金融有關的一切，這很可能會引起公憤，目前來說，一個遭到壟斷的網際網路對去中心化金融帶來的最大影響，就是讓參與過程變得相當繁瑣，要進入去中心化金融這個 Web3 的過渡

期，需要非常多額外的步驟，而以瀏覽器插件為基礎的 Web3，根本不具影響力。以上種種都使得科技巨頭擁有龐大的影響力，科技巨頭只要看到網際網路階層組織下層出現成功產品就能馬上模仿，如果他們想要，也能提供自己的電子錢包和去中心化金融產品。現在去中心化金融甚至還沒達到去中心化，科技巨頭輕易就能進入這個領域，而科技巨頭版的去中心化金融當然會經過調整以符合自身利益，這便是去中心化金融的去中心化部分門檻降低所帶來的風險。這個情況很嚇人，如果加密貨幣錢包和科技巨頭帳號自動同步成為主流，要讓去中心化金融的使用者轉移到真正的 Web3 就會十分困難。

如果網際網路朝去中心化發展，並遵從大部分的區塊鏈基本原則，去中心化金融必定會成功，到時去中心化金融計畫會易於使用，而且值得信任，因為這些服務會和真實身分同步，以密碼學保護，並以能夠容錯的協定執行，卻不需要登入憑證和瀏覽器插件。到時候，金融服務基本上就是自動內建在網際網路之中。

當然，要實現這些計畫，就需要一個不是按照現行機構需求發展的 Web3，對去中心化金融來說，中心化的威脅是嚴重的風險，因為比起打造一個能夠公平獎勵分散式網路所有使用者的模式，打造一個對單一實體有利的代幣經濟模式更簡單。和去中心化科技的應用程式相同，去中心化金融成功與否也端看背後的基礎設施，也就是本書一直強調的 Web3。雖然速度可能比較慢，但如果我們能夠開始邁向一個去中心化的網際網路，去中心化金融肯定能夠阻止科技巨頭染指金融基礎設施。

第 八 章

供應鏈和製程

和虛擬世界酷炫應用有關的論述，開始發展到擘劃區塊鏈在現實世界的潛力時，起初可能看起來有點空洞，但是是時候抓緊了，因為這只是低估。如果在獨立的狀況下討論，區塊鏈的工業應用潛力，其實比在身分管理和金融領域中更強大。不同於金融和身分領域，區塊鏈的工業整合更為實際，個案研究涉及所有真實的感官，而不只是存在於網路空間的理論模型。區塊鏈的工業應用是我們迄今看到最複雜的案例，也是最難實現的。

供應鏈和製程的區塊鏈解決方案要實際應用，區塊鏈身分，特別是機器的身分，可說是先決條件。區塊鏈支付系統也屬於工業物聯網的一部分。為了要讓本章的討論順利進行，我們會假設前兩章提到的解決方案都已實現，區塊鏈在供應鏈和製程上的主要應用包括減少文件往返、辨識偽造產品、促進來源追蹤、物聯網應用。

由上而下的去中心化

在深入探討應用實例之前，我們必須先檢視相關產業的狀況，想像一個和供應鏈及製程完美配合的分散式系統，能夠讓產品的來源追蹤完全公開透明。這個假設性的理想狀態，前提是所有的物聯網裝置都擁有區塊鏈身分，同時還有促進裝置互動的 dapp。我們把這個理論上的解決方案稱為工業物聯網 dapp，很快就會看到，現有的解決方案離工業物聯網 dapp 不遠了，然而即使是最完美的版本，也不會自動推動創新。

工業物聯網 dapp 的第一個應用會是突然的覺醒，以掌握產品生產和經銷過程的製藥公司為例，如果和所有產品的硬體結合，工業物聯網軟體就能發揮最大的用處。假設有種敏感的藥品必須保存在特定的溫度下，運送過程不能晃動，不能直接照射到陽光，還必須在特定時間內送達，這些因素都可以透過裝置測量，公司只要在整個配送網安裝和工業物聯網 dapp 相容的感

測器，就可以追蹤所有產品。此外，產品原始的藥效和後續的測試也需要記錄，包含這些細節的文件，可以透過雜湊函式加密存在區塊鏈上，並加上負責專家的數位簽名，原始的裝置數據也會存在區塊鏈上，以便進一步驗證。

而打造這個系統的巨額花費，公司根本不在乎，只要想想有多少瑕疵藥品會在感測器沒有偵測到錯誤並回報的狀況下就送到客戶手上，數量想必會非常少。大部分的消費者可能不在乎、也不理解工業物聯網 dapp 帶來的公開透明，但是只要流程中出現錯誤，dapp 的使用者就能得到退貨或訴訟時可以派上用場的籌碼。萬一公司有一批貨因為從剛果雨林取得的原料出錯，所以出了問題呢？他們該如何證明？即使是百分之百誠實的製藥公司，一開始也會受到打擊。或許這一切最糟糕的影響，就是讓大型藥廠心生警戒，讓未來的公開透明嘗試都顯得可笑不堪。

這些只是一開始的缺點，雖然很嚴重，但本章剩下的部分，將會證明和組織透明帶來的巨大優勢相比，這些缺點根本不值得一提。為了了解原因，我們把對象改成自駕車產業，這個產業需要消費者和製造商之間建立穩固的關係，而工業物聯網 dapp 也會透過每台車的電腦系統，提供詳盡的來源追蹤，同時持續監控汽車運行的狀況。假設這個工業物聯網 dapp 真的存在，對產業帶來的影響大致如下。

情境一：沒有車商會採用這個系統，因為一開始的代價太過龐大，而且以汽車這麼複雜的東西來說，即便使用完美的 dapp，準確的來源追蹤仍很困難。這是目前最有可能的結果，也是區塊鏈在工業領域注定失敗的原因。

情境二：新創公司可以引領這股浪潮，也許某間新創公司的 dapp 會成為諮詢工具，事實上許多新創公司也正以此為目標。不幸的是，這個情況也不太可能發生，因為要促成改變，都需要整條供應鏈上的各方大幅

改變運作模式，這對新創公司來說很不切實際。因為供應鏈和製程是和現實世界有關，而非虛擬世界，所以新創公司無法像在其他領域一樣無限擴張技術。

情境三：某個工業巨人可以成為這類解決方案的創造者和實施者。有能力運用這類解決方案的公司，一定擁有大量資源。長期來說，情境三的實施者將會因為改善的名聲而占有主導地位，並促使其他公司也採取同樣行動。

以 Toyota 為例，假設 Toyota 完成了整個過程，讓消費者可以追蹤車子，甚至精細到可以追蹤每個主要零件，這代表為 Toyota 提供原料的供應商資訊，也會在工業物聯網 dapp 上出現，未來供應商在原料製造和改良過程中也會如法炮製。Toyota 的組裝線會裝設感測器，製程中的每個步驟都會有詳盡的文件紀錄，負責的組件製造商會使用數位簽名來驗證成品，製造車輛零件的機器以及零件本身，也會擁有數位識別碼（區塊鏈身分）。Toyota 為了達成這項壯舉所付出的成本會以數十億美金計，而且要花上好幾年才能完成。

長期來說，Toyota 得到的回報是比金錢和時間更有價值的數據。Toyota 和顧客可以了解一整台車的歷史，檢查引擎的燈號亮起時，問題診斷就會在區塊鏈上放送，如果還在保固期間，在車主開始擔心以前，Toyota 就能派出技工去解決問題，這點可以在買車時就寫在智能合約裡，如果已過了保固期，車子也可以自行報修，並透過智能合約付款。這並不是 AI，而是製造商預設的程式碼在特定情況下自動執行，這樣一來，所有顧客都會知道 Toyota 出廠的車子有多可靠，Toyota 也能得知世界各地車輛故障的頻率和原因，工廠可以持續根據世界上每一台 Toyota 傳回的數據進行調整。顧客對 Toyota 的信任也會超越其他車商，而且跟競爭對手相比，Toyota 和製程

相關的決策也會更經濟。

只要這套模式成功，所有車商都會很緊張，因為不照做就會失去競爭力，到了這個階段，整個產業激進的公開透明需求，會從完全無法想像變成顯而易見。事實上，競爭公司很可能會堅持數據共享和競合，只為了趕上 Toyota 的腳步，隨後產生的漣漪效應將會超乎想像，但一切都必須從工業巨人開始，而非新創公司。如同我們在第四章所述，新創公司已經把加密貨幣的名聲搞爛了，供應鏈和製程的來源追蹤也不是勢不可擋，因此新創公司不應讓區塊鏈的工業化應用，重蹈加密貨幣聲名狼藉的覆轍。

聽起來像是遙不可及、好到不可思議的目標嗎？也許是吧。我的意思是，在沒有證據證明能獲得商業成功的情況下，要如何說服 Toyota 採用這種激進的解決方案？我認為，由上而下的去中心化，將會是使 Toyota 成為世界最大車商的關鍵，而工業化物聯網 dapp 的構想，則是協助這個關鍵實現的科技幫手，我來為這個論述提供一些歷史脈絡吧。

工業製造產品的商業化，包括汽車，都要歸功於生產線的建立，一九八〇年代時，這對車商來說算是標配，自然會導致穩固的企業階層組織。歐瑞・布萊夫曼（Ori Brafman）在《海星與蜘蛛》（*The Starfish And The Spider*）一書中，便描述了 Toyota 和通用汽車分處光譜兩端、截然不同的管理方式。Toyota 生產線的獨特之處在於，這是一個團隊導向的工作環境，能消弭企業階層組織，不管是誰發現了品管問題，都能停下整條生產線。最低階的工人能夠接觸上層的管理階級，公司也鼓勵他們提出和自己負責的產線相關的建議，工人提出的建議都會被採納，除非被其他提案推翻。[489] 結果便是造就了不斷改進、現在也依然持續改進的製程，成品品質也更好。

通用汽車曾做過一個測試，讓 Toyota 負責管理績效最差的工廠。[490] 一樣的員工，合作進行三年後，通用汽車昔日表現最差勁的工廠，卻成了最棒

的工廠，效率比其他工廠平均高出百分之六十。[491]

背後的原因是來自製程相關的資訊越來越精密，隨著組織不斷成長，追蹤小細節會越來越難，要改變小細節更是難上加難，而成功的組織會在成長時留下調整的空間。除了實際安裝的人之外，當時沒有半個 Toyota 員工知道什麼是「外部前下方駕駛及乘客側球接頭」，不過現在已經由機器取代人來負責安裝這個零件了。這些機器擁有尚未完全運用的寶貴數據。Toyota 的工業物聯網 dapp 可以最大化生產數據的細節，並將同樣的分工協作原則引入現代，就像以前通用汽車和其他車商跟隨 Toyota 的腳步，這次也一樣。

雖然這整個 Toyota 構想聽起來很棒，但讓工業物聯網 dapp 化為可能的相關技術目前尚未成熟，區塊鏈的工業應用源自金融應用，金融應用則需要強大的身分基礎層。請注意，身分管理是合理的重點發展領域，只靠新創公司就足以驅動這個領域的創新，金融基礎設施則更為複雜，如同我們在前一章所述，金融領域的創新需要來自新創公司和現行機構的共同努力。而在供應鏈和製程上，新創公司規模太小，根本無法打入市場，科技巨頭也沒有直接參與，使得這個領域的創新動力全由現行的製造商掌握，簡而言之，我們必須說服 Toyota 這類大型組織由上而下去中心化。

貿易融資

我稍後會再深入探討工業物聯網和其延伸，工業物聯網指的是一個內部彼此連結的工業架構，機器和裝置透過共享的網路平台合作，[492] 有點類似一九九五年時網際網路的定義，也就是在我們理解或量化這個概念之前，就已經存在不證自明的原則，名詞也已經創造出來了。工業物聯網將捨棄分散式帳本技術的獨立性，區塊鏈對物聯網裝置的功能並不具備直接影響，其對工業物聯網以及這整個章節討論的概念，主要的貢獻都和數據運用有關。

　　上一章認為區塊鏈可以簡化不同對象之間的交易流程，包括點對點和企業對企業，金融解決方案成功的主要先決條件，在於個體和組織都要擁有區塊鏈身分。基本上，金融服務解決方案的功能殊途同歸，也就是優化數據傳輸的過程，而這只有在同時傳輸身分數據時才能達成，這大致就是前兩章討論的重點。而這些解決方案的核心都是希望能恢復信任，並促進數據交易的流動。

　　區塊鏈在供應鏈和製程上最簡單的運用便是貿易融資，這指的是和前一章相同的金融解決方案，只不過是在供應鏈上發生，貨物買賣不管規模大小，在支付時都需要透過第三方金融機構認證。[493] 製造商身處其中的供應鏈包含許多步驟，使得經手的中介機構數量爆增，因此貿易融資領域大多數的公司，都正面看待以區塊鏈為基礎的傳統金融基礎設施升級。[494]

　　供應鏈和製程領域迫切需要的效率升級，很大一部分仰賴金融基礎設施成功升級，上一章討論的金融基礎設施解決方案，是打造本章解決方案的基礎層。雖然製程和金融科技在概念上看似八竿子打不著，連結這兩個產業的科技和社會基礎卻顯而易見。

　　技術上來說，貿易融資是區塊鏈最簡單的應用，可簡化缺乏效率的數據交易過程。[495] 供應鏈和製程領域的問題，源自糟糕的數據交易和處理方式，金融領域和供應鏈領域的區塊鏈解決方案，最大的不同在於區塊鏈運用的方式，而非科技本身。

　　從社會涵義上來說，金融基礎設施應該要成為區塊鏈在貿易融資領域建立名聲的催化劑，如同前一章所述，在去中心化的替代方案崛起之前，金融科技革命應該會由科技巨頭帶動，區塊鏈在工業應用上的情況也一樣，如果貿易融資領域沒有出現以區塊鏈為基礎的解決方案，工業巨人就不會想在製程上採用更複雜的數據基礎解決方案。

上述將區塊鏈技術視為與金融、製程、供應鏈產業互補應用的論述，雖然很重要，卻很難達成，為了解釋這個結論，我們來看兩個例子。假設有間車商發現某型號變速箱的使用年限比之前少了一半，要找到問題的根源，就必須從剛售出的新車、變速箱製造商、變速箱零件原料的供應商等處蒐集數據。另一個例子則是某間銀行，想把國際匯款的手續費降到二十美元以下，並把時間縮短到三天以內。

只要深入檢視這兩個例子，就會發現問題來自數據，變速箱零件原料品質低劣，可能是導致車商損失的罪魁禍首，影響銀行的元兇則是缺乏彼此互信的傳統金融體系。只要相關組織間的資訊透明，就能解決這類問題，區塊鏈能促進組織之間交換可信的資訊，對銀行業和製造業來說，是很好的解決方案。

因為平台發展的特性，製程和貿易融資這兩個領域，在區塊鏈整合的過程中會變得密不可分，用來改善製程跟供應鏈程序的區塊鏈應用也會包含支付，數據交換的應用程式擁有供數據交易使用的支付方式，是相當合理的。未來最先進的應用便是讓機器自給自足，機器會使用獨特的診斷軟體要求定期維護、訂購零件、自我維修。一旦機器擁有自己的區塊鏈識別碼和錢包，就能在沒有人為干預的情況下自行支付上述服務的費用。

為了降低消費者的風險，製造業之後也可能演變出以效率為基礎的預付模式，[496] 就連中心化的工業物聯網平台都開始提供買賣雙方交易和數據傳輸的功能，但目前最大的問題就是缺少使用者，因為針對平台的數據儲存和傳輸還缺乏信任。[497] 中心化模式通常會有可靠程度、資安、規模、單點故障、數據操控等問題，[498] 而不管是中心化或去中心化工業物聯網應用程式，都需要價值交易的功能以維持競爭力，區塊鏈正是最理想的科技，也是目前解決中心化模式問題最普遍的方法。

如果沒有足夠的使用者創造點對點的價值，金融科技應用程式就毫無用處，在足夠的公司加入、創造企業對企業的價值之前，製程和供應鏈的應用程式也派不上用場。去中心化模式很難站穩腳步，就是因為一開始沒半個使用者，沒有名氣，也沒有組織在背後支持，中心化模式的問題則在於缺少信任的技術。

即便你已經開始相信上述金融和製程案例的連結，這些案例仍然很可能會失敗，此外，上述所有和供應鏈及製程相關的區塊鏈解決方案，都是獨立於貿易融資之外打造。大部分即將出現的案例，也不可能獲得大規模成功，上一章的區塊鏈金融科技新創公司也一樣，幾乎沒有機會成功，金融科技新創公司可能有點機會，但一定要和銀行合作。目前為止，最有潛力的候選人是科技巨頭，他們能夠從內部發展金融科技解決方案。

整體的趨勢是越大型的組織越容易成功，特別是在即將改變的領域中已擁有穩固基礎的組織，但工業領域並不存在科技巨頭，缺乏產業領袖，再加上製程和區塊鏈領域是非技術性的產業中最複雜的，使得以下要討論的各式解決方案，成功機率都微乎其微。

公開透明和可追溯性

金融科技領域和製程及供應鏈領域的區塊鏈解決方案差異，就在於公開透明和可追溯性的差異，公開透明指的是公開大家都知道的重要商業原則，同時也是本書的重要主旨。[499] 財務資訊就是個很好的例子，銀行總是把交易紀錄存在不同的帳本中，不管是對其他銀行、政府組織、股東、客戶，還是一般大眾公開這些帳本，都需要不同程度的公開透明。

車商則是可以透過損益表達成相同的公開透明，並在公開文件中囊括更多商業原則，以上述壞掉的變速箱為例，這代表公司盡可能公開有多少車輛

出現這個問題、可能原因、改善方案。車商這類公開透明的資訊，可以在美國證券管理委員會的檔案、新聞稿、召回、使用者手冊、公司檔案中公開。可追溯性則是更進一步的公開透明，即跨組織網路中的所有重要端點都需要定期維護，並公開相關資訊。[500]

自組織誕生以來，不同程度的組織公開透明就是可以達成的，公開透明的問題在於如何驗證資訊的真偽。Toyota 的新聞稿和桑坦德銀行來自傳統帳本的財報，都無法證明其來源的真實性，就算數據是公開的也可能有問題，這於事無補。區塊鏈能夠賦予公開數據信任，因為其來源是可追溯的。由於組織本身的複雜性，公開透明的定義其實頗有爭議，所以我們會把公開透明視為不同程度的群集，而非某種特定的屬性。從本書的目的來說，完美的公開透明就是公開你所知道的一切，而完美的可追溯性則是知道一切並公開。

可追溯性需要提供高度的公開透明，同時確保數據安全且受到信任，這是個自相矛盾的情況。要達成這件事，需要在現有的過程中投注大量的額外資源。這可以應用在很多產業上，不過由於最直接的應用是在實際的物品上，所以本章只會探討在供應鏈和製程上的應用。

公開透明本身仍然有用，不過已經討論到爛了，接下來將會略過一般的公開透明解決方案，探索以可追溯性為基礎的解決方案有何技術限制，不過在達成前述章節描述的公開透明程度之前，這些方案大都無法實現。

過於複雜

我們在第三章討論了零售產業的演變，稍微回顧一下，家庭式商店基本上已被大型連鎖店取代，激烈的競爭也使得利潤縮水到百分之一左右。現在消費者要購買某個商品，有數十個競爭的品牌可以挑選，而非受限於當地商

店不可靠且多餘的選擇。這一切之所以存在，是來自數據運用和預測分析，因此連鎖商店可以依照需求訂購數量一樣的酪梨，並且在最佳保存期限內賣出。製造業也是以相同方式演變，只是酪梨變成由來自不同供應商的原料組成，每個供應商都有自己的供應鏈和需求預測管理。

家庭式商店的製程相對線性：原料製造商→原料供應商→次級製造商→製造商→經銷商→零售商（家庭式商店）→消費者。製造商之前的各單位進行的是所謂的上游活動，包括原料供應商、零件製造商、組件供應商等，製造商之後的各單位，進行的則是所謂的下游活動，包括經銷商、批發商、零售商。以上便是相關文獻和本章將持續提及的供應鏈六大組成，不包括消費者，概念驗證通常都會使用這個由六個部分組成的模式，不過這其實只是一個骨架，還不包括許多參與供應鏈過程的小型實體。

上述的流程隨著企業帕雷托分布日趨陡峭，也拉得越來越長，不同的商業目標和跨領域的合作也匯集到同一個屋簷下，多元的生產生態系統讓先前的線性供應鏈得以在某種網路中不斷交織，供應商之間越趨複雜的關係，也使多元的原料和零件有了機會，不過隨著複雜度逐漸提高，文件往返的效率也會降低。

為了了解上下游之間的互動為何變得如此扭曲，此處會以手錶簡單舉例，手錶的功能基本上就是報時，當然，有很多具備獨特功能的手錶，不過直到最近幾十年消費者才有這麼多的選擇。製造手錶的線性供應鏈和製程很簡單，因為消費者的選擇只有當地的零售商，而特定手錶的普及程度，則是由母公司的供應鏈決定。

個人奢侈品的需求隨著網路的成長開始大爆炸，[501] 頂尖錶商的崛起證明了這點，包括 Swatch、Movado、Fossil 等，都在過去二十年間蓬勃發展。現在只要上網，就能買到你想像得到的所有手錶、錶扣形狀、錶帶顏色、錶

殼原料、整體風格等，有時候甚至能單獨購買零件。網際網路提供無限的選擇，升級了新時代的消費主義，並改變了所有製程，現代運輸如此發達，使得供應鏈的疆界也消失了，只要迎合這個模式，製造商和供應鏈就能保持競爭力。

基本上，我們創造了所謂的「多元消費者」，他們需要多元的管道，可以在任何時間，從供應鏈購買任何零件。[502] 假設製程仍然是線性的，這樣也不會沒效率，但是隨著產品越來越精緻，根本無法支撐這個架構。手錶的零件風格越來越多元，使得整體供應鏈的規模不斷擴大，為了方便舉例，我們暫時假設一隻手錶由十個零件組成，製造商用這十種零件，製造十種不同的錶，這樣我們至少就會有一百種組合。不過製造商通常不會用手邊有的十種零件，來製造這一百種組合，他們會把這個過程外包給上游廠商，由組件供應商負責設計錶殼，零件製造商專門製造某個錶殼零件，原料供應商負責精煉某個錶殼風格使用的不鏽鋼。以上就是組成上游的三個實體，但你應該會發現，如果加上製造其他手錶零件，可能會需要兩到三倍的實體，才能達成每個上游步驟的需求。[503] 這表示對每個製造商來說，他們需要有三個組件供應商、五到十個零件製造商，以及十個以上的原料供應商。

過去數十年間，發生根本改變的供應鏈和製程領域，已有長足的進步，主要的問題在於作業效率的限制，目前為止我們討論的都是實體的製程，而不是先前的文書流程。這個流程其實和實體的製程蠻類似的：訂單透過購買訂單成立，包括詳盡的產品細節→供應商將其加入代處理的訂單，再將訂單和手上的庫存比對，接著寄發票到倉庫，取得必要的原料→倉庫運送原料，數量由貨運單記錄→製造商開始製造產品，並安排後續的經銷→運輸服務將產品往下游運送。[504] 上述只是實體製程簡化的範例，整個架構實際上比較像一張網，而非線性的。

文書流程的每個步驟，都是冒著意外風險的數據傳輸。[505] 多元消費者使得傳輸過程中的準確和信任，變得前所未有的重要。消費者多元的偏好，使得供應鏈的信任減弱，為了追上消費者日益增加的需求，出現了許多未經測試的新管道。兩點之間的直接溝通和透明，現在甚至比實體供應鏈的速度還慢。[506] 要是有人突然大量下訂或無故撤單呢？消費者的選擇迫使供應商必須承受意料之外的損失，也就是說，需求管理方式並未跟上供應鏈日益沉重的壓力。[507]

不過上述的討論，全都限於上游製程，下游製程和本章的討論關係不大，因為下游相對有效率，在這樣的效率差距之間，存在一個經常被忽略的根本原因，即消費者多元需求造成的供應鏈和製程複雜化，在零售商和製造商身上都會發生。[508] 在合理的情況下，每個製造商會有三個批發商，每個批發商又會有好幾個零售商，操作的複雜度對上游和下游來說其實是差不多的。但由於下游不需要處理實際的製程部分，因此相對簡單，不過這仍無法解釋整個現象，因為上下游的區別在過去數十年變得更明顯。電子商務是這段時間最大的變數，因為所有網站、物聯網裝置、線上帳號、實體店面，都成了潛在的下游多元消費者。

數據流動率是上游和下游實體製程遭遇的最大瓶頸，在數據管道間增進信任和效率，便是突破瓶頸的方法，不過目前達成這點的只有下游作業，他們用的方法是一次處理多個步驟，也就是把供應鏈中心化。亞馬遜深諳此道，他們同時是批發商、零售商、運輸商，而且遍布各個產業，亞馬遜不同作業部門間的數據交換都是由內部處理，能夠造福每個部門，也解決了信任問題，因為行動的目的是為了同一間公司的利益。這套聰明的方式正在繼續往上游擴張。

依賴中心化的缺點，則是日趨陡峭的企業帕雷托分布，在多方的公開透

明和效能讓無縫數據傳輸化為可能之前，多元消費者只會讓巨型組織越來越強大。

過多的文件和浪費的數據

供應鏈日益複雜的問題已廣為人知，也提出了許多解決方案。記錄一切便是方法之一，這是透過傳統手段最有可能達成組織公開透明的方式，但也會浪費許多資源，因為數據通常會塵封在上鎖的箱子中，或是沒有經過妥善管理，根本無法進行分析。自工業革命以來，機器已取代了許多工作，而組織替補這些工作的方式，就是創造更多需要管理的文件。

文件增加的趨勢並沒有停止，因為這是組織對抗缺乏信任的方式。二〇〇五年，美國的國際貿易因偽造產生的損失約為兩千億美元，[509] 我們可以在運輸公司找到這個現象造成的間接支出，現在運輸公司在文書作業上的成本甚至比運輸成本還高。[510] 到了某個時刻，問題就不能再歸咎於缺少文書作業，而是出在文件本身的真偽，但提供準確紀錄科技的普及程度，卻沒有跟上紀錄發展的速度。

ERP 軟體

供應鏈的文書或數據管理，是透過企業資源規劃（enterprise resource planning，ERP）軟體進行，ERP 是一個廣泛的分類，指的是用來統整各式數據的軟體，包括專案管理、財務、製程系統的數據等。SAP-ERP 便是一個普及的標準，其運作方式就是擷取銷售數據進行分析，並藉此調整供應商、銷售部門、庫存、人資部門、製程的作業。大型供應鏈都依賴某種形式的 ERP，以便自動進行決策，不過 ERP 不如微軟的套裝軟體有名，因為通常隱身在大型組織的背後。

　　有許多專書在探討各式各樣的 ERP，包括公關管理、金融服務管理、供應鏈管理、人力資源管理、生產計畫、生產排程等，都是 ERP 的不同領域，也創造了許多相關簡稱。[511] 幸好和其中的共通特質，也就是系統架構相比，這些功能的細節和本書沒太大關聯，ERP 的架構分為資料庫層、應用層、表現層，[512] 後兩層的功用便是從資料庫中擷取數據，以產生有用的分析。

　　因為中心化的資料庫層，ERP 在數據經濟中無法進步，中心化資料庫之間的無線溝通，使得 ERP 的架構容易成為駭客攻擊的目標，[513] 只要和網際網路的資料庫連結，所有製程相關裝置都會門戶大開。[514] 一旦製程和中心化軟體扯上關係，就得承受駭客攻擊的風險，為了保護資安，合作式的數據分析會另外加上複雜的科技層當成進入的門檻，但這也使得小規模的數據無法應用。

　　目前而言，光靠資料庫層是不夠的，因為不同參與者之間缺少信任，使得必要的溝通受到限制，[515] 區塊鏈插件和替代方案可以針對資料庫層本身，促進可追溯性和信任。[516]

　　我們就用以下的例子來解釋為何 ERP 資料庫需要升級，經銷商是根據輸出的訂單來更新資料庫帳本，供應商則是根據獲得的產品，如果產品在運輸過程中遺失，或是其中一方不小心輸入錯誤資料呢？其實不會有事，除非錯誤非常嚴重，導致需要追本溯源找出原因，[517] 而為了避免這樣的災難發生，我們需要一個不會受到人為錯誤影響的資料驗證方法。

　　這種性質的解決方案非常實用，研究指出，企業如果要在現存的 ERP 中加進區塊鏈，平均需要花上四點一年的時間，如果是透過聯盟區塊鏈的方式，時間可以縮短到不到一年，[518] 但這類的結果導向解決方案目前仍處於研發階段。

雲端製程

ERP 的資料庫層升級之所以很重要，部分是來自供應鏈和製程在過去二十年間翻天覆地的改變，雲端製程便包含了相關的產業發展：「雲端製程可以視為一種製程典範，透過雲端運算和物聯網，將製程資源和功能轉變成雲端服務，並提供顧客和使用者所需的一切。」[519] 雲端製程一詞創造的目的，便是要描述新科技使製程領域的演進過程化為可能。[520] 無所不在的裝置運算，和物聯網及無線射頻辨識技術一同茁壯。在製程領域中，代表使用即時數據檢視機器表現，並進行遠端診斷和設備維護，[521] 以數據為基礎的決策方式，進而擴展到工業化生產的各方面。

雲端製程是製造業後勤的唯一選擇，如此才能跟上多元消費者的需求，雲端製程運用複雜的分析，快速追蹤瞬息萬變的消費者需求，但同時也讓文書流程變得更龐雜，進而使管理文書流程的典範轉移成為必要。

把供應鏈和製程放在同一章討論，是因為兩者和區塊鏈解決方案的關聯，都在於資料庫層，ERP 和雲端製程都和數據探勘及處理有關。運用製程智慧的軟體，對工廠的影響，比任何機器都還重大。

不過我們還是要特別注意：就算是完全實體化的產業，都會因糟糕的數據管理碰上重大的效率瓶頸，本書沒有討論到的產業，很有可能因相同的原因而遭遇類似的困境。只要在負責連結的產業，也就是身分和金融領域打好基礎，就能開始發展和區塊鏈相關的數據解決方案，其他產業也應該將注意力放在數據解決方案上，而這也是區塊鏈貢獻最大的地方。

架構解決方案

後勤系統的架構分類是視資料庫層而定，ERP 和雲端製程架構依靠的是中心化模式，因為其資料層是封閉的，即便這兩個系統都以即時數據在不

同對象間運作，仍排除了來自小型來源的潛在可用數據。去中心化的替代方案，則是會提升小型數據來源的運用，就像一條可以追蹤即時變化的供應鏈，程度可以精細到個別顧客的訂單。[522] 開放資料庫架構的挑戰，則在於確保重要商業邏輯的資安。

工業領域中有限的數據交流是眾所皆知的問題，任何認為工業 4.0（自動化生產和後勤系統）影響力日益壯大的人，也必須關照到數據傳輸過程的資安，以及物聯網感測器的需求。[523] 工業數據空間（Industrial Data Space，IDS）是個逐漸普及的標準，旨在改善數據傳輸，特別是在製程和供應鏈領域。[524] 這並不是單一的雲端平台，而是由一系列彼此連結的平台組成，進而建立了類似自主身分的數據權力，只不過這是企業專屬。[525] 架構解決方案從完全中心化的數據湖（data lakes）到完全去中心化的區塊鏈都有，視不同應用和擁有者的偏好而定。[526] 在點對點的模式中，並不需要公開商業邏輯，敏感資訊也會維持私密。[527] 基本上，區塊鏈使數據值得信任，IDS 則使其能夠分享。

IDS 是一個逐漸崛起的標準和概念驗證，來自聲譽卓著的公司弗勞恩霍夫（Fraunhofer），這是一個應用廣泛的架構及概念，目前卻尚未大規模實施。即便 IDS 很可能是工業化後勤系統發展軌跡最好的指標，在了解供應鏈和製程相關的區塊鏈系統組成時，卻不是最棒的系統。我們會討論一個更基本、也和本章目標更相關的系統架構，而非 IDS，接著再分析運用相關創新的產業案例。

〈邁向區塊鏈雲端製程系統，一個點對點的分散式網路平台〉（*Toward a Blockchain Cloud Manufacturing System as a Peer to Peer Distributed Network Platform*）一文中，針對工業化後勤系統的數據問題，提出了廣泛、立論嚴謹的方法。這個概念來自模擬系統架構的使用情況，對象是十五組製造商和三十二組顧

客，[528] 以下便是簡化版的區塊鏈雲端製程架構組成：[529]

資源層：負責運作及蒐集數據的實體機器硬體及軟體，例如機器人和其他製造機。

認知層：負責將資源層和主要網路連接，例如物聯網裝置和轉接器。

製程服務供應商層：負責進行認知層數據的雜湊加密和轉換，並將其加入區塊鏈中，例如區塊鏈用戶和工廠控制系統。

基礎設施層：以開發者為基礎的聯盟，透過分散式互動和安全的數據儲存，促進雲端製程供應商之間的合作，例如工作量證明挖礦、管理使用者和服務供應商資訊請求和接收的演算法、一般的雲端製程部分。

應用層：即終端使用者軟體和介面，例如傳統的 ERP 和相關的管理軟體，只是加入新的區塊鏈錢包。

上述的系統並不是要試圖取代應用層軟體，而是讓兩者能夠相得益彰的工具，雲端製程是由許多軟體包組成，並擁有類似區塊鏈雲端製程的架構。區塊鏈的優勢在於來自製程服務供應商層的間接溝通。[530] 在傳統的供應鏈和製程中，數據在鏈上的製造和傳輸都是從一方到另一方，過程中數據更新和驗證的速度緩慢，而且不會公開敏感資訊。區塊鏈雲端製程則是將加密後的數據儲存在公共區塊鏈雲端上，擁有密鑰的人才有存取權，敏感資訊可以進行策略性運用。從資源層和認知層取得的數據是完全自治的，將會自動更新，因為數據不會在不同對象之間傳輸，而加入以區塊鏈為基礎的裝置身分後，資料的驗證和來源追蹤也十分容易和明確。協定基本上「知道」所有事，而提取數據的參與者只會知道數據是值得信任的，不會知道有關資料來源的敏感細節。[531]

區塊鏈雲端製程的合作潛力龐大，不過研究中的模擬只有在服務導向的製程中測試其效能，在這個系統中，顧客的需求出現時，製造商的數據會顯

示手邊還有哪些可用資源，只要數據化為列表，就能透過演算法找出最適合的選項，這顯示了系統處理數據的能力，甚至可以精細到製程的最末端，也就是個別的顧客。區塊鏈雲端製程中的買賣關係，則是透過智能合約調節，並以區塊鏈瀏覽器追蹤，讓雙方都能擁有使用者介面。[532]

效率低落的供應鏈網路不需要再苦苦掙扎，因為協作將獨立於業務關係之外成長茁壯，這使得信任在共享數據時變得可有可無，而這個不需信任的方式，也是最能滿足多元消費者的方式。

架構的優點

通用的架構並不會顯示工廠端實際的改變，我們再跳回 Swatch 的例子，假設他們原先擁有一個占銷售量一半的代表性錶款，今年又推出了一款新錶，卻驚訝地發現新錶的需求突然飆升，但錶本身的製程卻還沒達到完美的地步。工廠端必須做出艱難的決策。因為不知道需求將如何改變，工程師必須決定是否要分配資源到新錶上，還是繼續大量生產原先的款式，這兩個選擇風險都很高，如果最終沒辦法符合消費者的需求，就會造成銷量減少。

雖然對手錶來說情況並不嚴重，卻能套用到所有受空間、原料、設備限制的製造商身上。另一個更極端的例子，則是福特和通用汽車在新冠肺炎疫情肆虐期間，轉為生產呼吸機，而不是原本的車子。[533] 需求以小時為單位劇烈改變時，這些公司該如何決定資源分配策略，進而調整工廠的生產？此處最大的問題或許就是自主的預測分析。消費者需要一個和製造商溝通的方式，這個方式必須保護雙方的敏感資訊。[534] 福特和通用汽車無法自由分享數據並共同決策，因為他們彼此的利益和客戶之間的利益都直接衝突。

對不斷改變的需求來說，區塊鏈並不是萬能的解決方案，但確實能夠讓企業在面對這些情況時能夠更妥善回應，〈以區塊鏈科技為基礎的去

中心化生產網路中，訂單管理流程實現的架構〉（*A Framework for Enabling Order Management Process in a Decentralized Production Network Based on The Blockchain Technology*）一文中，便透過智能合約進行決策，在類似上述區塊鏈雲端製程的模擬中證明了這點。這個架構是建立在區塊鏈雲端製程上，不僅會即時更新支付數據，也會更新製造商的生產能力，[535] 製造商只會上傳準確的數據，因為數據會影響要接受哪些訂單的參數。上傳的數據會顯示一間公司的能力上限，也就是到了某個階段，客戶必須彼此競爭以優先處理自己的訂單，[536] 再也不需要猜測要優先處理哪筆訂單了，因為決策過程都設定好了。這個去中心化的生產網路，設計上能納入許多彼此競合的製造商，以滿足多元管道的需求，由於產品的生產和運送由誰負責，是以太坊的智能合約決定，所有的傳送數據都會是公開的，進而自動達成區塊鏈公開透明的第一步。[537]

這類整合智能合約的系統提供了一個管道，讓顧客和提供服務的機器能夠直接溝通，消費者不需要中間的決策者，因為和智能合約整合的機器，決策能力比人類還要好。

3D 列印服務便是上述趨勢為何如此重要的完美案例，如果你為某個零件或發明打造了一個數位原型，針對這個全新裝置擁有的智慧財產權，都會濃縮在一個 CAD 檔案中。如果你想要使用 3D 印表機，卻不想自己買一台，就必須把這個 CAD 檔案交給服務供應商。你只需要一台 3D 印表機和一個支付方式。3D 列印的費用和服務本身，透過智能合約計算和執行速度更快，只需要等待列印的時間，並負擔原料成本，如此一來，除了機器之外，沒有人會碰到智慧財產權。已經有人提出這樣的系統，並進行小規模實施，[538] 有了這個系統，發明家就不必擔心在外包 3D 列印服務時，冒著失去智慧財產權的風險。

反對這類自動化過程的論述，大都是針對服務品質，但在 3D 列印的例

子中，結果顯示移除人類中介反而能提升服務品質，整體來說，如果服務供應商只是運用數據的獨立機器，可靠性、傳輸速度、整體功能都會提升。[539] 一個沒有中間人的 3D 列印平台，也讓消費者之間擁有更大的合作空間，這類合作關係能蓬勃發展，並促進整體的服務。[540]

討論相關服務供應商時，區塊鏈架構可以讓數據更可靠也更易於使用，而接下來會實現的，就是和智能合約整合的機器，只需要相關數據就能取代人類的工作。最後會和工業物聯網 dapp 看起來很像，機器不僅可以獨立提供服務，也能自行維護並訂購自身的替代品，[541] 第一個發展並應用這種 dapp 的製造商，會讓整個產業天翻地覆。

還有一點很重要，那就是這種自動化策略的倫理議題，針對人類失業和 AI 發展有充分擔憂的理由，然而這兩個現象無論是否運用分散式科技，在工業領域也都會發生。區塊鏈架構或許就是額外的因素，能夠讓這些進步更為坦率誠實，為了要解釋該如何應用，接下來會以電動車公司特斯拉（Tesla）為例。

特斯拉很可能是在數據蒐集上最有效率的車商，他們的自駕車部隊，基本上是從所有駕駛身上蒐集數據來優化軟體，[542] 車輛軟體更新也是以「空中升級」的方式傳送給車主。[543] 這些在我們眼皮底下發生的創新尚未公開，這樣商業機密才不會遭到竊取。我們不能只是把車買來，就妄想複製特斯拉的自駕科技。這個發展已走向極端，大量量產的交通工具中竟然有隱藏的硬體。例如，在公司宣布之前，早期的特斯拉車款其實就已加入超級充電能力，根本沒人知道車裡裝了什麼。特斯拉的製程則是另一個著名的例子，顯示 AI 和先進的數據科技，已對製程領域帶來重大的影響。

在大多數情況下，上述舉例都是考量消費者的最佳利益，也接近本章提出的目標，即對一般製造商來說的效率升級。不過特斯拉身為一間公司，在

資訊公開方面也受到很大限制，因為珍貴的智慧財產權很有可能遭到竊取，隨著科技不斷突破新的疆界，改變的必要也跟著激增，特別是在 AI 上。特斯拉的執行長伊隆 · 馬斯克（Elon Musk）也提出了所謂的 Neuralink，這是一塊植入人類大腦的晶片，最終目的就是要融合人腦和 AI，但我們真的會想要這塊人腦晶片中的隱藏創新科技，以安裝在特斯拉汽車的方式安裝在我們身上嗎？

上述提到的解決方案都無法將特斯拉變成一間公開透明的公司，不過還是有些值得努力的地方，包括來源追蹤、區塊鏈雲端製程的資料蒐集、包含分散式共識機制的數據運用等。科技專家不僅需要這些信任機制贏得客戶，人類本身也需要這些機制來防範惡意的企業。

供應鏈產業實例

許多公司都發布了區塊鏈計畫，實在很難分辨哪些合法，找出這些計畫的特定細節更難，因此本書將會以學界資料為優先，而非來自業界的資料，不過這裡還是稍微提一下著名的企業案例。

供應鏈和製程領域最常受到引用的區塊鏈實例，便是來自運輸及科技巨人快桅（Maersk Lines）和 IBM 的結合，原先用快桅運送一個貨櫃需要超過兩百次的溝通，但只要把數據傳輸放到 Hyperledger 區塊鏈上，就能輕鬆解決。[544] 這將帶來許多好處，雙方的新聞稿也不斷提及，不過目前尚未公開更多細節。[545]

其他例子還包括 Intel 和一個以區塊鏈為基礎的海鮮供應鏈整合、El Maouchi TRADE 打造了一條公開透明的區塊鏈，讓消費者能夠參與自身訂單的供應鏈、Walmart 追蹤豬肉的供應鏈，以輕鬆快速地處理召回。[546] 不過同樣的，這些區塊鏈的運作細節，以及對母公司的影響，也都尚未明朗。

要找到一個供應鏈區塊鏈實際應用的絕佳案例，就需要再次回到新創公司的世界，目前已經有數十間區塊鏈新創公司涉足供應鏈領域，但其中只有 Provenance 獲得成功，技術細節也都前後一致。他們將區塊鏈的追蹤能力引進想要改善產品追蹤的公司，大部分都和食品有關，誠實的農夫可以在顧客檢視的區塊鏈上加上時間戳記，以證明肉品的品質。[547] Provenance 的系統正努力實踐區塊鏈狂熱分子理想中的產品公開透明，不幸的是，即便是 Provenance 的技術細節也相當模糊，因此我在下一節會拿他們來開刀。

目前產業實例相當稀少，而且在運用區塊鏈科技時，大多注重在供應鏈上，而非製程本身，區塊鏈狂熱分子大肆吹噓區塊鏈在供應鏈上的成功，卻隻字不提製程解決方案。背後的原因在於，新創公司的計畫讓供應鏈解決方案看起來相對容易，但是事實上，針對供應鏈區塊鏈的敘述，其實從一開始便充滿瑕疵，而追求理想的解決方案從一開始就注定失敗。小規模測試帶來的失敗，導致有能力創造解決方案的工業巨人不願嘗試相關的科技。

沒說的謬誤

以上討論的產業解決方案有個共同的主題，就是透過區塊鏈來處理供應鏈問題，而非物聯網時代的科技，這個錯誤誤導了實踐者和相關機構，以下便是原因。

快桅和其他運輸公司都使用區塊鏈來取代過多的文書流程，這完全合理，也非常重要，但這不是革命性的嘗試，以分散式存取資料庫取代運輸一個貨櫃所需的兩百次溝通，是個早該發生的進步，而不是一場革命。問題在於其他和區塊鏈可追溯性有關的願景，並沒有脫離原先紙本作業的邏輯，就算把紙本文件，包括訂單通知、收據、貿易合約等轉換成區塊鏈形式，也無法可靠地顯示產品在運輸途中的情況。[548]

　　本節提出的挑戰，便是假設要追蹤一隻有機雞從農場到商店的運輸過程，並證明其真實性。為了達成這點，我們必須了解這隻雞的生活方式，而且也不能把牠和其他雞搞混。這個問題很棘手但是非常重要，因為許多區塊鏈計畫都在面對同樣的挑戰，只是對象換成不同的食物。更多文書流程並不會有太大幫助，所以我們會直接討論物聯網時代的選項。

　　第一個選項就是能讓消費者獲得產品資訊的傳統條碼或 QR code，你可能為了查看價錢掃過條碼，Provenance 在個案研究中也運用了同樣的原則，不過是把價錢資訊換成儲存在區塊鏈上的產品資訊。[549]

　　這個 QR code 策略有幾個問題，最大的問題就是鏈上資訊的真偽，公共區塊鏈通常需要一個共識機制，根據數學來確保資訊的正確，而 Provenance 的區塊鏈則是將服務供應商或企業上傳的所有資訊，都當成準確的資訊，沒有採用嚴格的共識機制。當你掃描一包雞肉時，你看到的是由 Grassroots Farmers Cooperative 上傳的文件，仍是沒有數據的紙本邏輯，沒有從監控儀器傳回的活雞狀態數據、追蹤器顯示的飼料種類、屠宰場的數位簽名、運輸途中的物聯網溫度感測器數據、裝置產生的時間戳記。這個方法只是展示了一間公司對其產品未經驗證的保證。

　　Provenance 的另一個問題，則是他們的條碼是用紙印的，只要手上有電腦，任何人都可以輕易複製包裝上的條碼。[550] 我可以隨便複製一組 Provenance 的條碼，貼到我家附近 Costco 的肉品上，這樣我就可以如法炮製，「證明」一盒麥片是有機雞肉。這個故事帶給我們的教訓，就是只要我們還在用紙本邏輯運用區塊鏈科技，那麼除了合約功能和存在證明的應用外，結果通常都沒什麼應用。

　　無線射頻辨識（Radio Frequency Identification，RFID）技術便是一種能夠擺脫紙本邏輯，同時成本又相當便宜的科技，這是一種含有資訊的晶片

或標示，晶片本身採用的是單向溝通，表示只要在範圍內就能以裝置辨識，不過無法從消費者的裝置獲取任何新資訊。在供應鏈中，每個無線射頻辨識標籤，都會為對應的產品指定一個電子產品碼，有了這組號碼，供應鏈上的各方，對自己收到的東西，就能擁有準確的數據，並且在自己負責的範圍中，為無線射頻辨識標籤添加資訊。[551] 但只要無線射頻辨識標籤到達零售終端，就會出現複製的問題，只要手上有相關裝置，就可以製造偽造的版本。[552] 簡而言之，無線射頻辨識技術的功能和條碼類似，但是比較容易促進合作，而且更難複製，無線射頻辨識技術的應用和區塊鏈沒什麼關係，不過就和條碼一樣，內含的數據可以連到區塊鏈上的資訊。然而，對追蹤有機雞的目標來說，這仍是遠遠不夠。

雞和其他在供應鏈生產過程中會經歷改變的產品，都屬於可變更商品，而任何和生產後的改變相關的數據，都無法以 QR code 和無線射頻辨識技術呈現。[553] 這並不表示使用這些方法處理永久商品的新創公司沒什麼了不起，例如 Everledger 就運用文件存在證明來追蹤鑽石，從礦工的運輸、每個階段還沒打磨的圖片、鑽石切割商的數位簽名，通通都存在區塊鏈上。[554] 即便區塊鏈在無法驗證的紙本邏輯上傳時幫不上忙，這仍是供應鏈解決方案吸引人的初次嘗試。另一個更先進的實例，則是來自 Origyn Project，他們製造的是名錶的區塊鏈數位代表，只要用手機鏡頭和他們開發的機器學習演算法就能進行驗證。

上述例子介紹了一些讓供應鏈可追溯性化為可能的方法。然而，還是無法透過一張圖片、屠宰場的數位簽名、數位代表，就確認這真的是某一塊雞胸肉。這個例子可能很蠢，但是可變更商品其實更常見。在食品工業的物聯網基礎設施普及之前，要證明有機動物的狀態根本不可能。物聯網在製程領域才剛開始認真發展，這是個起點，之後在可追溯性上會有更多證明方式。

物聯網感測器是一個廣泛的分類，指的是能夠監控可變更狀態、在工業應用上相當普及的科技，但物聯網感測器無法提供來自其設施之外的數據，因此這些數據其實用處不大，區塊鏈新創公司也不會將其整合到供應鏈中，理由如下。

首先，物聯網感測器比無線射頻辨識技術貴很多。這個領域的新創公司，通常都是擔任現存公司的顧問，他們最愛從小農開始，而把感測器放在我們吃的那些雞周圍，實在不符合經濟效益。更大規模的例子，像是車商，雖然已有大量的物聯網感測器可以使用，對 Provenance 這樣的新創公司也毫無益處，因為他們沒辦法說服工業巨人嘗試處理相關的複雜問題。

為什麼像 Toyota 這樣的工業巨人，不能使用早已普及的物聯網基礎設施，來打造公開透明的供應鏈呢？除了 Toyota 本身並沒有掌控複雜供應鏈的每個部分之外，物聯網感測器也有自己的問題，雖然能夠有效測量一些重要的變項，像是溫度、氣體狀態、震動等，但是只要數據一發布到物聯網網路上，便無法證明來源。[555] 換句話說，我可以拿個物聯網感測器去測量關島冰床的讀數，並將其標示成我的「美國製低溫奈米晶片」，按照傳統物聯網的標準，根本沒辦法證明感測器數據的真偽，這個問題稱為所謂的**「地點欺騙」**（location spoofing），下一節我會解釋為何分散式帳本會是最好的解決方案。

那些仍然卡在紙本邏輯上的區塊鏈新創公司，就是宣稱自己是供應鏈理想解決方案的公司，他們能獲得最多關注，是因為這對客戶、投資人、大眾來說都很好理解。在這些公司的網站上，都公然忽視上述沒說的謬誤，例如無線射頻辨識標籤複製和地點欺騙等，而相關的概念設計，也大都忽略紙本邏輯在驗證產品真偽上的劣勢。

如果要用一句話解釋供應鏈領域的區塊鏈新創公司的作為，那就是新創

公司是在製造實體商品未經驗證的數位代表，只要產品生產後經過加工就毫無用處。[556] 下一節將描繪一種方法，可以把早已盛行的科技，轉為實體商品的數位代表，同時也更有可能達成公開透明的目標。

物聯網裝置本身就具備足夠的應用性，可以改善供應鏈的公開透明，由於工業巨人把持著現存的物聯網基礎設施，他們是驅動改變的唯一動力。如果應用在汽車電池上，新創公司就會加上一組連到區塊鏈產品資訊的條碼。理想情況下，將會運用電池的數位代表（比如代幣），以及在供應鏈傳輸過程中證明所有權的資訊來達成。世界上的工業巨人必須成為供應鏈革命的先驅。物聯網裝置的價格正在快速下降，將會降低小農進入這個領域、解決有機雞問題的門檻，[557] 但這仍要在工業巨人解決裝置缺陷並開創一條康莊大道後，才有可能發生。

追求公開透明的解決方案

上述供應鏈解決方案沒說的謬誤，大都和加密貨幣的雙重支付問題有關。用來「證明」真偽的數據如果能輕易偽造，是無法證明任何事的，區塊鏈為貨幣解決了這個困境，但要把這個概念轉化到非貨幣的數據上並不容易。

要讓產品供應鏈的數據公開透明，需要正式產品所有權無法複製的數位代表，接下來我們會透過三種主要的科技：條碼、無線射頻辨識標籤、物聯網感測器，來檢視一些可行的選項。

條碼

條碼便是資訊的投射，代表產品本身，其紙本邏輯相當嚴密，沒有直接的方式可以加密或修改資訊，但是因為是印在紙上，隨時都能複製，所以其實製造的問題比解決的還多。

無線射頻辨識標籤

　　無線射頻辨識標籤對植入的數據有更大的自由度，方法之一是加密標籤內的數據，只有授權方才能透過秘密共享方案解密。[558] 除了麻煩的數據存取手續外，這個方法只提供特定供應鏈廠商數據的概覽，而不是整條供應鏈。目前要如何擴展到顧客端還不清楚，而且也無法根據產品的所有權，創造對應的數位代表，這個加密計畫的私有特質，使其只適合應用在最尖端的高度敏感智慧財產權上。

　　另一個運用無線射頻辨識標籤的方式，就是將其和所有權證明的協定整合。[559] 這個構想和分配所有權認證的傳輸權力有關，相當複雜，也就是說，只有指定的製造商能夠銷售新的產品，只有某個可靠的運輸服務可以負責運輸，而且也只有受到認可的供應商能夠接觸到消費者。我們不需要在此探討細節，因為擁有協定管理者的分散式共識，將是前幾章的先進身分和金融領域區塊鏈解決方案，這類積極機制的基礎。

　　無論身分管理系統採用何種技術來核發、驗證、分享身分憑證，在分享產品所有權憑證時，很可能也會運用相同的技術，擁有這類協定的無線射頻辨識標籤，最大的優點在於產品的數據會和擁有者的區塊鏈錢包連結。產品交易會結合可編程工具，透過以太坊的智能合約完成。[560] 區塊鏈本身的公開透明，也會使複製的標籤失效，因為和真正的所有人對不上。[561] 對供應鏈數據的雙重支付困境來說，這是一個聰明的解決方案。

　　上述的解決方案是透過防偽來解決問題，未來消費者將能辨識出複製無線射頻辨識標籤的盜版商，因為他們沒有所有權證明。[562] 不幸的是，這個系統對大規模應用來說不夠理想，隨著交易本身是為了防堵複製的數據，相應的問題也必定會出現。身為賣方，規避這個協定的方式，就是先買一個真正的產品，再把上面的標示換到偽造品上，但這不是很嚴重，因為通常會需

要卸下「真」品，彷彿這個產品本身就是「假」貨一樣，也不會得到太多經濟報酬。[563] 在牽涉到六方的交易中，協定、整體的硬體、智能合約的運算成本，加起來大約是每個產品一美元，[564] 對昂貴的產品來說是可行的。但這行得通，因為根本沒有動機去偽造便宜的產品。此外，還必須解決一些次要的後勤問題，像是使用者友善度等，而且這類協定也還沒想出如何跟 Provenance 採取的簡單模式競爭，包括掃描條碼和瀏覽網頁。

無線射頻辨識標籤和區塊鏈都無法應用到大規模的產品上，上述的模式要具有經濟意義，只能和奢侈品以及一群複雜的買賣雙方合作。加上無線射頻辨識標籤這類硬體也會帶來瓶頸，因為數據很難檢視和修改。區塊鏈上的所有權證明，是來源追蹤系統最重要的環節，而無線射頻辨識標籤只包含交易時所需的紙本邏輯。基本上，這就是一個沒有名字的代幣化系統。

代幣可追溯性

上述供應鏈追蹤系統必要的發展，便是朝比特幣的雙重支付解方更近一步，特別是透過所謂的非同質化代幣（Non-Fungible Tokens，NFT）。NFT 指的是不可分割及複製的代幣，只要有創造者的背書，就能代表實際的東西。這個方式之所以能夠實行，是因為每個 NFT 的歷史都當成正本記錄在區塊鏈上。

假設 Toyota 在法律接受的情況下，賣了一輛車還有代表那輛車的 NFT 給我，持有這個代幣就能證明我的所有權，你可以檢視及複製原始的代幣數據，但是無法在正本上加入副本，除非我把代幣寄給你，否則你永遠無法正式擁有那台車。這個概念對普及可追溯性來說相當重要，能為顧客和製造商雙方都帶來價值。

〈運用以區塊鏈為基礎的代幣追蹤製程〉（*Tracing Manufacturing Processes*

Using Blockchain-Based Token Compositions）一文，透過模擬黏合木的製程及運輸過程，提出了證明代幣可追溯性可行性的新穎方式。這個看似隨機的實例很有幫助，因為能夠證明端對端的解決方案，而一般的模擬只在理論上有效。此外，黏合木的銷售也和多元管道的管理有關，就像看著食譜做菜一樣，製造商總是根據不斷改變的消費者需求，來混合不同比例的原料。[565] 如果和研究進行的一樣，把網頁介面加進這個過程，隨著加入的對象增加，效率也會提高，因為他們就是把 NFT 數據，也就是產品數據，加入供應鏈管理的軟體中。雖然此處的應用只針對特定產品，但多虧設計概念相對簡潔，這個系統的不同版本，其實可以在製程領域中大規模應用。

這個模擬或原型從參與黏合木製造和銷售的各方開始，包括顧客、物流和零售商（運輸服務和硬體商店）、鋸木廠和工廠、資源供應商（黏合植物和林務員）。[566] 顧客下了訂單後，供應鏈開始啟動，相關資訊也沿著供應鏈一層一層往下流動，這個過程跟先前討論的製程和供應鏈效率低落類似，簡而言之，資訊傳輸速度太慢了，製造商無法追蹤原料現在位於供應鏈的哪個階段，庫存的停頓也使得整個生產過程根據需求調整的速度相當緩慢。

NFT 透過即時報告現有的資源以及在供應鏈上的位置，改變了這一切。在黏合木的例子中，只要有一批原料處理好，或是產品製造完畢，創造者就會鑄造一個代表的代幣。[567] 和供應鏈相關的成員都能看到代幣的紀錄，特定貨物離開供應鏈後，分析軟體也會停止分析代幣數據。[568] 這個代幣化的方法，正是這個原型的原創性所在。交易則是透過網頁應用程式的使用者介面及檯面下的智能合約進行，[569] 關於區塊鏈如何實現數據認證和傳輸，之前已討論過了，此處就先略過不提。

此處的優點相當容易理解，如果沒有這個系統，我要訂購一批黏合木的話，零售商要先通知鋸木廠，鋸木廠再通知工廠，一層一層往上通知，而有

了這個系統，我只要一下訂，訂單馬上就會傳到工廠和相關單位手上，通知他們各項產品的即時需求。隨著科技的規模擴大，這個作業上的調整也會帶來更多好處，比如我現在要訂一批黏合木，我有五種不同的木材（來自林務員）、五種黏合材質（來自工廠）、五種木材款式（由鋸木廠負責）可以選擇，再假設每種服務都各有兩個提供方，也就是兩個林務員、兩間工廠、兩間鋸木廠，不過他們各自擁有的資源，一次只能處理三個需求。如果競爭對手不願合作，導致供應鏈上的每個服務都只能選擇一個提供方，那麼我原先可以選擇的一百二十五種產品，就會只剩下二十七種。此外，在每個服務加入更多提供方，也是個大挑戰，因為幾乎不可能公平分配顧客來源。

在黏合木的例子中，完全的公開透明是要素之一，不僅顧客可以看到整個生產歷史，互相合作的企業也能了解其他人的進度，顧客透過網頁應用程式下訂單時，不同公司之間能夠彼此相容，而且可以根據各個產線的能力分配。此處分配顧客來源之所以可行，是因為可以預先在負責分配訂單的演算法中，寫下協商好的分配方式，任何不當行為都會顯而易見。這麼激進的公開透明程度，可能無法適用於所有公司，比如公開商業邏輯就會失去競爭優勢的尖端科技公司，不過在多數的案例中，公開透明帶來的合作優勢都會大於其成本。[570]

不過在黏合木的案例中，還有一個問題沒有處理，那就是如何服務消費者。原先的設計便於製造商進行分析，卻沒有考慮到後期供應鏈的問題。消費者雖然可以在區塊鏈上看到和代幣及產品相關的資訊，但這些數據和無線射頻辨識技術追蹤系統一樣，有不易修改的問題。產品數據應該是動態的，隨著產品本身改變，而不是根據製造商選擇上傳的資訊。

本節提到的第一個解決方案，也就是無線射頻辨識技術架構，注重的是消費者檢視產品生命週期的權利，這在產品生產完畢後也依然持續，第二個

黏合木例子，則是透過合作數據分享，來造福供應鏈上的生產者。這兩個解決方案都將公開透明當成治理原則，但兩者也都受到能夠數位化的資訊數量限制，黏合木可以運用包含「產品圖片、保存期限、處理指示、使用手冊、缺點紀錄、其他因素」等數據，以及「品名、重量、體積、尺寸」等產品細節的代幣，[571] 不需要特殊的硬體，不過數據的可靠程度，也僅依靠負責上傳的第三方。

物聯網裝置

上述的解決方案處理了軟體方面的問題，但和真實世界並無關聯，缺少物聯網感測器，表示這類應用區塊鏈上的數據是來自人類而非機器，因此所有解決方案都會受人類錯誤影響，並缺少供應鏈亟需提升的信任。針對這個問題，目前能做的不多，因為物聯網裝置產業才剛起步，成本也很高。

隨著物聯網裝置日趨普及，在供應鏈和區塊鏈解決方案上的應用也會更容易，比起工廠工人拍攝產品照片，機器在產品製作完成後就能上傳最新情況，而在鋸木廠中，和操作機器的工人相比，負責裁切木頭的機器所產生及傳送的數據會更有用、更有效率、也更可靠。而來自物聯網感測器地點欺騙的真偽問題，也可以用獨立的地點證明區塊鏈協定處理，Foam 和其他新創公司正在為此打造硬體環境。[572]

和區塊鏈在製程及供應鏈領域中扮演角色有關的資訊，大部分來自小型新創公司和學界，區塊鏈在身分管理和金融基礎設施上的應用，也是以類似方式發展，不過這一次促進創新能量的門檻更高，因為需要大型的硬體基礎設施才能實行。由於上述的因素，區塊鏈在工業領域的應用實例尚未受到重視，但在一窩蜂的區塊鏈相關計畫如雨後春筍般出現之前，這類應用實例其實是很認真的。

普林斯頓大學出版社二〇一六年出版、由五位學者合著的《比特幣和加密貨幣科技概論》（*Bitcoin and Cryptocurrency Technologies: A Comprehensive Introduction*）一書中，討論了各式各樣的代幣化構想，包括如何替比特幣加上位元串，使其變得獨一無二，進而能夠代表任何資產，例如公司股票、實體資產、車輛所有權等。[573] 值得注意的是，這本書在撰寫時，是將當時市場上的少數替代幣視為比特幣的延伸，完全沒有發展潛力可言，[574] 但現在加密貨幣已經可以代表任何東西，或不代表任何東西，不過仍很少用來代表所有權。

這本書也進一步討論了代幣化要如何應用在汽車上，你可以透過穿戴式裝置和遙控鎖等硬碟來存取你的車子，不過如果有人拿到了遙控鎖，那他們也能把車開走。假如該裝置是以非對稱的密鑰和車輛配對，只要有遙控鎖的數據，就等於擁有車輛，[575] 這代表車輛的所有權可以在區塊鏈上傳送到不同的裝置和遙控鎖上，完全不需要交換實際的裝置，[576] 賣方的裝置在成交後也會馬上失去對車輛的控制權。透過加密技術保障的車輛所有權，也可以往供應鏈上游延伸，因為車輛在製程中的所有權轉移也會受到追蹤，[577] 這種方式可以自然而然達成供應鏈的可追溯性，假如區塊鏈上的數據受到法律認可，買車時繁瑣的文書流程也會變成過去式。這個將區塊鏈加密技術和穿戴式裝置結合的簡單應用，創造了追蹤供應鏈的基礎，包括生產前和售後。

但是就我所知，這類構想正在絕跡，目前還在供應鏈和製程領域的物聯網裝置上奮鬥、比較有名的新創公司，只剩 Slock.it 和 Chronicled，但他們也沒有太多進展。[578] [579] 不過這股趨勢並不會影響到本節討論的解決方案真正潛力，隨著物聯網感測器的普及，機會也會變多，小型測試顯示只要方案妥善實施，就能造福所有人，包括原料供應商、製造商、中間的運輸商、終端的顧客，只要能夠追蹤區塊鏈上的作業數據，通通都能受益。

　　相關解決方案無法實現是卡在大規模的產業應用上，第六章到第八章針對特定產業討論，而每個產業的解決方案都變得越來越複雜。目前身分管理領域已開始發展，區塊鏈新創公司在創新方面也相當成功，但是銀行、金融科技公司、區塊鏈新創公司、科技巨頭都擁有各自的服務，使得整個產業沒有統一的標準。對整合式的區塊鏈解決方案來說，製程和供應鏈領域很可能具備最大的潛力，但是現行機構仍是死氣沉沉，而工業領域可能帶來影響的嘗試規模太大，光憑新創公司根本無法達成。能源、健康照護、房地產等產業，也都值得各花一個章節來探討，不過背後的道理都是一樣的，這些產業都太過複雜，新創公司不可能在沒有幫手的情況下打入市場，要改變這個方向，就需要相關的金融和身分管理應用，打造區塊鏈解決方案的標準，進而吸引大企業的興趣。

　　很多正面跡象顯示，這些解決方案只是需要花很長時間才能達成，而不是完全失敗，上述的車輛遙控鎖和比特幣代幣化構想，是在二〇一六年時提出，背後的原理其實和現在的 NFT 差不多，而因為某些我無法參透的理由，要一直到二〇二〇年中，大家才開始對 NFT 產生興趣。或許這些複雜的後勤系統和物聯網解決方案並不是失敗，而是緩慢地從草創期進入主流市場，至於現在，我們該用更實際的角度，來看看這些解決方案如何影響供應鏈和製程領域的公司。

科技巨頭的角色？

　　區塊鏈能為供應鏈和製程領域帶來的改善主要有四大類，我們在本章已按照順序討論過，包括簡化文書流程、辨識偽造產品、促進來源追蹤、物聯網應用，每一類都比上一類更複雜，使其就像打造理想系統的四個步驟。而越後面的步驟也越難進行大規模的工業應用，因為要進到下一個步驟前，

前一個步驟的技術必須經過驗證，某個論述認為這四個步驟都能帶來重要價值，但是只有簡化文書流程最有可能成功。[580] 因為分散式帳本是個容易應用、能夠節省成本的技術，科技巨頭也早已採用，這也是快桅和 IBM 努力減少運送貨櫃的繁瑣溝通時所採用的方式。

這個解決方案不會受到不同平台間的相容性影響，只需要進行輕微的技術調整，把個別傳送文件改成把文件上傳到公共帳本中。而剩下的步驟，也就是辨識偽造產品、促進來源追蹤、物聯網應用則毫無成功的跡象，畢竟我們現在甚至連步驟一都還沒完成呢。

在先前的章節中，我們得知科技巨頭在各個產業扮演重要角色，一般來說，科技巨頭發展區塊鏈解決方案創新的動機，是為了得到更多控制的機會，針對不太依賴數位化的產業，科技巨頭就很難滲透。但能源、健康照護、房地產、供應鏈、製程等產業，都是運用在科技巨頭雲端伺服器上運作的軟體即服務。

舉例來說，如果你是現代的製造商，那麼你也會是供應鏈的一部分，很可能運用許多軟體包來管理生產線的作業，並使用某種 ERP 當成中央後勤系統管理工具，你也很可能把軟體和相關數據，存在 Google、亞馬遜、微軟等公司的雲端平台上。雲端製程的趨勢，使我們更加依賴這類雲端服務，進而促使一個中心化溝通網路典範的崛起。[581] 你存在雲端上的數據屬於你的智慧財產權，雖然不能重製，但服務供應商或政府機構能隨意檢視，[582] 而且服務供應商的使用者條款中，也沒有釐清這些雲端數據的使用。

科技巨頭和其他軟體公司並不會輕易放棄這樣的地位，而你身為製造商可能不在乎這些細節，因為根本不會對你造成影響，但這對製造商的集體影響顯著，由於用來管理的軟體本來就是中心化的，這將壓縮到去中心化選項發展的空間。

軟體即服務的區塊鏈解決方案是根據點對點基礎打造，本章討論的解決方案大都是按照分散式後勤系統和數據共享的原理，現在要預測區塊鏈式的軟體即服務會如何跟傳統的軟體服務互動，還言之過早，但是如果其他產業的發展能夠提供參考，現存的軟體即服務公司可能會很不爽。我們先前討論的區塊鏈雲端製程構想和工業物聯網 dapp，理想上會在分散式電腦組成的伺服器網路上運作，而不是在 Google 的伺服器上，這個模式會提供貢獻者獎勵，而不會讓單一的治理實體和母公司得利。

在大部分的情況下，伺服器擁有者並不會影響儲存的數據，因為數據本來就是對所有網路參與者開放的，不過這個模式一開始也不會對軟體即服務的商業模式帶來天翻地覆的改變，因為區塊鏈雲端製程架構和工業物聯網 dapp，最初設計時便是 ERP 和其他後勤軟體的延伸，而不是要取而代之。改變會從軟體架構的資料庫層展開，目前在資料庫層之外，還無法評估去中心化的選項是否能夠取代傳統軟體，但是其作為插件的應用將會開啟這種可能。和本章的理想相關的解決方案，基本上都會破壞網際網路階層組織，這使得科技巨頭缺乏參與動機。[583]

如此一來，有能力讓區塊鏈和製程領域結合的人選，就只剩下工業巨人，在前物聯網時代，我們便已看到類似成果，Toyota 從工廠獲得去中心化的數據並加以運用，得到瘋狂的成功，通用汽車等公司也跟隨 Toyota 的腳步。而在製程領域，人類和工廠漸漸被機器和物聯網裝置取代，Toyota 和其他公司應該調整作業流程，以維持由上而下的去中心化原則，漣漪效應的影響力，端看改變的幅度。

而在供應鏈領域，跨領域製程合作的需求，造就了極度複雜的供應網，而非一系列的供應鏈，如此才能滿足多元消費者，以公開透明的數據分享取代實體文件，便能在不犧牲效率的前提下達成這個目標。第一條讓所有廠商

都參與的供應鏈，將會獲得豐碩的成果，並使競爭對手別無選擇只能如法炮製，比如 Toyota 在生產車輛前，可以先蒐集車輛零件和原料的額外數據，生產完成後也能蒐集和車輛性能有關的數據。而對消費者公開這些數據，會造就空前的信任，如果其他公司不跟隨這個趨勢，消費者就會產生懷疑，不敢購買 Toyota 以外的車子。

本章討論了許多議題和解決方案，但都無法更深入，因為這些解決方案的潛在應用廣泛，每個嘗試都充滿原創性，如果我想深入探討特定方案，就必須忽略其他方案。而這些例子最大的共通點，就是認為對以數據為基礎的作業管理系統來說，點對點後勤系統比中心化模式更好，[584] 不過綜合各項因素，供應鏈和製程產業要採用點對點方式的機率還是非常低。

科技巨頭在本章因經濟因素而退居次要，點對點模式讓科技巨頭無法宰制平台，也會降低對其雲端服務的需求，但點對點服務大規模應用的機率微乎其微，這相當可惜，因為這正是原料領域減少對網路壟斷依賴的機會。如果這些解決方案成功，科技巨頭在這個領域的經濟劣勢可能會發生變化，我們已經看到 Brave 和 Steemit 這類點對點平台把傳統的經濟模式玩弄於股掌之間，甚至連點對點平台的推動者都可能找到方式獲利。

到目前為止討論的解決方案，都是從改變科技巨頭和世界互動方式的宗旨出發，我們已經看到新創公司、學界、大企業、科技公司採用區塊鏈，許多參與者的宏大構想都和取代或改善科技巨頭的服務有關，但幾乎沒有案例打造出科技巨頭無法達成的目標。如果這些解決方案成就了區塊鏈狂熱分子理想中的區塊鏈革命，科技巨頭也不會乖乖束手就擒。

第 九 章

理想版本的
科技巨頭

大眾已經對科技巨頭產生厭倦，就像新發明的藥物需要花好幾十年才能理解副作用，我們也才正要開始了解使用網路服務的長期後果。我們知道社群媒體使用和憂鬱、焦慮、自殺有關，我們知道使用者介面是故意設計成模擬多巴胺分泌，我們還知道上網時出現在螢幕上的一切，都覆蓋著一層濾鏡，因為網際網路的核心商業模式便是廣告。之前沒人對這一切表示反對，現在卻已成為熱門議題。

針對這個議題最受歡迎的影視作品，便是 Netflix 上的《智能社會：進退兩難》（*The Social Dilemma*），雖然這部紀錄片點醒了我們重視科技巨頭的問題，卻沒有提供實際的解決方案。許多人迫切想要逃離科技巨頭的陷阱，不希望累積的數據和自由遭到危害，卻沒有其他選擇。

就算我們真的擁有一個完美的去中心化版科技巨頭替代品，仍然需要很長的時間才能普及，大眾非常清楚社群媒體的危害，但臉書仍然日益壯大，我們可以用藥品產業來類比這個情況。如同《智能社會：進退兩難》中所述，藥品和科技產業是唯二把顧客稱為「使用者」的產業，兩者還有許多相似之處，包括都是靠上癮行為牟利、政府都無法控制、還有產品造成的傷害越大就賺越多。

這可以幫助我們理解為何大家依然繼續使用社群媒體，要花上好幾十年的時間研究，才能理解藥物的原理，但仍然無法完全了解藥物對大腦的長期影響。我們可以把社群媒體視為有史以來規模最大的神經心理學實驗，只要看看讓三十億人根據特定的規則，曝露在另外三十億人無限的輸入下，會發生什麼事就好，此外，我們也可以進一步觀察定期調整規則，會對大眾帶來什麼影響。

即便我們已從這個實驗得到結論，但似乎不足以促成改變，我敢打賭百分之九十九看完《智能社會：進退兩難》的人，當天都還是會繼續使用社群

媒體和其他科技巨頭服務。或許這是因為我們從這個大型實驗中，還沒有得到夠多結果。大部分和網路使用有關的神經心理學實驗，對象都是成年後逐漸融入科技巨頭世界的人，而目前針對在 Web2 蓬勃發展時代出生的世代，成年時會受到的影響還沒有數據。此外，已有各種跡象顯示，科技巨頭的力量正在破壞民主制度，但目前還沒有量化的證據可以指出其影響。或許和網際網路長期後果有關的清楚描述，可以即時促進改變的動力也說不定。

人們常常很困惑，覺得我為何討厭新科技，又對新科技這麼著迷，老實說，對抱持不同觀點的人，我也覺得很困惑，科技根本就是一種超能力，但大部分的人卻寧願選擇拿來做一些蠢事。

讓一群人一起討論問題，比提出解決方案還簡單許多，因此你很難在主流媒體上找到針對這些問題的解決方案。由於本書宣稱 Web3 是解決方案之一，提供一個清楚的願景以描繪去中心化的科技巨頭服務，可說非常重要。

下一節開始會逐一討論各個科技巨頭的去中心化理想版本，但這只是在開支票，為母公司提供目前不可能達成的目標，而且也沒有將科技巨頭之外的許多次要公司納入考量，但這些公司也會造成同樣的問題。最重要的是，這些成功的科技巨頭理想版本和 Web3 的目標相違背，Web3 應該是個全新的基礎設施，將會創造目前無從想像的事物。

因為不可能憑空想像出 Web3 服務的創新願景，我們暫時只能以科技巨頭當作模型，來討論去中心化的可能性。此外，這些理想版本的科技巨頭不需要等待新一波的科技才能有所改變，所有促成改變所需的科技和技術，都已經出現了。

雲端服務簡介

雲端服務指的是發生在網路上，而不是發生在你裝置上的程序，這是一

個網路空間，雲端服務是負責儲存網際網路資料和執行運算的伺服器，這樣你才可以使用不是儲存在你裝置上的資料來做事。科技巨頭擁有雲端，使其也有能力擁有網際網路的其他部分，最知名的雲端服務包括亞馬遜網路服務、微軟的 Azure、Google 雲端。本章不會特別討論雲端服務，因為他們都共享一個理想化的版本。

理想版本的雲端服務根本不存在，科技巨頭擁有雲端，因為我們的電腦在網際網路發展初期缺乏彼此信任，所以我們改為相信在私有網路間擁有安全連結的大型公司。這個高度中心化的雲端，造成了科技公司和使用者之間在財富和權力上的巨大不平等。

區塊鏈革命便是要透過尚未出現的安全方法連結所有電腦，因此不需要信任其他設備，這將淘汰掉現有的雲端，或至少讓雲端預設就是去中心化。目前有很多方法可以取代雲端，第十章會討論一個相當可行、或許也是最有可能成功的方式，可以用來打造去中心化網際網路的儲存和運算基礎設施。

在接下來討論的理想版本科技巨頭中，重大決策的責任將會交給治理機制，〈理想的治理〉一節便會解釋如何達成。

理想版本的臉書

眾所周知，臉書背後的原理就是用過去的行為影響未來的行為，這個社群媒體的模式，將使用者困在同溫層中，這是世界上對隱私最大的侵害，和第二章提到的集體社群意識有關。去中心化版的臉書，會對科技業帶來重大影響，因為臉書是社群網站之王。

第一步便是完全去除廣告，某些區塊鏈狂熱份子可能會認為這很偏激，並支持一個提供使用者經濟回饋的廣告模式，但在二〇二〇年，這一切根本沒道理。我們都能買到注意力了，內容也都會覆蓋一層來自有權有勢實體的

濾鏡，Web3 時代的社群網站永遠都不應該有廣告。

這個去除廣告的構想提出了兩個問題，第一，平台如何賺錢？第二，企業如何宣傳產品？我們會先討論第二個問題。

廣告可以是任何形式，而且也已演變得更客製化、更不煩人，臉書的目標族群精準，因為它專注於投放你喜歡的內容廣告。現在最不煩人的廣告，就是原生的贊助內容，部落格、社群網站貼文、vlog 等，仍然可以由公司贊助，廣告商也可以直接用官方帳號提供原生內容。由於所有內容都必須連結到社群網站身分和聲望分數上，詐騙和不實內容的可見度將會降低，好處便是「廣告空間」能夠散佈在數千個內容提供者之間，而不是由一個永遠只會選擇出價最高者的單一實體掌控。這看起來和臉書跟 IG 現在的模式很像，不同的是，搜尋演算法並不會偏好特定的內容，社群網站聲譽和內容可見度的規則也是公開透明的，可以透過治理機制調整，而非受執行長宰制。

平台提供貢獻者獎勵的經濟模式，可以透過許多方式達成，不過最普遍的方法還是採用社群網站代幣經濟。去中心化版的臉書會發行一種和網路影響力有關的平台代幣，Steemit 證明這種模式可以在社群網站永續實施，有了這樣的系統，每次按讚都能為內容提供者帶來收入。一個讚價值多少，則是視使用者持有的代幣數量和名聲而定，這類代幣一定比例會先分配給開發者和其他維護網路的貢獻者，至於分配的比例以及其他獎勵系統的參數，則是由治理機制決定。

而去中心化版臉書的數據管理又會如何呢？答案是更為自治，因為有很多驗證方法。由於惡意廣告在這樣的平台中不可能大規模存在，我們便能以全新的角度看待使用者數據。數據對所有人來說都是公開透明、垂手可得的，同時使用者帳號也保有匿名的權利。不過當然，公開透明的社群網站數據有可能會在次要市場中，以網路參與者不允許的方式使用，因而一個保障

更多隱私的選項，便是讓使用者帳號相關的資訊預設不公開，只有允許的平台使用者才能存取。這個模式的混合版本，會把部落格貼文存到公共帳本上，但是加密按讚、按噓等點擊紀錄，不過分析這類點擊數據仍然是必要的，這樣才能決定投放內容。針對這點，多方運算或是把私人數據存在公共區塊鏈上這兩種方式，都能在不揭露原始數據的情況下，從加密的數據中獲取有用的分析。[585]

　　許多數據架構都能按照不同使用者，量身打造數據的自治程度，底線便是保障使用者決定數據如何使用的權利。不管採用哪種數據架構，這個去中心化版的臉書要能夠運作，節點都必須是獨立的實體（使用者而不是組織），所有協定也都必須是公開透明的。

　　接下來就是比較不確定的領域，也就是決定要採用哪種演算法來生成使用者動態和搜尋結果，最簡單的答案就是治理機制，但是這馬上又會產生社群媒體使用者早就預料到的問題，包括網路釣魚和公審等可能因為錯誤原因而摧毀個人名聲的行為。假設有一名演化心理學家在這個去中心化版的臉書上，提到經過同儕審查、科學立論嚴謹的研究，但研究的發現卻剛好相當政治不正確，引來數千人噓文，並留下惡毒的留言，但這些人在該領域卻沒有任何影響力，社群網站該如何處理這種情況呢？

　　這個例子強調的便是領域專家多因共識的重要性，如同我們在第五章討論到的，接下來在〈理想的治理〉一節中，還會提出更直接的方法，以降低社群聲望系統中的偏誤。不過，簡而言之，這種方式還是會讓來自演化心理學領域的意見和評論，占據重要地位。

　　達成去中心化版臉書的最後一步，則是保證其他人賴以維生的基礎能夠永續，應用程式介面必須保障其規則，這樣其他和社群網站連結的遊戲和應用程式，才不會承受自身商業模式遭到摧毀的風險。內容提供者必須擁有寫

在程式碼中的擔保，保證貼文會永遠留存，或是保存到特定時間，不需承受失去個人數據的風險。去中心化版的臉書，基本上必須保證新規則的永久性，市場則會決定是否支持這樣的規則，而健全的網路治理機制則會以彈性的方式維護規則。

理想版本的亞馬遜

亞馬遜直接把電子商務帶給消費者，弭平了產業間的鴻溝，這在現代可說是種超能力，我們看到這種能力不斷運用，亞馬遜把電商的利潤壓到最低，同時擴大市占率，最終超過所有競爭對手，這個過程也侵蝕了所有產業的供應鏈網，甚至是整個產業。

比如我出版這本書想要賺點錢，亞馬遜就是無庸置疑的選項，他們印書的成本比任何人都低，掌控所有接觸消費者的方式，物流也無人能敵，而且永遠不會缺貨。亞馬遜的演算法利益至上，而且很可能偏好自家出版的書，這是我個人的猜測啦，真相不得而知。如果我不選擇亞馬遜的出版服務，就會蒙受嚴重損失，因此我別無選擇，只能把本書四成到六成的利潤分給亞馬遜。從各種角度來看，出版社和書店的未來都黯淡無光，這沒什麼好意外的，除了亞馬遜過去幾年間爆炸性成長的自家出版社以外。

亞馬遜在每個染指的產業都創造規模經濟，讓東西都變得超便宜、超有效率。理想版本的亞馬遜，將會繼續掌控製程和運輸，這樣才不會影響到物流，假設因此引起壟斷的濫用，政府和大眾可以用一直以來對付傳統壟斷的方式處理。而亞馬遜的科技平台和數據壟斷一直沒有受到法律約束，正是 Web3 解決方案為何必要的原因。

解決方案就是一個取代亞馬遜網站及所有分支的亞馬遜 DAO，一旦成功說服和亞馬遜一樣大的實體追求這個目標，所需的技術步驟其實相對簡

單。只要把打造亞馬遜網頁的資料庫基礎設施和開發者工具，換成區塊鏈和開源的開發者工具就行了，接著再讓治理機制去決定未來的協定變更。

這個構想和過程在本書中不斷提及，應該不用再解釋太多，許多我們曾經提過的基礎設施解決方案都具備將亞馬遜去中心化的能力，本書也預留了最後一章的篇幅，準備深入探討其中一個解決方案。

亞馬遜的線上商店將變成一個電商 DAO，亞馬遜音樂、串流、雲端等則會變成 dapp，零售商將獲得可觀的收益，使用者體驗則幾乎沒有變化。

亞馬遜 DAO 首先會擁有公開透明的搜尋演算法，治理機制會決定如何搜尋商品、電影、音樂、其他內容，由於治理機制的參與者不會從銷售中獲得抽成，他們唯一的動機將會是鑽研網站的演算法，朝完美的使用者體驗邁進。這個構想也延伸到廣告上，只要治理機制認為適合，任何程度的廣告都可以接受，廣告帶來的利益，則是以平台代幣或傳統貨幣的方式呈現，最後會回到獎勵池（rewards pool）中，負責支付平台的營運、治理機制的參與者、網路的貢獻者。訂閱制的音樂和影片串流服務，也會大致以上述的方式運作，不過內容提供者會得到更多收入，因為 DAO 的抽成會比大企業低非常多。

理想版本的亞馬遜也會經歷科技巨頭成為理想版本的標準過程，也就是將平台去中心化，並公開演算法。亞馬遜的數據是更加獨特複雜的資產，因而使其變得非常危險。我們在第三章中就以耳機的例子簡單討論過其中的道理，亞馬遜知道數千款耳機的價格、產品特色、消費者行為，根據耳機的綜合特色和價格，也能得知消費者決定買耳機的機率，知道所有產品最棒的形狀、尺寸、顏色、特色，並呈現在消費者面前，亞馬遜放在你面前的耳機，就是 CP 值最高的耳機。

上述的數據使亞馬遜對所有想像得到的產品，都做過世界級的市調，

這些數據可以用來打造最具競爭力的產品，而且亞馬遜想做什麼都行，AmazonBasics 便運用消費者數據來打造完美的產品，同時還掌握了生產、廣告、物流系統。這個模式對消費者來說非常方便，但其他人要如何競爭？

完美的亞馬遜 DAO 將公開所有市場數據，和去中心化版的臉書不同，因為社群網站數據相當敏感，而消費數據很容易進行匿名處理，不會侵犯到隱私。就跟比特幣錢包一樣，電子商務身分可以脫離消費者的個人識別資訊，消費者的搜尋、點擊、購買都會變成公共紀錄，卻不會侵犯隱私。每一筆數據都無法追蹤，使得精準投放完全不可能，同時卻又足以產生宏觀的觀點，這會讓企業擁有相同的起點，所有人都能公平擁有市場數據，都有機會可以成功。

不過所有和運輸及製程相關的後勤事務、後勤數據壟斷，仍會由亞馬遜公司的服務處理，目前來說，這個範圍已經超出科技領域，經過時間考驗的企業階層組織仍是最好的方法。但在接下來數十年間，隨著物聯網發展，也會出現針對後勤數據壟斷的擔憂，等到亞馬遜的服務是由機器和自駕交通工具負責提供時，亞馬遜 DAO 可能會需要更新，這多少會跟上一章討論的工業物聯網 dapp 構想有關。下一節我們會有更多如何將科技巨頭的製程去中心化的討論。

理想版本的蘋果

蘋果身為一間大公司，卻過度專注在減少自身的責任上，還宣稱致力於永續發展和保障數據隱私。雖然蘋果大部分的生財之道，都無法用區塊鏈取代，但是一個理想版本的蘋果，在宣稱致力維護科技倫理時應該要說到做到，特別是透過區塊鏈科技提供公開透明和可追溯性。

相較來說，蘋果的產品模式數量較少，能夠達成裝置可追溯性，而且

可以把 iPhone 視為一種 NFT，在生產 iPhone 的工廠中，製造商會負責鑄造 NFT，並將其和實體手機上的裝置號碼或其他可識別的特色連結。在 iPhone 後續配送的每一步中，裝置本身的運輸就等於 NFT 的轉移，到了零售商店後，購買手機的消費者也會在公鑰或私鑰錢包中獲得 NFT。

只要加入自主身分，就可以利用 NFT 的轉移過程，理想版本的蘋果產品使用的會是區塊鏈身分，而非 Apple ID。在第六章中，這類身分包含中心化及個人屬性，例如生物識別數據、銀行帳號登入資訊、由中心化實體核發的身分證明、社群媒體的個人資訊等。這個自主身分數據，無論在什麼情況下，都只會由使用者本身擁有及檢視，蘋果和電信公司永遠無法獲取相關數據。

購買 iPhone 時，消費者一下子就可以設定好自主身分，NFT 的轉移是在消費者不會察覺的情況下無縫進行的，NFT 錢包的密鑰便是由該自主身分持有及存取。

隨著理想版本的蘋果採用產品 NFT，效率將會在看不見的地方大幅提升，優點之一就是傳統追蹤系統的淘汰。因為 NFT 轉移是在公開透明的區塊鏈上進行，所以沒有哪個供應鏈的廠商在何時持有 iPhone 的歧異，供應鏈物流將因此大幅簡化。此外，如果供應鏈廠商採用的是可供辨識的錢包位址，消費者也能從初期生產就看到購買裝置的整個歷史，並衡量特定產品生產時為環境帶來的影響，以及相關的倫理問題。

iPhone 的 NFT 也會為使用者帶來更多功能，假如手機被偷，在沒有蘋果或三星協助的情況下，就完全無法使用，因為 NFT 代表所有權，小偷的自主身分並沒有相應的所有權。iPhone 的所有權轉移也會變得更容易，只需要轉移代幣就好了，這同時也能讓註冊和設定轉瞬之間就能完成。

隨著理想版本的蘋果採用這個構想，NFT 也會擴張到所有裝置零件製

造商，蘋果供應鏈管理的物流追蹤，也會變得公開透明，甚至能更詳細追蹤特定產品完整的生命週期。在發現產品缺點時，新獲得的數據將提升蘋果擬定策略和調整的能力，就像上一章中的理想版本 Toyota，運用產品離開供應鏈後的數據改善製程決策一樣，這個構想也可能擴及工廠物聯網感測器的製程相關數據上。

蘋果目前的生產方式並沒有太大問題，我們之所以會討論蘋果，是因為他們處於促進改變的理想位置，產品種類相對少，使得改變更容易進行。可追溯的 iPhone 將提供消費者更多信任和購買的理由，而沒有公開生產方式的競爭對手，相較之下將顯得品質低落，這也會促使其他製造商開始投資區塊鏈解決方案。

而在軟體部分，要修好蘋果根本完全無望，理想上來說，蘋果應該要拋棄其封閉又落後的 Linux 版本，改採完全開源的 Linux 作業系統。在大多數情況下，如果蘋果想要提供保障隱私的自主身分和數據所有權，就必須這麼做。蘋果的音樂應用程式、podcast 應用程式、Safari 瀏覽器、應用程式商店，都會成為 DAO 或 dapp 版，但這幾乎跟童話一樣不可能實現，因為這將讓蘋果硬體的優點蕩然無存，死忠果粉之所以存在，不只因為蘋果的產品很潮，而且預先安裝的應用程式方便又獨家。

蘋果是個特別的案例，因為拒絕跟隨開放的趨勢，反而獲得不可置信的成功。賈伯斯心中想的是一間端對端完全封閉的電腦公司，蘋果產品的版本很少，而且只和其他蘋果產品相容，你還不能隨意升級或修改，這種想法在一九九〇年代末期對工程師來說簡直是瘋了，結果卻為公司帶來巨大的成功。蘋果帝國之所以能夠大肆擴張，是因為其封閉系統造就了最棒的品質，不需要承受適應跨平台相容性所需的代價，或提供顧客模稜兩可的選擇。快速轉向開放，將會摧毀蘋果和所有其引以為傲的事物。

　　這對區塊鏈狂熱份子來說是個棘手的問題，不過也是個強化折衷觀點的機會，並不是所有系統都需要去中心化，蘋果厲害的軟硬體都是源自中心化，而且也很少濫用在網際網路上的壟斷地位，蘋果的產品有預先安裝的應用程式，但使用者還是可以下載想要的應用程式。

　　如果蘋果想保持中心化，就必須以不具威脅的方式做出改變，他們應該下放審查應用程式和其他內容的權利，並公開決定第三方內容搜尋結果的演算法。一間公司不該擁有決定大眾應該下載哪種應用程式或瀏覽內容的權力，同時也必須有更多保障使用者數據及隱私的保證，或許把私人數據放在去中心化的資料庫中，而非 iCloud 上，會是個很好的起點。假如自主身分真的誕生，這點將更為重要，因為自主身分是不可能儲存在蘋果擁有的資料庫中的。

　　假設 Web3 真的創造了開放的網際網路，蘋果仍能保留各式產品，只要不侵害使用者的自由選擇，蘋果並沒有運用市場地位去欺負其他人，應該要由市場自行選擇究竟要使用去中心化還是中心化的產品和服務。隨著去中心化版的蘋果應用程式變得更便宜、更安全、無廣告、為創造者帶來更多利益，蘋果也不再會因中心化而在軟體擁有優勢。

　　不過預先安裝的問題仍然很棘手，實體裝置位在第三章網際網路階層組織的頂端，假如蘋果能夠預先安裝應用程式，這個原則應該也會擴及其他科技巨頭，這是一個嚴重的問題，因為蘋果使用者不會想去下載第三方版本的蘋果應用程式。但禁止預先安裝也會為消費者帶來巨大損失，因為移除預先安裝的應用程式，會讓裝置難以使用，預先安裝這個問題會成為使用者和Web3 之間的阻礙，除非科技巨頭願意自行打造理想化的服務。

理想版本的微軟

我們在整本書中不斷看到微軟透過早期的網際網路科技領先別人，幸運的是，他們的壟斷行為每次都被政府阻止，微軟原先有可能壟斷整個網路，但是一九九〇年代到二〇〇〇年代的「網路封鎖」（cyber blockades），給了其他科技巨頭成長的空間，進而帶來今日的壟斷局面。

現在微軟什麼都參一腳，卻什麼都沒能壟斷，他們在社群網站上有 LinkedIn 和 GitHub，還有多元的硬體產線，但還是無法跟其他硬體巨人一拼。他們有獨立的作業系統、應用程式商店、瀏覽器、搜尋引擎，但在市占率上都比 Google 和蘋果的同類型服務還低。不過微軟在不同部門的收入，卻是相當平均的。

微軟成為理想版本的旅程，和其他科技巨頭類似，LinkedIn 和 GitHub 應該將平台邏輯和數據儲存去中心化，並在硬體產線上採用理想版本蘋果的供應鏈解決方案，應用程式和軟體服務應該變成 dapp 和 DAO，不過更有可能是遭到取代。

微軟能夠贏過其他科技巨頭的領域，便是軟體即服務，我們所有人都是使用微軟的 Office、Excel、PowerPoint，因為這是產業標準，微軟還擁有數十個類似的軟體即服務應用程式。理想版本的微軟，將免費提供這些服務，並將其從中心化的雲端中移除，但他們當然不可能這樣做。

不過微軟在軟體即服務上的地位是無害的，他們沒有控制其他網際網路服務，也不會讓消費者沉迷，唯一的缺點就是極高的代價。不過微軟軟體即服務的免費版本到處都是，中心化和去中心化的都有，只要消費者願意改用比較不普遍、不熟悉的免費版本。

微軟的歷史帶給我們珍貴的教訓，他們展示了過去二十年間權力平衡的變化，二〇〇〇年代時，微軟差點因為預先安裝在電腦上的 Windows

Media Player 和 Internet Explorer 遭到歐美政府拆分，而到了二〇二〇年，科技巨頭監控所有政治言論，卻只遭到薄懲。

理想版本的 Google

Google 是個特別的科技巨頭，因為廣受大眾喜愛，不過他們的策略也只不過是大眾最討厭的科技巨頭臉書更幽微的版本。這兩間公司的競爭優勢，都來自比競爭對手更了解用戶，並以此過濾你可以獲得的資訊。

社群媒體採用這類策略並不讓人意外，某種程度上，這種策略反而更安全，因為我們至少會覺得大家不會用臉書來做認真的研究。相反地，如果要做研究，大家一定都是從 Google 搜尋開始，你的身分以及所在的位置，會決定 Google 搜尋的結果，後續的漣漪效應非常可怕，只要想想這本書討論過多少網際網路搜尋演算法造成的偏見就好了。附帶一提，除了我十五歲時花了一個禮拜玩臉書之外，我唯一花在社群媒體上的時間，就是為了這本書做研究，而要進行深度研究，我用的則是 DuckDuckGo 搜尋和學術資料庫。

打造理想版本的 Google，始於提升 Google 搜尋的公開透明，為了去除偏見，所有的演算法一開始都必須是開源的，這將延伸到 YouTube 和決定消費者看到第三方內容的 Google 應用程式上。此外，無論採用哪一種演算法基礎，都會由決定調整的治理機制控制，治理機制也會負責審查內容，並決定哪些是惡意內容。

對 Google 來說，改採公開透明的演算法是有可能的，因為這不會影響他們的廣告收益，Google AdWords、AdSense、YouTube 廣告，都可以按照以往的模式運作，並負擔營運成本。由於演算法是由獨立的社群掌控，不會出現受廣告驅策的惡意動機，如果使用者想要更多內容或覺得廣告很煩，治理機制也會推動使用者選擇去中心化版的 Google 服務。這個轉換將會提

升 Google 的信任，讓他們的名聲變得更好，在立法上也比較站得住腳，並擁有更多死忠使用者。

不過要做出這麼激進的改變，Google 確實必須付出代價，其一便是來自機密演算法的競爭優勢，另一項則是其透過任意審查和改變搜尋結果，對公眾擁有的權力。而 Google 最大的損失，或許會是糟糕的使用者體驗，假如搜尋和動態的演算法設計時是符合道德的，就不會讓人上癮，我們應該會覺得這點相當值得。

其餘 Google 服務的理想版本，也會破壞其壟斷地位，理想中的 Web3 將會禁止 Google 在第三方裝置上預先安裝的套裝應用程式，也就是說不會有預設的瀏覽器和搜尋引擎。這不僅會摧毀 Google 對市場的宰制，也會為依賴 Google MADA 的硬體公司帶來損失，消費者也會失去預先安裝應用程式帶來的便利而遭受嚴重損失。

和預先安裝應用程式有關的棘手問題，在蘋果的裝置上也會發生，這些應用程式不一定是濫用，但他們剝奪了消費者選擇最佳應用程式的機會。針對這點，我們對網際網路階層組織完全沒辦法，假如蘋果和 Google 的應用程式商店早就出現在螢幕上，我們又要怎麼說服大眾下載一個去中心化版的應用程式商店呢？

有幾個酷炫的構想可以解決預先安裝應用程式的問題，在一個完美的世界中，dapp 會超級好用，使得三星和其他硬體巨人會選擇在裝置中預先安裝這些 dapp，而非 Google 的軟體。最後也是最不可能的結果，就是 Google 自己選擇去中心化，不過這個想法仍然很吸引人，我們可以看看 Google 服務的去中心化版本究竟是何模樣。

Google 到時將會擺脫雲端服務，並在獨立數據中心組成的區塊鏈上打造應用程式，這些 dapp 的程式碼庫都是開源的，沒有隱瞞。類似的應用程

式之所以失敗，都是因為 Google 強大的網路效應使他們找不到使用者。Google 地圖再也無法蒐集位置數據，因為使用者可以檢視並控制自身產生的數據，Google Play 將透過公開透明、由大眾調整的演算法來推廣應用程式。Google 相片和 Google 雲端硬碟則會在經過加密的區塊鏈上運作，只能由使用者本人和其區塊鏈身分存取，Google Pay 就只是個加密貨幣錢包，憑證完全由使用者持有，Chrome 和 Google 搜尋也會按照相同的原則運作。而打造這些網際網路服務的開源程式碼，則是隨時都可以改變，並由以使用者為中心的治理機制掌控。

Google 仍然會透過 MADA 預先安裝這些 dapp，使用者買到的新手機還是會有很多功能，但這些 dapp 中不會有廣告，因為獲利是來自微型支付系統。線上活動的代價便是微型支付，並以此支付 Google 維護應用程式的成本，比如說傳一封 Gmail 要一毛錢，這也能順便摧毀網路詐騙經濟。

Google 應用程式和服務的預設狀態，會禁止蒐集使用者數據，不過由於這樣會破壞使用者體驗，特別是在瀏覽器和搜尋引擎上，使用者仍可在設定中自行允許數據蒐集。這些設定夠精細，會顯示到底蒐集了哪些數據，以及 Google 的用途。蒐集到的數據可設為公開，或是放在數據市場中，視種類而定。如此一來，私人實體就可以購買數據，提供數據的使用者也能分一杯羹。

然而這跟 Google 本身的宗旨完全背道而馳，更嚴重的問題是，企業在這樣的設定下扮演的角色會有多微不足道。理想版本的 Google 根本不需要母公司 Alphabet Inc.。本節討論的所有理想版本科技巨頭，最終都會無意間降低或消滅母公司存在的必要。

理想的治理

治理機制從誕生之初就錯誤百出，很容易遭到濫用，即便全世界都認為民主機制是人類發展出最棒的治理方式，今日的民主制度本質上仍和古代政府相似，並流於同樣的缺失。接下來提出的理想版本數位治理，並不是要取代政府，而是一個能夠做出集體網路決策的系統，只要合乎標準都能適用。

數位治理決策的美妙之處，在於信任和資訊處理速度的提升，多虧區塊鏈科技，前者現已成真，本節討論的理想治理機制，建立在第五章討論的區塊鏈基礎設施上。至於資訊處理，也早已成為決策進行的方式。政府的領導者都是根據獨立接收的資訊和思維進行決策，他們也應該這麼做。試圖把所有獨立的決策整合成單一決策時，總是會出現爭議，誰的意見才算數？占多少分量？我們要如何把不同的結果整合成單一決策？要解答這些問題，其中牽涉的後勤，最好是透過電腦來執行。

在處理所有人的網路決策輸入時，有更大的機會能納入更多人意見，並依照任意因素來調整他們的影響力，結果就是一個包容度極高的治理系統，而且不會出現邏輯問題。

為這樣的系統設計和撰寫邏輯，已不如傳統方式簡單，事實恰恰相反。治理機制的每個設計調整，都伴隨公平的權衡，所以理想的治理機制根本不存在。數位治理系統在實施時，都會出現未曾想過的缺陷，因此治理機制本身，都可以透過用來改變其他網路協定的程序和規則進行修改。

接下來我們會討論各種治理機制的構想，能夠透過第五章的模式三治理來解決維利悖論，這個問題值得用一整份技術白皮書來探討，不過為了保持簡潔，我們不會深入討論對應的獎勵機制。

以下所有的參數和比例都只是建議，一定會需要調整，這些都是我的想法，你應該提出挑戰及調整，以打造你自己理想中的治理機制。在能夠應用

的概念出現之前，需要好幾百個人鑽研這個構想的基礎。理想治理機制的美麗之處，就在於能根據支持者的建議和貢獻加以調整。

以下的設計有一點是確定的，就是要讓權力去中心化必須花上非常久的時間。看似過度複雜的設計是必要的代價，才能夠確保其他實體不會染指系統。

分散式智慧

政府很難在維持秩序的同時分配權力。政府必須把大部分的權力交給少部分的菁英，這樣才能進行決策。民主制度的解決方式，就是把權力分配給大眾，這帶來了一個全新的問題：一般人根本沒辦法針對政策做出妥善的決策，也沒有理由這麼做。讓更多人參與，會造成更多分歧和更多僵局，無助於最後的決策。

上述過度簡化的討論，並沒有考慮到不同形式的民主制度，民主制度大略分為三種：代議式（人民選擇領袖）、參與式（人民影響領袖的決策）、直接式（人民投票決定）。每一種民主制度都有自己的問題，代議式民主常常會讓權力落入一小群菁英手中，參與式民主模稜兩可，常會在邏輯上出現問題，直接式民主則是會導致政策完全受民意控制。一個理想的治理機制，將結合上述三者的元素。

分散式智慧結合三者的優點，無需妥協，其採用的方式，便是提供所有人針對所有決策的投票權利，不過在特定議題上，該領域的專家會擁有更多權力。把這個過程數位化，讓所有人都能對政策擁有投票權，如同直接民主，也很容易和領袖合作，就像參與式民主，同時還能像代議式民主那樣，根據過去的決策選擇專家領導者。

改善方案和獎勵

網路治理過程始於改善方案，任何人只要付費都能提出建議，有很多方法可以確保提案的正當性，但最簡單的方法，便是透過專門處理技術問題的議會或是民主委員會。如果某個針對協定或演算法調整的提案能夠達成目標，就能進行表決，出現技術錯誤的提案則會遭到拒絕，除了技術錯誤之外，議會成員不能以其他理由拒絕提案。

為了處理惡劣的議會成員，所有人都能檢舉不當行為，收到一定數量的檢舉，比如十次吧，就會導致彈劾，由整個網路投票決定，如果有人怠忽職守，議會成員也能彼此彈劾，同樣由網路全體成員進行最終投票。理論上來說，這應該不會太常發生，因為議會成員是由一群工程師組成，他們沒有拒絕提案的動機。議會成員的獎勵、選舉、名聲，這些細節都可以按照情況消除。如果提案數量過多，共識機制可以隨機把每個提案的投票，分配給一部分的投票權人，不過目前還是暫時假設所有提案都會經過所有人投票決定。

議會也會負責檢查提案的內容和描述，投票者在投票前可能只會看一下摘要，雖然背後的程式碼永遠都是公開的，但大部分的人都不會花時間看，所以議會必須確保針對提案功能的描述和程式碼實際的功能相符。我們不會繼續討論這個問題，因為議會其實只是經過美化的垃圾信件過濾器。

提案經議會批准後，就會傳送到網路內部進行表決，三天內必須完成，同意門檻為百分之六十的多數決，如果沒有達到就會遭到拒絕，可以進行修改後再度提案。

區塊鏈網路通常會有一座來自交易手續費和代幣通貨膨脹的代幣獎勵池，治理機制將會使用獎勵池中的代幣，根據預先設定好的條件，獎勵參與治理過程的參與者。

提案者則需要支付一筆費用，如果提案遭到拒絕便不會退還，假如提案

通過，提案者就會得到大量的獎勵。議會成員也會獲得代幣作為薪水，成員數量則是會根據提案需求不斷變動。

代幣獎勵池最大的支出，則是提供給治理機制最重要的組成：實際參與投票者。

投票權

投票者是治理機制的命脈，任何人都能成為投票者，而在技術層面來說，投票者其實就是多了額外功能的加密貨幣錢包。投票者不只是能夠投票這麼簡單，而是根據不同因素獲得投票權。投票權只是一種方式，讓投票擁有可分割特性，這樣就能用來做很多事。

投票權由三個因素決定：聲望分數、代幣數量、持有時間，聲望分數並不是比誰最受歡迎，我接下來會詳細討論，代幣數量便是投票者持有的網路有價代幣數量，持有時間則是投票者的錢包持有代幣的時間。持有時間較長的大量代幣比較有優勢，因為這會鼓勵對網路長期利益有益的決策。

這些因素對投票權的確切影響，輕易就能用程式碼解決，但其中的數學原理很難用文字解釋，因此先假設這三種因素對投票權的影響是獨立而且線性的。

針對不同的提案，投票權分配也會有所不同，大約會有一半的提案屬於直接表決，也就是「自主表決」（the sovereign vote），另一半則是由領域專家進行，稱為「領域表決」（the domain vote），獎勵也是根據投票權等比例分配，如果投票者錯過某次投票，就不會得到獎勵。

自主表決的投票權可以轉移給任何投票者，或針對特定提案直接表決，這不會影響投票者的名聲，但最後的投票結果會在整個網路上放送。由於每天都會出現提案，最好的方式便是把投票權交給每天都會關注提案的人，原

先的投票權擁有者會獲得百分之八十的獎勵，剩下百分之二十則是給替你投票的人。

領域表決則是用來挑選一個領域，由該領域負責投票，我稍後會再解釋領域如何建立及其功能，目前來說，領域就是一群投票選出的領域專家。領域表決的投票權也是按照和自主表決投票權相同的方式分配，表決將影響聲望分數，如果你選擇讓加密領域去決定某個社會問題，或是相反，你的網路名聲都會受到影響。由於這會是對投票者造成巨大影響的簡單決策，最好獨立進行。

投票者只要了解這些就能開始進行投票，他們永遠不需要知道治理機制的其他部分如何運作，不過我們還是會深入討論某些能夠維持投票權分散的重要決策設計。

基本原理

大部分的區塊鏈治理機制都會運用多數決，並獎勵跟隨主流的投票者，自主表決背後的決策設計，則是故意把獎勵和投票結果分開。這對保持選舉的自由來說非常重要，要是沒有這個設計，投票者就會猜測其他人的想法，並藉此獲得獎勵，而非按照自己的信念投票。治理機制的設計理念，不應懲罰意見和主流不同的人。

自主表決的投票權能夠委託，這點非常重要，因為這給了所有人參與治理的理由，即使他們沒空追蹤所有提案。透過行使他人的投票權所獲得的獎勵，也會促使積極的網路參與者時時緊跟網路的發展，注意發起的計畫，並為那些信任他們並將投票權託付給他們的人，做出最好的決定。這類投票不會直接影響聲望分數，結果會在投票結束後公開以留作紀錄，如此一來，大家在把自己的投票權委託給別人之前，就能先確認對方是可靠的，在領域領

導者上這點更為重要，我們稍後會討論。

　　一個平衡的治理機制，不能把一切都交給多數決，必須把分散式智慧加入決策過程，領域便是透過在特定提案中，暫時給予領域專家不成比例的投票權，來達成這點。

　　執行的方式便是把多數人的領域表決投票權交到專家手上，基本上，你的領域表決其實是在決定特定提案究竟屬於哪個領域，如果你的意見和主流相同，聲望分數就會提升，反之則會下降。

　　比如說，假設現在有個提案是要調整區塊鏈的區塊大小，你可能會認為有兩個領域有資格替大家決定，一個是由密碼學家組成，另一個則是由社會學家組成。經過思考，你覺得應該由社會學家來決定，因為區塊大小一部分也和區塊鏈的規模有關，所以你決定將自己的投票權交給社會學領域。

　　結果這個提案其實和密碼學比較有關，有百分之七十的網路使用者投給密碼學領域，百分之三十則是投給社會學領域，你的投票權還是會來到社會學家手上，但是你的投票者名聲會因為和主流意見不同而降低。假如有百分之九十九的人都投給密碼學領域，那你的聲望分數損失將會更嚴重，因為這代表你由於個人的偏見，選擇忽視一個明顯的正確決定。假如提案是和定義惡意行為有關，社會學家就會比密碼學家更適合，如果在這類議題上的意見和主流一致，聲望分數也會等比例提高。

　　同樣地，要仔細解釋上述的過程，將會涉及到數學，很難用文字解釋，總之從實際的角度來說，擁有十個或二十個領域可供選擇將會是最理想的，投票者會想要選擇最受歡迎的那一個。重點在於讓特定領域的投票者聲望分數充滿動能，代議式民主通常會走向兩黨制，但這兩邊通常只有一半的機率是正確的，更好的構想應該要有二十個領域，每個領域負責決定二十分之一的提案，理想的方式就是建立決策時能派上用場的領域。

領域的定義

「領域」是一個假想的詞彙，代表網路空間中的一群領域專家投票者，如果要用現有的概念類比，可以將其視為數位化的政黨。

任何投票者都可以創立一個領域或是加入現有的領域，代價則是會失去領域投票權，因而投票權只剩下原先的一半，這類領域的組成相對簡單，包含名稱、簡單的敘述、成員。

加入領域的動機，便是有可能獲得更多投票權，這代表會擁有更多代幣，並得到更多獎勵。每次表決提案時，領域都會把獲得的投票權放到投票權池中，每個領域領導者都擁有一部分的投票權，比例則是由領域成員決定，每個人都可以投給領域中的其他人。我們把這個池子稱為「投票權池」，代表成為領域成員後，所交出的領域投票權。

每個領域領導者擁有的投票權比例都一樣，他們不能投給自己，而且行使投票權也不會得到獎勵。加入某個領域時，投票者必須把投票權分給其他人，比例則可以自行決定。每個領域成員擁有的投票權比例，都是由其他成員決定，領域領導者參與表決時，他們的投票權比例就會改變。

對投票者來說，這裡面當然有一個最佳的等式，如果你創立或加入了一個小型領域，沒有人會分配投票權給你，你就是白白浪費了自己的領域投票權。假如你加入的是一個大型的領域，你可能無法在領域中嶄露頭角，如果沒有領域領導者分配給你投票權，你也無法在投票時獲得獎勵，因為你本身並沒有投票權。領域的目標在於透過彼此連結的社群帳號，讓學者、博士、有興趣的人，分享彼此的專業和價值。

成為受歡迎的領域領導者，能獲得投票權和更多獎勵。領域領導者投票的方式和其他投票者完全相同，只是他們無法將投票權委託給他人，錯過表決就等於損失投票權，投票權會遭到其他參與投票的領域成員稀釋。

領域領導者也能擁有專屬的聲望分數，但功能是社會性的，只是為了投票紀錄，不會影響到投票權本身。此處的動機，在於所有領域成員對於做好決策都有既定的動機，因為大家都在乎領域的名聲，他們也能看到自身造成的影響。這種方式和傳統的投票方法不同，傳統的投票者永遠不知道自己的影響何在。

取得平衡

領域投票權和自主投票權之間的平衡可能會受制於同樣的動機，即獎勵池對兩者提供的獎勵都是相同的。如果領域領導者的人數太多，自主投票權的比例就會太高，而且掌握在少數人手上，假設所有人都會參與自主投票，而且自主投票的比例落在百分之五十上下，兩個模式都不會有問題。但是如果自主投票的比例達到百分之六十或百分之七十，超過領域投票，就會無利可圖，因為流通的領域投票權太少了，這個機制將會使領域領導者和一般投票者的人數達成動態平衡。

就算整個網路的自主投票權和領域投票權比例，能夠維持在大約百分之五十五比百分之四十五上下，兩種投票仍然會出現壟斷投票權的風險，因此需要有所限制。

由於自主投票權可以依任意比例分配給他人，必須為每個人得到的自主投票權比例設下百分之五的門檻，這表示假如某個人擁有整個網路百分之五的自主投票權，或者所有投票權的百分之二點五到百分之三，他們的錢包就會被鎖起來，沒有人能再匯入投票權，如此便能確保自主投票權的分散。

要確保領域間和領域內的投票權分配，牽涉更多層面，此處的風險在於，可能會有某個領域的影響力變得太大，因為所有人都想投給最受歡迎的領域。假設現在有兩個領域，一個偏自由，另一個偏保守，他們將各自獲得

一半的投票權，等於複製了迫切需要改變的兩黨制系統。

要規範大型領域，就必須限制他們在特定時間內能夠獲得的投票權比例，我建議每週每個領域能夠獲得的領域投票權上限是百分之二十，根據上週的所有投票權計算。假設星期一出現了一大堆提案，而所有人的領域投票權都投給某個領域，該領域就會被鎖起來，投票者要到這個星期結束才能再次投給該領域。

如此一來，就不會有特定領域坐大，多元領域可以蓬勃發展。理論上來說領域數量可以有無限多個，不過最後很可能只會有十個或二十個熱門領域，對投票者來說，這個數量還能夠負荷，同時分散程度也夠高。

領域本身也可能出現遭到某個領域領導者壟斷的風險，上述方法也能防止這種情況。領域領導者的投票權上限，就是領域投票權的百分之二十，這不僅能讓權力維持分散，也讓其他領域領導者有嶄露頭角的機會。不過這個方法只能應用在擁有大量投票權的大型領域上，小型領域在獲得特定比例的投票權之前，無法適用此規則。

為了演示這些規則的實際應用，接下來會解釋某個投票者要如何讓自己的投票權最大化。首先，他必須獲得一定比例的自主投票權，不管是透過極高的聲望分數、代幣數量、持有時間，或是從其他投票者身上取得，直到達到百分之五自主投票權或百分之二點五至百分之三所有投票權的上限。接著他必須加入最大的領域，也就是擁有百分之二十領域投票權的領域，再來只要有夠多的領域領導者把投票權池中的投票權分給他，他最多就能取得投票權池中百分之二十的投票權，也就是所有領域投票權的百分之四。如此一來，這名投票者總共就會擁有所有投票權的百分之六點五。此外，隨著一開始沒有預測到的權力失衡或問題出現，也可以在提案過程中加入新的參數或調整舊的參數。

投票結果計算

網路的任何調整，都能透過這個理想的治理機制達成，我們這就以比特幣改進提案（Bitcoin Improvement Proposals）為例，來看看整個過程。

假設你針對長久以來爭論不休的比特幣區塊鏈大小之爭寫了一個提案，涵蓋提案通過後必須調整的程式碼和相關簡介，對數據容量來說，目前的區塊大小 1MB 實在太小，應該要增加以防交易塞車。比特幣改進提案會先送到議會審查，沒問題的話，就會由全體網路成員進行表決。

網路成員會透過 dapp 收到這個提案，自主投票權的選項包括同意、反對、將投票權委託他人，領域投票權部分，網路成員則是會收到所有領域的相關資訊，可以依此決定要投給哪個領域，投票必須在三天之內完成。

領域領導者也會收到提案，選項只有同意或反對，必須在三天內做出決定。由於這個提案相當複雜且高度技術性，投票者可能會把投票權交給比特幣開發者和某個科技領域。

三天後，大多數投票權的分配，將會決定比特幣改進提案的成敗，正反方如果要尋求支持，也可以透過提案達成。

結果將會是簡單的同意或反對，端看三天後哪邊的票數比較多，投票結果就是必須接受的最佳選擇，因為已經運用了多因共識，也就是透過從不同來源取得的數據來計算結果。

我用了區塊大小之爭來解釋治理機制的必要性，實際的情況則是反方迫使整個網路進行硬分叉，也就是分裂成不同版本的比特幣區塊鏈，因為節點無法就解決方案達成共識。理想的治理機制可以應用到所有網路上，並確保網路不會分裂。

未來整合

理想的治理機制會牽涉許多人和大量的資源，只有和大型基礎設施有關的重要決策才會使用這種方式，其他建立在這類基礎設施上的小型區塊鏈應用程式，則需要自己的治理機制。Polkadot 和 DFINITY 正是採用這種方式，複雜的基礎設施由治理機制控制，而在基礎設施上打造的區塊鏈分支和次要網路，則需要小規模的治理機制。

在 Polkadot 和 DFINITY 上打造的應用程式，可以按照「後設治理」機制的規則，創造自己的治理機制，未來趨勢便會依此發展，許多需要治理機制的應用程式，都能量身訂做自身的治理機制。如果去中心化版的 Uber 是在 DFINITY 上打造，就能透過簡單的投票系統，決定價錢和駕駛的利潤等事項。擁有良好的後設治理機制，讓打造去中心化版 Uber 這類應用程式的人，不用擔心應用程式基礎架構會被任何人控制。

第五章討論了將 AI 和治理機制結合的提案，隨著 AI 針對網路提案長期效益的量化能力改善，就能用來調整投票者的聲望分數，那些不遵循主流意見、最後卻證明他們才是正確的人，將會因此受益。AI 要如何達成這點還有待觀察，無論如何，負責處理相關事宜的類神經網路，都必須是開源的，其邏輯也必須受該治理機制控制。此外，在應用聲望分數時，使用者也應保有匿名的權利。

我們離理想的治理機制還很遙遠，目前的治理方式很古老，使得現在的權力結構完全不可能運用這個複雜的治理策略，因此這股趨勢必須從去中心化網路的成功展開，再來大家就會對打造激進的架構產生興趣，例如動態的階層組織，因為這對他們的網際網路服務來說是最有利的。只有在達成理想治理機制必須的合作後，其帶來的好處才會無從反駁，一旦去中心化網路治理擁有穩固的基礎，之後應用在企業和國家政府上的空間也會增加。

理想的貨幣

人們會自行決定如何分配價值，區塊鏈不應該改變這點，不管是債務保證的法定貨幣、比特幣、金幣、股票、原物料，還是大富翁紙幣，只要人們相信就可以。區塊鏈的任務只是用來製造各種值得信任的數位貨幣，額外的特色包括完全的公開透明或完全的私有化，依據需求而定。

二〇一〇年的海地大地震是一次可怕的災難，突顯了今日數位貨幣鮮為人知的缺點，據說大約有五億美元的美國紓困資金從美國紅十字會的帳號中消失，並以柯林頓基金會支出的名義出現。[586] 我先澄清一下，以上的陳述我並沒有把握哪部分是真實的，只是傳統媒體和部落格不斷重複提到這則消息，卻找不到消息來源，或許這就是問題所在。

到了二〇二〇年，公共實體根本沒理由不公開金流，加密貨幣本身就可以達成這點，不過位址卻是匿名的。假如美國紅十字會和其分支這類實體，將其身分和加密貨幣錢包位址連結，金流的問題就會迎刃而解，捐錢給美國紅十字會的人，可以看到捐款的紀錄以及最後的流向，如此便能解答究竟有多少錢是拿來發薪水給員工，海地的難民實際又拿到多少錢。

當然，加密貨幣目前並不是理想的貨幣形式，因為並不像法定貨幣一樣穩定和普及，不過有個受歡迎、卻尚未採用的概念稱為「中央銀行數位貨幣」（Central Bank Digital Currency，CBDC），也就是一種由政府在背後支持的中心化區塊鏈代幣。[587] 這個應用可以增進特定領域的公開透明，比如說政府的振興資金就能以更有效率的方式發放，必須在特定日期前花完，以達到最好的振興效果。稅金的用途也應該公開透明，想像你可以完整追蹤你繳的每一分錢的生命週期，這肯定會讓政府在支出方面更加謹慎。

在理想情況下，治理機制也會參與其中，中央銀行數位貨幣可以應用在稅收上，透過投票系統來決定稅金的用途，這會讓稅收變得更像民主制度，

而不是偷竊，每一分稅金的生命週期都可以完整追蹤，精細到部門層次以及最終的用途。此外，有關通貨膨脹的估計和貨幣供給的情況，也都能公開，這將讓一般人更了解貧富差距、國債、借貸導致的通貨膨脹等議題。

中央銀行數位貨幣都是中心化的，能夠擁有區塊鏈的某些酷炫資料庫特色，不過這些特色都不是強制的。如果公開特定貨幣的供給情況或稅金的用途，違反政府的利益，中心化區塊鏈就不會擁有公開透明的特色。去中心化區塊鏈和加密貨幣相當重要，因為這些特色都無法移除。

理想上，中央銀行數位貨幣將採用去中心化的架構和治理機制，但這要在不損害政府權力的情況下達成根本不可能，唯一的解決方式，就是在必須公開的事項上，採用非政府的加密貨幣。

理想化貨幣的實用版本，就是只當成網際網路貨幣使用。目前加密貨幣很難理解，而且都是由想要換成法定貨幣大賺一筆的投資者在炒作。如果Web3成功把網際網路去中心化，政府將失去管轄權，人們便會選擇網路原生的價值交換方式，這將成為使用者體驗的一部分，而加密貨幣和法定貨幣要像這樣共存應該沒問題。

傳染效應

本章的理想化案例，都是在現有公司和政府的脈絡下討論，但是Web3的世界並不會將其視為合適的對比，因為Web3建立的基礎是獨立於公司和政府之外的全新架構。雖然事實如此，但傳統的實體並不會消失，也一定會受到全球去中心化趨勢影響，對區塊鏈領域來說，要是認為全球經濟將砍掉重練，並忽略現存的權力架構，那絕對會帶來很大的傷害。相較之下，這應該是中心化和去中心化領域的基本教義派積極達成共識的場域才對。

大型實體改採區塊鏈解決方案的優點簡單明瞭，如果臉書和Google開

始找方法去中心化，其他科技公司也會跟隨腳步，如果蘋果開始製造可追溯的 iPhone 和 MacBook，其他硬體公司也會為了保持競爭力而被迫如法炮製。如果亞馬遜把線上服務都改成 dapp 和 DAO，就會因為增加信任而獲得更高的市占率，如果美國紅十字會公開金流，就會吸引更多捐款者投入慈善。如果美國對稅金採用投票和追蹤系統，就會得到世界各國的讚譽並群起效尤，或許對全球去中心化來說，最有效的催化劑就是從最大的實體展開。

另一方面，假如是由小型實體先從去中心化上得到好處，那也會對大型實體造成威脅，如果三星決定在手機中預先安裝 dapp，而非 Google 的軟體包，並以第一部區塊鏈裝置來行銷，那將大大影響科技巨頭的壟斷地位。如果有間社群媒體新創公司採用公開透明的邏輯、私密儲存、獎勵使用者的代幣經濟模式，最後也會對臉書使用者產生足夠吸引力。

我並不期待會有很多公司積極推動去中心化，因為這些改變代價高昂，也無法確保巨額回報，目前只有尚未證明自身實力的新創公司在嘗試這些可能性。再加上去中心化系統相對複雜，使得整體發展相當緩慢。但是隨著區塊鏈領域不斷成長，不只應該將其視為一次獨立的革命，也應該將其視為一種方式，能夠促使去中心化工具拓展到主流科技之中。

在這一切發生之前，Web3 也必須開始實現諸多承諾，在數千間區塊鏈新創公司之中，很可能只會有少數幾間成功打入主流市場，我們已經來到區塊鏈演進的轉捩點，不斷吹捧這種科技無窮的應用已不再具有建設性，這個瘋狂的實驗階段即將告終。思想領袖已經見識過許多實驗結果，現在是時候要為網際網路的信任層，挑選最適合的去中心化基礎了。

第 十 章

The Internet Computer

上一章的 Web3 理想版本科技巨頭純屬假設，Web3 唯一能實現的那一丁點可能，只有在科技巨頭停止壯大的情況下，才有可能達成。

本書所提的大多數解決方案，都是和功能有趣的特定區塊鏈有關，但沒有任何一個方案已經大規模實施，因為這類酷炫的應用比較像是一塊拼圖，拼好的完整圖像會是去中心化、值得信任、預設安全、保障個人隱私、對群體來說完全公開透明的區塊鏈網際網路。如果沒有完整的拼圖，個別的拼圖基本上毫無用處，而現在還沒有人成功拼好這塊拼圖。

和先前的世代相比，在速度、規模、治理、簡易性上升級的現代區塊鏈，將會是重要的拼圖，用來拼拼圖的膠水則是相容性，但現在還沒有人解決不同區塊鏈連結的問題，也可能根本不會解決。

本書花了很多篇幅探討 Web3，但始終以區塊鏈作為概念基礎。第一章概述了區塊鏈科技取代雲端的 Web3 願景，接著運用這個基礎架構的去中心化開發者工具，就會取代科技巨頭。本書就和我引用的實例文獻一樣，是以區塊鏈為概念基礎，來討論去中心化的運算革命。問題在於，這個酷炫的資料架構，其實和信任跟去中心化的網路運算沒什麼關係。

加密拼圖

以數據為中心的區塊鏈構想，牢牢箝制著加密世界，導致這看起來更像一次維護傳統的嘗試，而不是要促使典範轉移發生。真正的區塊鏈有天生的限制，區塊鏈狂熱分子則試圖把各種不同的標準，和一個老舊到仍然視為區塊鏈科技的架構結合，來克服這些限制。

本書不斷提倡要對抗科技巨頭的壟斷，而這樣的行動沒有犯錯的空間。二〇〇九年時，如果密碼學家要打造一個去中心化、獨立的貨幣系統，區塊鏈是最棒的架構選擇，但在二〇二一年，要打造一個去中心化、獨立的網際

網路，可沒人說區塊鏈還是最好的方式。今日的證據反倒指出，區塊鏈的效果適得其反。

數據科學公司 Flipside Crypto 專門研究加密貨幣計畫和其區塊鏈的內部情況，以了解背後的真相，這間公司以一個法則總結了他們的發現，稱為區塊鏈的「百分之零點一、百分之零點九、百分之九十九」法則：大約只有百分之零點一的區塊鏈，透過完全自由的去中心化網路，實現了中本聰的願景，百分之零點九還在試圖達成這個理想，而剩下百分之九十九，則是無可避免成為了企業，擁有員工、收入、需要負責的投資人。[588]

加密貨幣新創公司經常打造出原先亟欲脫離的環境，而且不會遭到批評，因為他們躲在現在已毫無意義的「區塊鏈」大旗之下，通往去中心化的道路是由虛偽鋪成的。

我有時候會想，要是中本聰從來沒有發明比特幣，這些反對體制的電腦技客現在會在哪裡？參與的人數一定會變得非常少，因為缺乏經濟回報，整個運動會變得死氣沉沉，但我也敢打賭，針對這些系統的錯誤資訊，一定會少很多。大部分的人應該不在乎，而在乎的人可能只會把去中心化網路當成先進電腦科學工具和加密協定的結合。

區塊鏈早已不再關乎區塊鏈，假如科技巨頭想要假裝很先進，他們大可在服務中加入私人區塊鏈和中心化的加密貨幣，這會讓他們的服務看起來就像真的區塊鏈，但實際上卻只是加劇網際網路壟斷的問題。區塊鏈是和電腦系統的去中心化、公開透明、隱私、開放、信任有關，誰在乎我們用什麼架構來達成這些特色？如果有不是區塊鏈的東西誕生，卻能提供同樣的特色，區塊鏈支持者最好摸摸鼻子認命。

比特幣區塊鏈獲得全世界的關注，這件事還是很棒，要萃取去中心化系統的價值非常困難，需要全世界共同努力改變科技巨頭或取代他們。在網際

網路去中心化上沒有太多計畫取得成功，但有一些走在正確的道路上，本章將會聚焦在一些 Web3 的基礎科技上，這些科技互有足夠的正當性，可以和科技巨頭一搏。

協定的演進

我們在第一章中討論過 OSI 和 TCP/IP 架構，這兩個當年彼此競爭的協定標準，後來變成了網際網路，而這兩個協定如何孕育網際網路的故事，便足以說明區塊鏈的發展軌跡。

一九八〇年代初期，OSI 是顯而易見的選擇，致力於開放性和完整性，但也複雜和笨重。只有企業才有本錢打造 OSI 網路，而 OSI 網路量身訂做的特性，使得每個網路設計都獨一無二，以進行不同的應用。

結果這類「開放」的網路其實很封閉，由於太過複雜，在母公司之外根本無法使用，也很難和其他系統連結。擁有一整組完全開放的網路基礎，理論上非常棒，但這項技術當時還不夠成熟，無法為大眾所用。

TCP/IP 則是比較簡單的架構，安裝完便能使用，而且任何人都可以用。這是電腦之間傳輸資料的模式，到了今天，你甚至只會在學習 TCP/IP 如何簡化 OSI 時，得知 OSI 的存在。現在所有網際網路服務的基礎或次要的協定，都是以 IP 架構打造。

OSI 試著提供所有人打造網路的基礎，TCP/IP 則是為市場留下了空間，讓所有人自行決定要使用哪種基礎，大概等同於今日科技巨頭的開發者工具。

在 OSI 和 TCP/IP 的競爭中，或是更廣泛來說，跟網路有關的一切，都有這個共通點：開放和去中心化的系統雖然好，卻更為複雜。

今日的區塊鏈就像 OSI：超級複雜，有很多酷炫的新概念和術語，描繪

著開放和完整的願景。工程師總是會興奮分享他們的協定和其他人有何技術差異，包括新的共識機制、區塊配置、系統漏洞等能讓電腦做一些酷炫事情的東西，只要潛在的支持者願意聽，他們就會不斷分享。但 OSI 和 Web3 的基礎設施，都無法朝一般使用者更進一步。

上述因素造成區塊鏈完全無法和科技巨頭在同樣的層次上競爭，雖然加密技術狂熱分子會覺得這沒什麼，但這個虛擬空間如果無法和傳統網際網路一樣免費又簡單，這一切又有何意義？

科幻大師亞瑟・C・克拉克（Arthur C. Clarke）曾說過：「任何先進的科技，都和魔法無異。」我把這句話加以延伸，我認為任何先進的科技要大規模應用，都必須和魔法無異。OSI 不是魔法，任何人想要在上面打造東西，都必須了解其運作原理，TCP/IP 對我們來說比較接近魔法，即便其以大多數網頁開發者都不了解的方式，移除了許多 OSI 的層次，TCP/IP 仍然能夠運作。二〇〇〇年代初期時，要打造一座網路需要擁有 TCP/IP 相關知識，但今日的私人平台已填補了所有空白，不管是要使用網際網路，或是在網際網路上打造東西，現在基本上都和魔法無異，只要知道如何使用科技巨頭的服務，就能在網際網路上做任何事，但是根本沒人知道科技巨頭是如何運作的。科技巨頭的服務，基本上和魔法無異。

對一般的局外人而言，區塊鏈也不是魔法。加密貨幣有很長的數位密鑰，絕對不能弄丟，而且大都只能透過陽春的網站存取，如果沒有背景知識，在交易時風險就很大，很容易迷失。此外，對新來的人來說，加密貨幣除了提供好賺的投資機會外，也沒什麼用處，因此會投入這個運動的人，都是對科技有興趣的人。

區塊鏈科技應該更像魔法，使用者不需要登入憑證就可以驗證身分，而且也不需要懂背後的原理，加密貨幣錢包也應該比銀行帳號更安全、更簡

易，不只是對密碼學家，而是對所有人都是如此。此外，在企業中運用區塊鏈，或是以區塊鏈創業，也應該和使用任何軟體即服務一樣，只要存在幾家大型的區塊鏈身分、錢包、軟體服務，這樣大家都能知道自己的選擇，而非有好幾千個類似的計畫，讓使用者出現選擇障礙。

我們需要另一個基礎協定，這和第一章提到的 Web3 不同，因為這個 Web3 是建立在區塊鏈上的，Web3 應該是網際網路上透過協定達成的一切。雖然「協定」這個詞看起來跟「區塊鏈」一樣模糊，但是由於不會出現一條專門給 Web3 的區塊鏈，也不會有方法可以連結所有區塊鏈，「協定」因而是最適合的詞彙。

但究竟什麼是協定呢？你可以把協定想成是各種控制電腦互動的規則，最基礎的協定，應該在使用者沒有察覺的情況下讓系統運作，區塊鏈和 Web3 的未來，依靠的就是少數幾個有能力創造這種協定的計畫。

區塊鏈中心（Blockchain Hubs）

區塊鏈科技的問題之一，就是目前的模式是為不同的商業構想打造新的區塊鏈，卻不重視相容性。用不相容的區塊鏈打造應用程式，是在重蹈 OSI 的覆轍。一個能夠解決區塊鏈相容性問題的協定，便是這個領域迫切需要的魔法解方。

擁有相容性的協定要能夠在區塊鏈平台上應用，一定要非常安全、去中心化、快速、易於擴張，而且能夠支持和科技巨頭的應用程式一樣野心勃勃的計畫。本書已討論過擁有上述特色的區塊鏈，但沒有一個能夠解決相容性問題。因此，我們接下來將會聚焦討論其中兩個計畫的相容性，這兩個計畫正試圖結合區塊鏈應該具備的所有特色。

Cosmos 和 Polkadot 是目前在處理相容性問題上、規模最大的兩個區塊

鏈計畫，兩者都是極度先進的區塊鏈基礎設施，現在就能用來打造區塊鏈版本的科技巨頭服務。不過本章只會聚焦在他們如何整合整個區塊鏈和加密貨幣世界，這種區塊鏈中心的模式，可以讓擁有特定功能的區塊鏈和其他區塊鏈連結，在本章討論的脈絡中，中心（hub）指的就是這類區塊鏈。

Cosmos

區塊鏈基礎設施平台 Cosmos 由 Interchain 基金會開發，宗旨是簡化個人及企業打造客製化區塊鏈的過程，區塊鏈從完全私有到完全公共都有，運用預先寫好、隨插即用的程式碼包，來達成各種不同的區塊鏈特色。和許多頂尖的區塊鏈基礎設施相同，Cosmos 的目的是要讓開發者和企業家專注在應用程式上，和區塊鏈有關的部分則是可以自動化完成。不過這些都不是 Cosmos 首創的特色，Cosmos 的雄心壯志是要以「跨鏈通訊協議」（Inter-Blockchain Communication Protocol，IBC）連結所有的區塊鏈，包括 Cosmos 自己的和其他區塊鏈。

Cosmos 自己的區塊鏈，無論用途和目的為何都彼此相容，但是 Cosmos 的標準不夠普及，並不是所有人都用其打造區塊鏈，這就是為什麼需要 IBC，理論上來說，任何具有自主權、快速終結性的區塊鏈，都能和 IBC 相容。[589]

IBC 便是透過區塊鏈中心來達成這點，也就是專門的區塊鏈，能夠在區塊鏈之間傳送編碼邏輯和加密證明，進而達成互動。最終將造就 Cosmos 所謂的區塊鏈網際網路（Internet of Blockchains），這聽起來是相容性的完美解方，但是就像宣稱能夠解決所有問題的協定一樣，仍有其缺點。

IBC 並不是同時適用所有區塊鏈的簡易協定，而是透過複雜的加密方式，暫時把不同的區塊鏈連結在一起，一次還只能連結一條區塊鏈。IBC 同

時也還在初期開發階段，還沒公開應用過，據說第一個成功的應用，便是 Zcash 幣，這是一種私有代幣，很快就能在 Cosmos 的區塊鏈上使用。

代碼為 ZEC 的 Zcash 是個很好的範例，可以解釋整個過程如何運作，如果有人轉了十 ZEC 到 Cosmos，這些 ZEC 其實並不是真的存在於 Cosmos 上。IBC 會創造一個加密的證明或承諾，表示這十 ZEC 已經在 Zcash 區塊鏈上遭到凍結，並另外鑄造新的加密貨幣，代表這十 ZEC 能夠在 Cosmos 上使用。[590]

這個方式有幾個問題，例如讓資產從原生的區塊鏈上脫離，將會帶來更多無法解決的問題。目前在去中心化金融領域，製造其他加密貨幣的數位代表日趨普及，特別是比特幣和以太幣，這表示比特幣和以太幣代表的交易能夠在其他區塊鏈上進行，但卻造成真正的區塊鏈效能降低。假如我們可以在 Cosmos 區塊鏈上使用 ZEC，那要 Zcash 區塊鏈幹嘛？

隨著更多區塊鏈加入，技術漏洞也會日趨嚴重，假如 IBC 連結了萊特幣（Litecoin）和 Zcash，而 ZEC 的數位代表開始在萊特幣區塊鏈上出現，ZEC 本身的資安就和 Zcash 區塊鏈、Cosmos 的區塊鏈中心、萊特幣區塊鏈、所有連結的協定綁在一起。如果其中一個出事，所有人都會受到影響。

IBC 的規模擴大，對開發者和使用者來說，情況會日趨複雜。相容性應用是從加密貨幣開始，這或許還算容易，但是要在許多區塊鏈上複製智能合約卻更費事。相容性的重要功能，便是能夠在不同的區塊鏈平台間，無縫擴大應用程式的規模，雖然理論上來說，IBC 可以達成這點，但是即便花上好幾年的時間，仍然不可能達到 Web3 理想中的簡易性。

如果單純當成打造簡易區塊鏈的基礎，Cosmos 可說和其他頂尖平台並駕齊驅，Cosmos 生態系統的跨鏈相容性也很棒，問題在於並不是所有區塊鏈都會在 Cosmos 上運作。

在本章介紹的所有相容性解決方案中，Cosmos 是最開放、相容性也最高的。所有人都能在上面打造東西，所有連結到 IBC 的區塊鏈也都擁有完全自主權，可以控制自己的共識機制和治理機制。用來打造 Cosmos 區塊鏈的模組和工具所有人都能使用，社群也能製造出各種工具，永遠都用不完。IBC 也沒有強迫其他區塊鏈，要遵守和 Cosmos 區塊鏈相同的原則或設下限制。Cosmos 生態系統即使無法整合整個區塊鏈世界，仍然會扮演重要角色。

IBC 的願景很吸引人，但沒有足夠的證據顯示有可能實現，正是對開放和去中心化的無止盡追求，使得理想的 IBC 協定幾乎不可能成功。

Polkadot

Web3 基金會的 Polkadot 是一個區塊鏈基礎設施平台，由以太坊的共同創辦人蓋文 · 伍德（Gavin Wood）打造，來解決現今區塊鏈的規模和相容性問題，整個平台由一條擁有自身共識及治理機制、稱為「傳送鏈」（relay chain）的區塊鏈展開。功能有點類似上述的區塊鏈中心，負責連結區塊鏈，但是方法和 Cosmos 的區塊鏈中心不同，從傳送鏈開始，人們可以在網路稱為平行鏈（parachain）的地方，打造自己的區塊鏈，全都共享傳送鏈的資安。Polkadot 目前可以容納大約一百條平行鏈，未來的版本可以讓平行鏈變成傳送鏈，最後讓整個網路容納無限多條區塊鏈，任何網路參與者都能打造平行鏈，並從和以太坊區塊鏈一樣廣泛的功能受益，不同的是，所有鏈段都能透過傳送鏈，和其他鏈段完全相容。這就是 Polkadot。

平行鏈間的相容是相對順暢的，基本上就是平行的區塊鏈，因為其區塊鏈的基礎部分透過傳送鏈和其他平行鏈共享，[591] 由於基本構成相同，訊息和智能合約的執行情況可以直接在各條區塊鏈之間傳遞，不再需要透過密鑰進行。

　　隨著網路擴張，目前無法確定相容性是否能夠維持安全及便利，訊息是透過傳送鏈在平行鏈之間傳遞，隨著平行鏈成為傳送鏈，將形成樹狀結構，而兩條互動的平行鏈處在結構的哪個位置，也將影響會有多少訊息流經。我撰寫本段時，Polkadot 還沒打造出任何二階傳送鏈，這為充滿數千條 Polkadot 平行鏈的未來，留下了一些問題，像是主傳送鏈能夠應付所有要求嗎？平行鏈在交易時如何信任其他二階傳送鏈的資安？正式的交易時間戳記又會在哪條鏈上產生？對使用者和開發者來說會造成什麼影響？幸運的是，對 Polkadot 計畫來說，還要很久之後才會需要回答這些問題。

　　Polkadot 和其他區塊鏈的相容性甚至更難達成，計畫是要打造「橋樑」通往其他大型區塊鏈，例如比特幣和以太坊，目前針對打造這些橋樑，已經出現了一些提案，[592] 但我們還不清楚在產品開發的過程中，細節將如何改變，又要花上多久時間。有許多計畫都在試圖打造和橋樑類似的相容性解決方案，但目前看來都不太可能成功，由於 Polkadot 初期的目標便是要支援以太坊，使其設計概念和以太坊相同，假如真的有人有能力打造以太坊橋樑，那就是 Polkadot 了。

　　Polkadot 和傳統系統之間的相容性，也不是新鮮事，就連最先進的 Web3 平台都無法倖免的批評，便是一般的網際網路服務，包括科技巨頭提供的大部分服務，其實都不需要傳統的區塊鏈。最後，Polkadot 將和其他網站和應用程式無異，從區塊鏈向非區塊鏈世界傳送數據時，將使用任何用得上的 Oracle 標準。

　　Polkadot 並非試圖要打倒科技巨頭，因為其網路維護節點仍是在雲端上運作，目前我們還不清楚大部分的節點是在哪邊運作，但是要加入 Polkadot 網路的標準程序，便是要先設立一個虛擬私人伺服器（不是你的硬體），這就產生了中心化的疑慮，[593] 而且在某些案例中，還會運用科技巨頭的雲端，

例如微軟的 Azure。[594] 這和 Web3 的目標正好背道而馳，因為這不僅讓科技巨頭有辦法攻擊 Polkadot，也會讓科技巨頭隨著整個網路加入數千條以雲端為基礎的平行鏈，獲得大量的利益和權力。

Polkadot 是區塊鏈世界中創新的一步，其規模、簡潔、實用性、功能、普及程度，在許多層面上都超越了 Cosmos，Polkadot 是一個完全開源的計畫，但這並不代表其本身是開放的。Polkadot 是刻意設計成不像 Cosmos 那麼開放的，因為 Polkadot 不能連結不具有自主權的區塊鏈，[595] 如果你想打造一條平行鏈，就不能挑選無法在 Polkadot 網路中運作的共識機制和區塊鏈特色，平行鏈必須和傳送鏈共享資安，也需要為資安付出代價。相較之下，如果你想和 IBC 相容，可以用任何規則和安全標準來打造區塊鏈。理論上來說，IBC 應該可以和 Polkadot 連結，Polkadot 也保證能支援 IBC，但是兩者之間要建立有用的連結，目前看起來根本是幻想。

雖然 Polkadot 以去中心化的方式確保傳送鏈的資安，但這仍然是由一條區塊鏈控制所有平行鏈，從這個角度看來，Polkadot 其實是透過中心化的手段，來實現便利的區塊鏈相容性。

消逝的相容性願景

還有很多致力於相容性的知名計畫，本章沒有討論到，包括 Interledger、Cardano、ICON，去中心化金融領域也正在開發相容性，以讓加密貨幣支付及交易無遠弗屆，但是和我們見識過的 Web3 解決方案相比，沒有一個算得上是激進的改變。另一個日趨普遍的選項，則是所謂的第二層協定，也就是把某個應用程式一小部分的邏輯放到區塊鏈上，其他則是同樣放在傳統基礎設施中，這個辦法雖然解決了現今區塊鏈的限制，但是在削弱科技巨頭影響力這個目標上，仍然只是在逃避不想面對。就我

所知，目前還沒有提案成功提出開創性的方式連結所有區塊鏈，而且未來可能也不會有。

　　資通訊科技的創新總是會遇到同樣的問題，你可以在區塊鏈和 Web2 領域間發現許多相似之處。臉書本身就和自己完全「相容」，因為你可以檢視並和其他臉書頁面互動，臉書也和其他平台多少相容，因為你可以在 LinkedIn 上貼臉書連結，或是在臉書上貼 LinkedIn 連結，你也可以透過 Google 搜尋找到臉書，並透過臉書的應用程式介面，和其他應用程式互動。

　　網際網路便是由這些大型平台組成，平台則使用酷炫的工具來達成相容性，我們不會覺得現今的網際網路缺少相容性，這其實和某些理論上的區塊鏈網際網路差不多。只是因為去中心化系統總是比中心化系統還要複雜許多，其相容性解決方案也會比較複雜。

　　網際網路上的傳統系統相容性看似順暢，是因為背後只有少數幾間公司在控制，其實大多數只是平台內部的相容性。假如每個人都使用數千種不同的應用程式商店、瀏覽器、電郵帳號、搜尋引擎、串流服務，要在網際網路上做任何平常在做的事都會困難重重。Web3 也是以一樣的方式運作，因此也必須跟隨傳統網際網路的腳步，選擇少數幾個大贏家。

　　有些人可能會抗拒這個想法：只有少數幾個基礎設施平台可以在 Web3 成功。第三章便顯示了依據帕雷托分布，這是無法避免的自然發展。但這一次更重要也更美妙之處，在於贏家有史以來第一次可以是公共的，就像科技巨頭是由數億個使用者共同擁有和管理，而且只為使用者的利益存在一樣。假如抗拒少數贏家崛起的人，能夠努力確保這些贏家將會把去中心化當成核心價值上，那 Web3 就會變得更好。

組合性而非相容性

　　Web3 需要一個能夠連結區塊鏈的協定，或是所有人都同意使用同一個區塊鏈協定，前者其實不太可能，特別是如果我們講的是連結所有區塊鏈，而不是少數幾條而已，後者的代價則是會受到單一協定的特色及功能限制。組合性的設計理念，能夠為系統提供最多建造基礎，同時又存在於同一個相容的系統中，這便是 Polkadot 的目標，但如果組合性是 Web3 的趨勢，最大的計畫便會獲勝，也就是以太坊。

　　以太坊在區塊鏈、代幣、去中心化應用程式的發展上，遠遠超過其他計畫，由於以太坊擁有最多使用者和開發者，如果你在其他地方打造應用程式，將會自外於世界最大的去中心化生態系統。此外，除了幾個邏輯上的問題，以太坊也擁有最多特色和功能，以太坊的願景是要變成世界的電腦，但他們能夠憑一己之力打造 Web3 嗎？

　　現在說這些都還太早，以太坊區塊鏈目前仍然效率不佳，就連最簡單的交易都要花上好幾美元的燃料。要使用去中心化應用程式，運算的成本高昂，而以太坊的規模一直無法擴大，正是因為所有交易都必須在所有節點複製一遍。這是個大問題，隨著規模變大，整個網路的速度也會減慢，在以太坊剛開始開發時，對所有區塊鏈來說，無法擴大規模都是個問題，因為標準的程序是透過效率低落的方式，來達成前所未見的資安。

　　此外，要在以太坊區塊鏈上安全撰寫程式也很困難，而程式錯誤可能會造成數百萬美元的損失。史丹佛大學的教授丹 • 波奈（Dan Boneh）便在課堂上完美展示了這點，他開設的課程中，期末考都會出一題用以太坊的 Solidity 語言撰寫的程式，學生必須從中找出五個錯誤，而每年學生都能找到十個。[596] 今日的以太坊在資安上也不是最完美的，雖然不只以太坊面臨這個問題，但如果他們想要成為 Web3 能夠依靠的計畫，就必須再提升資安

層級以對抗量子電腦。

以太坊仍然需要大幅度調整，不過他們現在可以從初期發展的解決方案中，挑選最棒的一個，以太坊二・〇將是這個網路的下一個版本，預計將提升簡易性、資安（防禦量子電腦）、參與度（離開雲端來到個人電腦）、速度、整體性能，[597] 這很可能是區塊鏈世界一直在等待的，不過至少要到二〇二二年才會上線。

以太坊二・〇將分成三個階段，信標鏈（Beacon Chain）、分片鏈（shard chains）、對接（docking）。[598] 信標鏈將把共識機制由工作量證明轉為權益證明，會更有效率，也能擴大規模，分片則是會把以太坊區塊鏈分成六十四條彼此連結的區塊鏈，稱為「分片鏈」。目的便是要切割區塊鏈的資料庫，讓參與者不需要儲存那麼多數據，不過這並不會切割程式碼的執行，程式碼仍然會在目前的以太坊區塊鏈上運作，只是到時候這條區塊鏈已成為六十四條分片鏈的其中一條。[599]

信標鏈對分片鏈來說很重要，因為負責協調互動，並會以可驗證的隨機功能來選擇分片鏈的認證方。[600] 這個隨機性對保障權益證明的共識機制非常重要，因為要是沒人可以預測誰會負責認證哪個分片，就很難出現大規模的攻擊。現在使用的以太坊，在對接階段來到之前，並不會經歷任何改變，也就是以太坊的主網連結到信標鏈，並成為六十四條分片鏈的其中一條。

以太坊二・〇仍然存在許多不確定性，眾說紛紜，針對運作成果、要花多久時間執行，都尚未達成共識，甚至你去問不同人，計畫的細節也都不一樣，而且目前沒有方式可以加快運算速度，就算是變成分片鏈也一樣。

主要有兩派說法，有一派認為整個區塊鏈空間都是圍繞以太坊打造，某些世界上最聰明的人一定會想辦法讓這成功，隨著時間經過，以太坊的創新也一定會最多，因為其組合性最高，歷史也最悠久，沒有人可以超越。

另一派則認為以太坊是歷史上的重要科技，卻無法與時俱進，就像要用每個人湊合打造的一片片創新基礎，來展開數位革命一樣，這個基礎不夠好，現在的問題在於，要如何拼湊這些碎片，並搭配一個與時俱進的核心。無論如何，依靠單一區塊鏈是有問題的，因為這條區塊鏈將成為 Web3 的單點故障。

以太坊致力於開放和去中心化，諷刺的是，這也影響了其應用性，沒錯，任何人都可以在以太坊上打造應用程式，但這不便宜，也不簡單。如果開發者想要轉移到小型的區塊鏈基礎設施平台，就必須承擔損失。

本章討論的所有平台，都不是能為網際網路上的一切，帶來區塊鏈層級信任的基礎協定。但本書至少會介紹一個可行的協定，不是完全理論性的，也不會帶來毀滅性的代價，而我也只有找到這麼一個協定，能夠讓區塊鏈領域和科技巨頭並駕齊驅。

DFINITY 和 Internet Computer

（事先聲明：考量到目前的規模和普及度，DFINITY 在本章其實佔據過多篇幅。基本上，在結合區塊鏈原則和傳統網際網路，以及對抗科技巨頭上，我認為 DFINITY 的解決方案會是最好的選擇。不過我也可能有偏見，因為和其他計畫相比，我花了很多時間研究 DFINITY，也積極參與這個社群，但是我和 DFINITY 基金會及相關組織沒有任何關係，也沒有收取任何形式的利益。）

很難在不危害 Internet Computer 願景的情況下，展開本節的討論，因為在我撰寫本書時，DFINITY 仍相當保護其商業機密，而且其複雜程度也遠超過我接觸過的新創公司。也就是說，我對 Internet Computer 計畫的了解，僅止於大眾了解的部分，可能派不上用場，也不會對整體情況造成影響，

我稍後會再討論 DFINITY 選擇保密的理由。總之，有鑑於此，本章只能提供一些概覽。

DFINITY 基金會是位在瑞士蘇黎世的非營利組織，負責監督矽谷、舊金山、東京、蘇黎世等地的研究中心，以及在世界各地遠距工作的團隊。其宗旨便是要打造 Internet Computer，進而將網際網路的功能，從一個透過 TCP/IP 協定連結數十億人的網路，擴展成一個公共的運算平台，能夠透過 Internet Computer 協定，也就是 ICP，造福數百萬名開發者和企業家。

> Internet Computer 是一個強大的公共區塊鏈網路，可以運行大量的開放網際網路服務、泛產業平台、去中心化金融系統、安全的企業系統、網站、智能合約中的人類軟體邏輯和數據。Internet Computer 是由世界各地的獨立數據中心組成，並以 Internet Computer 協定，也就是 ICP 運行。[601]

上述這段文字，描述了將今日的公共網際網路，變成第一台以網頁速度運行、容量無限的區塊鏈電腦，這無疑是本書討論的新創公司願景中最具野心的一個，基本上就是要完全在科技巨頭的管轄之外，打造一個更先進、去中心化的網路。假設沒有其他單一區塊鏈計畫可以和科技巨頭一搏，本書最重要的部分，就是描繪科技巨頭和 Internet Computer 之間的大戰。

下一節會是 Internet Computer 的簡介，本章其餘的部分則是會回到科技巨頭和 Internet Computer 的大戰。

鏈鑰技術（Chain Key Technology）

不像傳統的區塊鏈計畫只想打造更快更可靠的共識機制，DFINITY 為 Internet Computer 發明了「鏈鑰技術」，所有人都能透過簡易、類似公鑰的「鏈鑰」來驗證，不需要下載交易區塊就能驗證互動。

鏈鑰技術結合了多種電腦科學的突破，包括隨機信標（Random Beacon）、機率位置共識（Probabilistic Slot Consensus）、先進的共識機制（Advanced Consensus Mechanism）、神經網路系統（Network Nervous System）、子網路（subnet）等，使得 Internet Computer 能夠成為第一台以網頁速度運行、容量無限的區塊鏈電腦。

鏈鑰技術使 Internet Computer 可以在一到兩秒間完成更改智能合約狀態的交易，例如更新儲存在網路空間中的數據等，和比特幣及以太坊相比，這已是很大的改善，但仍然不足以讓區塊鏈開發者打造擁有競爭力的使用者體驗，因為回應的時間必須是以毫秒為單位。因此，Internet Computer 將智能合約的功能執行分為兩類：更新要求和查詢要求，更新要求就是我們熟悉的功能，要花一到兩秒才能完成，查詢要求則是以不同方式進行，因為狀態的更改（例如開發者 WebAssembly 容器的記憶體頁面）會在執行後作廢，這將使查詢要求「幾乎」能在幾毫秒內完成。

舉例來說，假如 Internet Computer 上有一個開放版的 Reddit，使用者瀏覽論壇時，查詢要求會負責產生客製化的網頁內容，並把內容傳到使用者的瀏覽器上，這個功能是在鄰近的節點執行，只要花幾毫秒，將提升使用者體驗。但是如果使用者偶爾想要貼個文，或是花代幣贊助某篇貼文的作者，就會需要用到更新要求，這會花上一到兩秒，算是可以接受的延遲，同時也能透過優化執行程序隱藏，也就是預設信用卡能夠使用的一鍵支付。

容量

Internet Computer 在無限的儲存和運算容量上擁有無窮潛力，能夠隨著網路的需求擴張，這對區塊鏈來說前所未聞。Internet Computer 透過加入新的節點機器，持續擴張運算容量，使其永遠不會耗盡，還能讓執行智能

合約需要消耗的資源價格，非常接近提供資源的硬體成本。這個方式和傳統區塊鏈大不相同，傳統區塊鏈用於智能合約的運算容量是有限的，無論網路加入多少額外的硬體都是如此，而有限的容量必須從「交易費市場」競標取得——以太坊上的交易要花上數十塊美金才能執行，而 Internet Computer 的類似運算只需要花幾毛錢，這就是原因所在。

因為 Internet Computer 運算成本幾乎維持固定，使得管理執行系統和服務所需的資源更容易，也更能預測營運成本。不過以固定的成本提供運算資源只是一部分，未來在 Internet Computer 上，智能合約的循環（cycles）必須預先收費才能提供燃料，在消耗運算資源的同時就進行支付。這代表循環也必須擁有固定的價值，智能合約中的循環數量才能預測合約有能力支付的運算資源上限。

這點完美解釋了 DFINITY 正在做的事，乍看之下很像我們熟悉的網際網路服務運算平台，但內部使用的科技卻完全不同，這便是能和科技巨頭一搏的設計，對手並不是其他區塊鏈新創公司。為何不是所有區塊鏈計畫都能夠在不讓區塊鏈膨脹的情況下，打造簡單的去中心化網際網路服務呢？

在第一章的 Web3 架構中，位在最下層的是數據結構，往上則是開發者工具，傳統的網際網路功能，是透過在本機運行的程式碼運作，需要參照外部資料庫時，則是透過虛擬機器達成。大部分的 Web3 模式，都是把此處的資料庫換成區塊鏈，以便由下而上加入信任，問題在於，區塊鏈誕生十年後，針對酷炫的資料庫式區塊鏈，仍然還沒出現充滿效率的簡易標準。或許問題在於，Web3 理應是完全原創的，但卻複製了傳統網際網路的架構。

Internet Computer 把所有邏輯和數據存在「WebAssembly 容器」（WebAssembly Canisters）中，這是智能合約的進化版，而且 Internet Computer 能夠儲存無限多的容器和容器數據，這也是其具有革命性的原因

之一。另一個原因則是其運用軟體，例如網頁瀏覽器或是手機上的應用程式，來和容器直接互動，中間不需要中介者，這使得 Internet Computer 和以太坊這類傳統區塊鏈非常不同，在傳統區塊鏈中，網頁必須依賴伺服器才能運作，或是必須透過亞馬遜網路服務這類雲端服務才能打造使用者介面。Internet Computer 提供了一個端對端的解決方案，讓使用者可以打造任何東西，從傳統的網頁和企業系統，到去中心化金融、泛產業平台、大規模的開放網際網路服務等，而且不需要依賴傳統的資訊科技，你不需要私人雲端服務、資料庫、防火牆、內容傳遞網路等。

未來開發者只要使用和 WebAssembly 相容的程式語言，例如 Motoko、Rust、AssemblyScript 等，來撰寫抽象的邏輯，就能輕鬆打造東西，只要透過 Internet Computer，就能直接連上公共網際網路，進入網路空間。在十年內，公共網路空間就會擁有大量後端軟體和數據，開發者和使用者也能從傳統的資訊科技解放。

為了掌握這個方式的創新，我們需要一個應用實例，DFINITY 發布了一個開放版的抖音，叫做 CanCan，同樣擁有使用者和內容提供者的獎勵機制，而這整個應用程式的後端只用了不到一千行的程式碼，[602] [603] 抖音則是用了數百萬行。[604] 使用者和開發者所有的儲存和運算都只在容器內進行，也就是說完全在網路空間中，不需要資料庫，CanCan 影片儲存的位置，則是位於容器程式碼的參數之中。

所有的數據和運算都在當地伺服器中，並不是科技巨頭控制的伺服器農場，而是世界各地個人和小公司擁有的獨立數據中心，Internet Computer 是以 ICP 協定打造，比 TCP/IP 協定更好，並結合了特定機器的運算容量，任何人都能加入，這便是 Internet Computer 保持去中心化的方式。至於容器的儲存和運算費用，則是由開發者支付，而非使用者。

我們知道 Internet Computer 可以降低軟體開發成本，性能更好，DFINITY 在 Sodium 的發布活動中，只花了不到一秒就成功上傳好幾 GB 的數據，並用他們的臨時搜尋引擎 BigMap 找到了這些數據。這個例子顛覆了我們對區塊鏈的認知，不過可惜的是，我們現在還不清楚 Internet Computer 的數據架構如何儲存大量數據，同時又能維持快速的搜尋時間。

根據目前所知的資訊，Internet Computer 可說集連結串列、分散式雜湊表、二元搜尋樹（binary search trees）、布隆過濾器（bloom filter）之大成。[605] 先前為了和傳統資訊科技對照，我們將區塊鏈視為酷炫的資料庫，上方是開發者工具，但目前還沒有任何數據結構概念，可以拿來解釋 ICP 協定和容器模式。

簡易性

第一章時，我們討論了愛麗絲要成功打造一款應用程式，需要經歷的重重考驗，她不僅要擔心應用程式的邏輯，還必須處理許多傳統資訊科技，像是科技巨頭的雲端服務、資料庫系統、開放原始碼的分散式快取記憶體系統 memcached、檔案系統、防火牆、中介軟體、網域名稱系統服務、內容傳遞網路等，才能保持競爭力。從一九八〇年代起到二〇〇〇年代初，主流的網際網路服務都是以社群控制的開源協定打造，然而，由於 IP 的功能只有全球網路而非運算平台，從二〇〇〇年代中期起到現在，開源協定裡的信任已遭企業管理團隊的信任取代。

隨著 Google、推特、臉書等公司打造出勝過開源協定的軟體和服務，使用者也移動到這些更成熟的平台上，[606] 但這些平台的程式碼是私有的，而且其治理原則也可能在一念之間改變。ICP 則是以 IP 為基礎，將公共網際網路的功能，延伸到去中心化的運算平台，用來取代傳統的資訊科技架

構，這代表資料庫、中介軟體、REST 應用程式介面、負載平衡器、防火牆、內容傳遞網路、瀏覽器擴充元件、使用者名稱、密碼、網頁伺服器都將會消失。[607] Internet Computer 的架構完全不需要包含這些東西，這表示愛麗絲也不需要擔心這些事，她只需要用任何和 WebAssembly 相容的程式語言撰寫程式，並透過 ICP 把她的容器直接放到公共網際網路上就可以了。

想要打造開放網際網路服務的開發者，可以不費吹灰之力就達成目標，首先就是撰寫應用程式，只要使用任何和 WebAssembly 相容的程式語言即可，WebAssembly 本身便是一個成長中的全球標準，能夠連結不同的程式語言。目前相容的程式語言包括 Rust、AssemblyScript，還有由 WebAssembly 的共同創造者安德里亞・羅斯堡（Andreas Rossberg）為 Internet Computer 打造的 Motoko，這是一個現代的程式語言，設計上能讓擁有 JavaScript、Rust、Swift、TypeScirpt、C#、Java 程式語言基礎的開發者快速上手，幫助開發者寫出更安全、更有效率、編譯速度更快，而且能和以其他程式語言撰寫的 WebAssembly 模組相容的程式碼，同時也能讓開發者透過數個容器撰寫一系列程式碼。

併入 WebAssembly 模組的程式碼，便能在 Internet Computer 的網路上發布，並和其他容器進行非同步溝通，最重要的是，Motoko 正是其中一個能夠協助 Internet Computer 取代今日傳統資訊科技架構的創新。最終，Motoko 將會針對 WebAssembly 和 Internet Computer 進行優化，變得更為簡易，並且不會出現其他程式語言，例如以太坊的 Solidity 中，常常出現的錯誤和漏洞。這段程式碼接著便會透過容器上傳到 Internet Computer 上，應用程式的容器也能從其他容器中獲得公共數據和功能，在某些情況下，就等同永久的使用者介面。支援應用程式的前端，也會是 Internet Computer 的預設功能，但在其他 Web3 應用程式中可完全不是這樣，比如以太坊的

dapp，一般就是使用亞馬遜網路服務來當成網頁的主機，這可說是 Web3 的大失敗，應該要永遠成為歷史。

對開發者來說，就是簡單的撰寫和發布程式，不需要額外步驟。你現在就可以去學 Motoko，開始打造開放網際網路服務，只要在治理機制允許的範圍之內，就不需額外允許，也沒有排他性、平台風險、審查。

又是治理

如同我們在第五章討論的，Internet Computer 的治理機制非常先進，可惜的是，所有公開的資訊仍然僅限於 DFINITY 的創辦人暨首席科學家，多明尼克 ‧ 威廉斯（Dominic Williams）撰寫的幾篇過時的部落格文章。Internet Computer 的治理機制預期將和主要概念一同發布，實際的執行情況則要等到代幣發行才會揭曉，不過從理論上來說，很有可能演變成類似上一章討論的理想治理機制。

Internet Computer 的治理機制，將會完全顛覆新時代網際網路的規則，使其成為流動式民主，這將會是一個大規模的實驗，能夠比較開放式網際網路的去中心化治理，以及由少數幾家大型壟斷企業掌控的封閉式網際網路，有何異同。因為我們現在早已深知的理由，讓這件事成功可說非常重要。

在性能、資安、容量、簡易性、治理上，Internet Computer 都是目前看到最棒的 Web3 解決方案，可能是我們一直以來等待的魔法協定，看起來很簡單，實際上卻很複雜，使其與魔法無異。問題在於這樣的協定，目前仍然只由創造者的三言兩語背書，沒有公開任何原始程式碼，現在的願景都是根據 DFINITY 團隊的信用和名聲而產生，在打敗科技巨頭的路上，還可能出現很多意料之外的問題。

Internet Computer VS 科技巨頭

現在還很難預測科技巨頭和 Web3 之間的大戰鹿死誰手，特別是因為 Web3 是個定義不明的詞彙，如果我們先假設 Internet Computer 是 Web3 典範的完美體現，就能提供更實際的參照。

本書囊括了許多和網路議題相關的觀點，從早期的加密龐克到科技巨頭等，但是如果這些觀點沒辦法幫助我們理解當下，形塑未來，一切都只是空談，本節將會討論未來的兩種可能發展。

假如 Internet Computer 獲勝

不管技術聽起來多麼先進，又擁有多少特色，區塊鏈基礎設施如果想要達到大規模應用的階段，就需要相容性或組合性，我們已經了解為什麼以太坊、Polkadot、Cosmos 這類計畫會失敗了。

DFINITY 為區塊鏈世界提出了最棒的提案，以太坊的組合性因規模問題受限，Polkadot 和 Cosmos 又因擁有太多區塊鏈，無法達成相容性，而 Internet Computer 可說是集兩者之大成。既然 Internet Computer 可以在容器中運行以太坊的智能合約邏輯和前端，為什麼不乾脆把以太坊當成去中心化金融的遺跡，把所有資源密集的部分移到 Internet Computer 上？本來就在 Internet Computer 上打造應用程式的開發者，將會擁有相容的**子網路**，這在概念上和 Polkadot 的平行鏈類似，而和外部區塊鏈的相容性，也可以透過 Cosmos 願景中的橋樑，保留給最棒的區塊鏈。相容性和組合性不再是魚與熊掌不可兼得，現在兩者都能兼顧。

不過相容性的部分仍需與時俱進，很可能會和日後的產業標準一起發展，組合性是現階段比較可行的目標，但也讓大家想破了頭，單一區塊鏈計畫該如何達成像以太坊那麼大的網路效應呢？就算真的達成了，如何才能達

到可以和科技巨頭一搏的程度？

今日的區塊鏈發展仍然受限，如果你是以太坊的 dapp 開發者，你的任務就是要運用一堆電腦科學的技巧，來減少上傳到區塊鏈的數據量，但這將會扼殺創意，因為重點在於透過加入區塊鏈，用複雜的方式完成簡單的任務。而 DFINITY 的目標則是透過去中心化運算架構的協助，把複雜的任務變簡單。

為什麼所有的創新，最後都會變成類似 Internet Computer ？從企業家的角度加以檢視就能了解原因，假設你是個企業家，你並不贊同 Uber 這間公司從司機和乘客身上獲得數十億美元的利益，只是因為他們擁有那款應用程式。現在我們來看看，如果你想打造一個更開放、能夠取代 Uber 的應用程式，有哪些選項。

首先便是透過傳統的途徑：打造一個應用程式、找雲端當主機、能夠從主流的應用程式商店下載、擁有和傳統金融科技連結的支付方式，整個開發過程所費不貲，因為確保資安和平台的主機，就需要花上一筆錢。你至少還會需要一個優質的開發團隊、法律團隊、行銷團隊，根本不可能提供使用者和駕駛便宜的服務，因為營運的成本太高了。下一步則是籌錢，但現階段這也不可能，沒有創投公司會想跟你說話，光憑低廉的價格和良善的動機，想要透過私人基礎設施來和大企業對著幹，根本是自尋死路。

好，所以透過傳統途徑打造應用程式的成功率是零，我們繼續看下去。

除非出現一個不需透過網際網路的方式，否則唯一的基礎設施替代方案，就是 Web3。你一開始可能會想在以太坊上打造一個去中心化版的 Uber，或說「Duber」好了，但和傳統的資訊科技選項相比，現在的開發程序變得超級複雜，你會需要一個優質的區塊鏈及網頁開發者團隊。而在募資部分，你可以在提供使用者和駕駛治理權和特權的平台上發行代幣，但

Duber 的特色只會留下一點點，不然就會需要大量的運算資源。等你終於打造出 Duber 後，可能根本不會有人想用，因為交易的手續費可能比搭車本身還貴，就算 Duber 大獲成功，整個以太坊 dapp 網路也會因此塞車，交易成本也會飆漲，用以太坊打造 Duber 或是任何能夠吸引數百萬名使用者的 dapp，都會對整個生態系統造成嚴重損害。

那麼改用其他 Web3 基礎設施呢？如果換成 Polkadot、Cosmos，或其他的 dapp 開發平台呢？你深知 Duber 根本不需要用到區塊鏈技術，硬要加上區塊鏈只會讓一切變得更難，但是你別無選擇，只能這麼做。這是個複雜的過程，但如果你按照上述在以太坊上打造的過程，並選擇正確的基礎設施架構，就會得到一個速度更慢、和成本息息相關的複雜版 Duber。

接著還有如何普及的問題，有點像是第一章的愛麗絲在一九九〇年代遭遇的困境，基礎設施可以打造出很棒的應用程式，但平台本身如果不夠普及，根本沒人會知道 Duber 的存在。只有擁有該基礎設施區塊鏈身分、知道如何購買和交易代幣、熟悉使用開發初期 dapp 缺點的人能夠使用，等於直接失去了百分之九十九的市場。這又回到組合性的迫切需求，而目前只有以太坊能夠提供組合性。

目前為止，你的 Duber 構想還有整個 Web3 領域的未來，看起來都一片黯淡，過去這些年，我曾多次在學術文獻中讀到這個 Duber 構想，業界領袖也不斷提及，但從來沒有人成功達成過。人們理所當然想知道，為何區塊鏈科技已經出現超過十年，卻還是沒有任何應用，而 Duber 的例子就說明了一切：企業家仍然沒有正確的工具。這沒什麼問題，而且也沒有跡象顯示區塊鏈領域的創新已陷入停滯，只是在出現複雜的典範轉移之前，需要無數次失敗嘗試。當作複習，我們接著來檢視 Duber 一開始**確實**需要的區塊鏈特色。

　　一開始的目的是要打造一個更便宜的 Uber，收取較低的費用，並提供乘客和駕駛一部分的平台所有權，為了達成這個目的，平台本身必須是去中心化、安全的，這樣乘客和駕駛才會彼此信任。平台也需要用來治理的代幣、可能的支付媒介、早期使用者的獎勵系統、資金，這些特色就夠組成一個足以打敗 Uber 的穩健策略了。你只要知道，透過 Internet Computer 能夠達成上述這些區塊鏈特色，卻不用擔心區塊鏈的缺點，就可以繼續進行了。

　　由於你本身程式寫得不錯，而且在 Internet Computer 上打造程式也相對簡單，你可以自己打造概念驗證，這是一個測試版的 Uber 複製品，沒有其他花俏的功能。由於你選擇 ICP 當成架構，使用者只要在瀏覽器中就可以搜尋到 Duber，不需要密鑰或代幣，下一步則是鑄造一百萬枚 Duber 治理代幣，在公開市場上販售募資，接著請一些員工來繼續開發平台，並開始招募駕駛和乘客，初期的駕駛和乘客能夠免費獲得 Duber 代幣當成參與的獎勵，這樣他們就擁有了 Duber 的一部分。你也可以從乘客支付的費用中，抽取一點點來維護 Duber 的運算和治理機制，由於營運成本相對較低，乘客和駕駛雙方都能保有交易的完整性。

　　只要操作得宜，這個方式會讓第一批駕駛和乘客發財，接著所有人都會想搭 Duber 賺取額外的代幣。即便沒有這個動機，低廉的營運成本和擺脫企業的貪婪，都會讓 Duber 變成比 Uber 更棒的經濟模式。根據目前 Uber 的產值判斷，其中的商機大約有一千億美元。

　　接著就會一發不可收拾，所有壟斷數位平台而大量獲利的產業，都會面臨極大風險，開放版的 Fiverr、Airbnb、推特、Spotify，都會擁有同樣的機會。這些只是單純的模仿，等到最終創新的開放網際網路服務和泛產業平台出現，區塊鏈網際網路的真正潛力便會實現。

假如科技巨頭獲勝

根據我們目前對 Internet Computer 的了解，有個地方說不通，因為其經濟模式甚至沒辦法產生比 Polkadot 還高的價值，遑論科技巨頭的零頭。要是整個平台和代幣根本沒有發布，想想 ICP 的願景會有多空泛。根本沒有人，包括同業競爭者在內，會正視 Internet Computer，問題出在哪？

花了這麼多年尋找對抗科技巨頭暴政的方式，我有可能如此盲目，竟然只因相信一個美好的未來，就選擇一個吸引人的計畫當成解答嗎？現在我們就回到現實的層面，來討論一下可能會導致 DFINITY 失敗的因素。

現階段科技巨頭可能瞧不起 DFINITY，Internet Computer 也可能會是個完全的失敗，對社會大眾來說，Internet Computer 很可能會和 DFINITY 承諾的完全不同。截至二〇二一年一月，他們的公開發布已經延遲了兩年，而且還在持續延期，有關 Internet Computer 的功能或團隊進度的更新，也毫無消息。如此一來，社群對 DFINITY 的信任完全依賴團隊的三言兩語，而這正是幣圈最討厭的事。針對這點的反擊，則是 DFINITY 是由將近一百五十名世界頂尖密碼學家、分散式系統專家、程式語言專家組成的非營利組織，他們把自己珍貴的名聲賭在 Internet Computer 的成功上。

從更實際的角度來說，Internet Computer 最後可能不如想像中獨立或方便。照理說，所有 Internet Computer 上的開放網際網路服務，都不需要使用者名稱和密碼，不過目前也還不確定要用什麼區塊鏈身分來代替。我們甚至不知道要從哪裡連上 Internet Computer，會從某些入口提供 Internet Computer 的 dapp 商店嗎？Internet Computer 上的網頁會和一般網頁一樣方便存取嗎？打造這些網頁容易嗎？很可能會出現一個 dapp，讓使用者在不需程式語言相關知識的情況下，便能打造 Internet Computer 上的網頁。你能使用蘋果的 App Store 來找到這個 dapp，並用 Google 搜尋找到這些網

站嗎？如果可以，Internet Computer 就不是那麼獨立，如果不行，Internet Computer 就不會那麼方便。

或許這些限制都是可以接受的，Internet Computer 的典範轉移，是來自剝奪科技巨頭雲端服務和平台的權力，但這算是網際網路的典範轉移嗎？

我們來複習一下第三章的網際網路階層組織，裝置製造商控制瀏覽器和應用程式商店，瀏覽器控制插件和搜尋引擎，應用程式商店和搜尋引擎則是會影響網際網路服務的能見度。而 Internet Computer 的開放網際網路服務仍然處在整個階層組織的最下層，目前還不知道，有沒有能夠取代應用程式商店、搜尋引擎、瀏覽器的東西出現。

對 DFINITY 來說，很多不確定的因素都必須朝正確的方向發展，否則無法和科技巨頭競爭，開發者體驗必須和 DFINITY 基金會宣稱的一樣順暢和多元，最棒的科技企業家必須決定在 Internet Computer 打造他們的服務。運用 Internet Computer 特色，並經過高標準應用檢測的全新開放網際網路服務，必須易於使用，社群的支持必須夠強大，才能資助這些嘗試，使用者的支持也必須夠多，才能在沒有科技巨頭協助的情況下，促進網路效應。裡面有太多必須了。

假設 Internet Computer 真的跟 DFINITY 基金會宣稱的一樣，並成功克服了上述所有挑戰，想像一下開放網際網路服務和科技巨頭競爭的時代即將到來：有個「開放版臉書」，擁有超酷的代幣經濟，能夠說服使用者離開臉書，重新創立一個社群媒體帳號，還有一個由 Internet Computer 的網頁跟內部搜尋引擎組成的網路，讓大家不會再用 Google 搜尋上網。隨著 ICP 開始蠶食鯨吞科技巨頭的服務，科技巨頭又會如何反制？

科技巨頭能夠打造 Internet Computer 嗎？

選項之一就是科技巨頭打造自己的 Internet Computer，開始寫這本書時，我總是有個印象，認為這些小型 Web3 新創公司做出的任何東西，科技巨頭只要想要都能輕易複製。問到和科技巨頭的威脅相關問題時，沒有人有好答案，最接近事實的答案，便是科技巨頭根本不在乎 Web3 解決方案，因為這些方案大部分根本沒用，而且和企業的動機衝突。但是如果 Internet Computer 按照預期發展，這個藉口就不再能夠保護 Web3 遠離科技巨頭的魔掌了。

針對這點，DFINITY 的創辦人多明尼克・威廉斯曾和我有過短暫的討論，為了不再得到我習以為常的無用答案，我開始逼問他所有細節，絲毫不留餘地：科技巨頭有好幾兆資本，而你只有幾百萬，科技巨頭擁有數據、使用者、伺服器，DFINITY 則什麼都沒有。科技巨頭有龐大的影響力，能夠花大錢雇用人才、滿足對方的薪資要求，網際網路的歷史則是不斷循環，私人企業總會摧毀去中心化平台，Internet Computer 到底要如何因應？

當時我對多明尼克的認識，只有他發明了一個知名電玩，還有他是 DFINITY 的門面。我以為我會聽到千篇一律的答案，然後我就可以把 DFINITY 當成一個普通的計畫，從清單上刪掉，繼續前進。我列出了所有 DFINITY 可能會失敗的原因，但他就坐在那裡吃午餐，看起來很無聊，感覺比起我說的話，他對沙拉還比較有興趣。

當他終於開口時，語調從平靜冷淡變成沮喪，剩下的時間，我幾乎一句話都沒說。他友善但堅定地解釋，這些說法為何都不會對 Internet Computer 造成威脅，還差得遠呢。據我所知，他的挫敗來自 Web3 領域的其他人，那些人無法回答這些問題，也不了解 DFINITY 正在做的事。

我後來才發現，多明尼克擁有所有你預期會在天才身上看見的特質（很

宅的那部分除外），他甚至早在科技巨頭存在之前，就已開始研究去中心化運算解決方案。我在那次談話之後的幾個月，逐漸了解為什麼他是正確的。

因為各種原因，科技巨頭永遠不可能打造出 Internet Computer。首先，他們對去中心化科技一竅不通，這個領域花了好幾十年才從失敗的經驗中，了解什麼有用，什麼沒用。而下一個多明尼克・威廉斯也永遠不會同意幫科技巨頭工作。此外，找來一百五十個世界級的密碼學家和分散式系統專家，並像 DFINITY 這樣連續花好幾年的時間，只為處理一個問題，也是科技巨頭不可能達成的要求。

就算他們真的達成了，結果也比較像是公關花招，而不是真正的 Internet Computer，因為科技巨頭的 Internet Computer 版本，背後都是由企業的動機支撐，會讓去中心化的好處化為烏有，這會是一個 Web3 版的企業贊助「創新」加上「私人區塊鏈」，就算花了好幾年時間打造，也不會有人支持。所有人都會支持真正的 Internet Computer，因為這才是真正的典範轉移發生之處，假如科技巨頭真的試圖在 DFINITY 的專業領域中打敗他們，那算是很抬舉 DFINITY，但這根本不可能發生，因為科技巨頭不可能會獲勝。

科技巨頭能夠摧毀 Internet Computer 嗎？

如果做不出 Internet Computer，那試圖摧毀呢？假如 Internet Computer 上的開放網際網路服務開始吸引科技巨頭的使用者，科技巨頭不就能使用最擅長的手段摧毀 Internet Computer？我們來看看這麼做需要什麼條件。

對科技巨頭來說，DFINITY 成為頭號公敵之後，最實際的選項就是利用網際網路階層組織，來降低 Internet Computer 平台的能見度，讓搜尋引

擊忽略開放網際網路服務、應用程式商店封鎖 dapp、運用條款限制代幣化平台等。但這些策略不僅違法，還會隨著使用者選擇更好的搜尋引擎和應用程式商店，加速開放網際網路的發展。

科技巨頭的另一個選項，則是從更實際的層面摧毀 Internet Computer，在密碼系統中找到漏洞雖然機率很低但不是不可能。另一個可怕的威脅則是科技巨頭的量子電腦，如果這些電腦發展到極致，就有可能破解程式碼，並破壞 Internet Computer 透過鏈鑰技術確保的資安，進而摧毀 Internet Computer。我們可以合理推斷，假如量子電腦真的破解前量子時代的密碼，網際網路就沒有地方是安全的了，包括比特幣和以太坊都是。對密碼學來說，抵抗量子電腦將會是必要的一步，DFINITY 也表示在平台上線之後，這將會是團隊著重的目標。

從各方面看來，Internet Computer 設計時的目的，便是要比所有東西都還堅固，不管是面對核武攻擊、太陽閃焰、量子電腦，或是其他你想得到的黑天鵝事件，Internet Computer 都比科技巨頭的網際網路還強大，科技巨頭是不可能摧毀 Internet Computer 的。

DFINITY 失敗的可能

如果 Internet Computer 真的如以上描述，最有可能失敗的原因就是沒人使用。ICP 是二十一世紀的科技奇蹟，但是在大家利用它打造東西以前，完全沒有用處。科技巨頭仍然掌握所有點對點價值，網路效應轉移必須花上很長時間，假設轉移真的發生的話。此時此刻，科技巨頭的使用者還沒有地方可以跳槽，一切都百廢待舉。

這波開放網路的浪潮，也是一個高度競爭的場域，擁有許多玩家。只要其中一個基礎設施平台開始讓開發者打造區塊或組合性，就會產生正向的回

饋循環，成為那個「萬中選一」的開發平台。我只能祈禱這是發生在最棒的 dapp 開發平台上，因為就像以太坊的例子，回饋循環一旦展開就很難逆轉。即便 Internet Computer 就是那個最棒的平台，但是當每個 Web3 平台都在吹噓自己發起的區塊鏈革命有多厲害時，企業家很難得出同樣的結論。

還是熟悉的敵人好

　　本書花了不成比例的篇幅討論治理機制，但治理機制現今其實沒有太多實際應用，不過，其仍是區塊鏈的最後邊界，有能力孕育自由的網際網路，也可能帶來完全相反的結果。我為了思考這個問題焚膏繼晷，可是這個問題仍然不受大眾重視，因為這個構想還處於初期的階段。

　　這個問題會發生在所有區塊鏈基礎設施平台上，不過因為我們對 Internet Computer 的治理機制很熟悉，就先暫時假設它是 Web3 的黑馬吧。我們怎麼會覺得 Internet Computer 會採用公平的治理方式呢？歷史上曾經有任何對抗舊系統暴政的意識形態革命，在掌握權力後成功建立出烏托邦嗎？第一次採用全新的治理系統通常會發生什麼事呢？我們應該要把 Internet Computer 當成網路空間的樂土嗎？當然不可能。

　　提醒一下，科技巨頭並不邪惡，他們的存在會帶來好處，而你基本上可以在網際網路上做任何事。科技巨頭的主要問題，在於他們擁有的權力，以及他們運用這些權力的方式。而 ICP 或其他成為標準的開放網際網路協定及基礎設施，可能比科技巨頭更加強大。

　　Internet Computer 的治理機制基本上也是階層組織，所有的開放網際網路服務、泛產業平台、去中心化金融解決方案，以及其他在 Internet Computer 上打造的東西，都可以擁有自己的治理機制，只有一點除外，那就是 Internet Computer 的網路神經系統。這是一個演算法治理機制，可以

覆蓋其他開放網際網路服務治理機制的決策，這樣的後設治理風格，是整個網際網路層最佳的運作方式，能夠避免應用層的濫用，一旦這個治理機制遭到破壞，代表整個 Internet Computer 生態系統都會出現問題。

這對世界來說是風險很高的一步，至少在現今的封閉網際網路中，針對濫用權力的實體，永遠都有替代方案。遇到政府審查，你可以用 VPN，遇到科技巨頭審查，你可以改用別的平台，或自己打造一個新平台。這些源自競爭的制衡，讓壟斷的情況不至於完全失衡。

但是一台世界電腦不會有這些制衡，如果你覺得搜尋引擎和社群網站演算法在操控大眾，想想那些「開放」的版本吧，在 Internet Computer 治理機制的絕對宰制之下，根本不可能有其他辦法。如果治理機制出現專制的可能，受害者別無選擇，只能回歸傳統落後的網際網路懷抱，可能會大幅影響世界的權力平衡。

我承認業界領袖會覺得上述針對區塊鏈治理機制的想法太過荒唐，他們會說去中心化的目的就是要避免這種問題，這是一種清教徒式的回應，沒有組織會預期這個經過改善的全新系統，將再度落入舊系統的窠臼，但這不是不可能。

如果深入探討「去中心化」的事物，你就會發現這個東西根本不是去中心化。本書討論過許多破壞去中心化的技術，這些問題某種程度上都相當客觀，可以用系統設計彌補，但是主觀的部分可能連最完美的去中心化治理都可以摧毀。Internet Computer 的治理機制，也就是網路神經系統，是由代幣持有者控制。雖然所有人都可以在開放市場上購買代幣，但是那些初期貢獻者，特別是有錢的人，將會在代幣價值暴漲之前大量購買，因此會擁有非常大的網路影響力。

這一開始會是件好事，知道怎麼做對網路最好的初期貢獻者，會運用知

識來進行初期的技術決策，但是如果 Internet Computer 如預期中壯大，重要決定就會變得更多元，包括審查對象、如何處理取決於地理疆界的活動合法性、要用哪些演算法決定搜尋引擎和社群媒體的結果等，要在這些問題上做出公正的決策，將需要全新層級的去中心化。

DFINITY 的初始社群共享類似的價值，這是凝聚他們的原因，但是到時 Internet Computer 的成功，將會讓全世界蜂擁而至，其中便包括改革者。我們活在一個所有決策都會政治化的世界，而政治決策都會兩極化。如果網路神經系統上出現了群體身分，而 Internet Computer 負責控制資訊的傳播，這些群體將會進一步分散，並組成數量較少的大型群體。要是網路神經系統上有超過半數人認同特定群體身分，這就不算是去中心化了，這個群體可以在投票中贏過任何人，並把 Internet Computer 變成一個集體同溫層。請記住，Internet Computer 並不對政府、企業、任何實體負責，到時就沒有人能阻止了。

我希望大眾準備好開始為自己進行所有決策，這個過程的解決方法將會不斷改變。上一章提到的理想治理機制，認為應該以二十個左右的領域專家群體，搭配不同的投票權上限，來限制不同群體身分間的合併。但這無法用在網路神經系統上，至少其創造者從未證明這種可能性，假如有二十個能力相同、彼此競爭的 ICP 出現，而且也沒有相容性問題，情況就很理想，但這也不可能發生。

針對治理機制腐敗威脅的廣泛認知，才是真正的解方，這包括相關基金會和初期領袖隨著網路發展逐漸退位，初期的投資者和創投基金也必須慢慢釋出代幣。如同所有去中心化之物，多明尼克・威廉斯和其他 DFINITY 的領袖，也應該在二十年內放棄對網路的影響力和投票權，而你最好趕快去買代幣然後開始投票，特別是如果你相信的價值和網路神經系統不同時，更

該如此。

Internet Computer 的目標

　　本書介紹了許多應用型的區塊鏈解決方案，但沒有任何方案被大規模採用，本章則是著重在基礎設施平台上，是時候該結合兩者了。

　　過去十年區塊鏈領域充斥各種錯誤的訊息與失敗，本書提到的大多數計畫最終都會失敗，但他們擁有傑出的核心概念，這些概念非常棒，執行上的失敗則是寶貴的教訓。

　　這些計畫主要來自學界的實驗和草創期的新創公司，沒有其他方法可以驗證哪些計畫會成功，就像是小學生的遊樂場，而現在我們要準備進入大聯盟了。

　　那些失敗的概念仍然屹立不搖，所有試圖改善身分管理、金融基礎設施、供應鏈的人，都正從頭開始。而現在有了 Internet Computer，大規模改革成功的機會更勝以往，區塊鏈實驗階段的最後十年正要開花結果。

　　有了 Internet Computer 架構，和數據經濟相關的明顯問題已不存在，所有和你自身有關的數據，都會根據智能合約邏輯加密並供其他人存取。這代表網路神經系統如果能應用在所有可以應用的地方，包括你會在上面產生個人數據的平台，就能達成系統的公開透明，進而讓科技巨頭的數據操縱和根據行為的精準投放無計可施。假如 Internet Computer 社群選擇優先發展這項功能，就能以更良善的經濟模式，一舉取代監控資本主義。

區塊鏈的未來

　　我們必須謹慎想像科技巨頭失勢的未來，在我看來，整個區塊鏈領域尚未成熟，無法處理這種規模的問題。Internet Computer 可能會是個例外，

但是本章的描述都是從樂觀的角度出發，因為他們的計畫細節還不夠精確，根本無法看出缺點。隨著 DFINITY 公開更多資訊，我們也能開始理解他們技術的實用性，但 Internet Computer 也一定會跟現實妥協，離 Web3 的理想越來越遠。

就算 Internet Computer 或類似的計畫獲得空前成功，網際網路也沒有擺脫過去的困境，讓人上癮的平台和演算法帶來的偏見，仍可能以更為極端的形式存在。代幣化的主要目的之一，就是提升平台的上癮程度，演算法仍然會受制於創造者自身的偏見，網際網路階層組織也不會消失，只是經過重塑。再次強調，區塊鏈網際網路的好處，在於能夠依賴早期開發者的能力，去開創一個更良善的網路，至少我們希望如此，因為在今日的壟斷情況下，這根本不可能達成。

區塊鏈和科技巨頭的戰爭分出勝負，大約需要二十年，這段時間很多東西都會改變，或許 Internet Computer 將會失敗，而不管導致失敗原因為何，都會是寶貴的教訓，DFINITY 的技術創新將會成為下一次擊倒科技巨頭嘗試的養分。或許區塊鏈之後的典範將會到來，改變一切，也可能是我們尚未想到的魔法協定，將會成為科技巨頭殺手。

針對這個故事的結局，我可以有信心地提出預測，其中之一便是科技巨頭壟斷替代方案的需求將會一直持續，不會消失，另一個則是社會和經濟的變革，無法再為壟斷的情況提供真正的解方。對於網際網路的未來，我唯一能找到的樂觀願景，就位於這個區塊鏈世界極度專業卻不穩定的一角。

區塊鏈之外

這本書討論的各種問題常常是對牛彈琴，我想這是因為用數字呈現是個糟糕的方式，根本無法激發人類的同理心，但是針對數據經濟的討論，必須

以客觀的邏輯支撐。為了說明這一點，我們來試著量化一下數據經濟對人類自治的威脅有多大吧。

在第二章中，我們討論了數據經濟對民主制度的威脅，民主制度可說是通往獨立決策的大門，我之所以特別強調劍橋分析醜聞，因為這是大眾唯一在乎的行為精準投放事件，然而事實其實比媒體的報導更毛骨悚然。

在二〇一六年的美國總統大選之前，劍橋分析的策略已用過數百次，而且之後也沒停過，即便大眾強烈反對、政府持續報復，科技巨頭仍成功崛起，並且變得更強大。劍橋分析醜聞只發生了四年多，大眾卻早已遺忘，當時這件事之所以成為話題焦點，只是因為這在政治上很容易操作，這沒什麼問題，因為劍橋分析本身也不是什麼大事，但是其背後代表的更大脈絡，卻從未受到重視。

整起醜聞牽涉的服務價值六百萬美金，假設美國聯邦貿易委員會的說法是正確的，他們認為劍橋分析只反映了臉書策略的一小部分，[608] 然後再把臉書的收入當成指標，就會發現今日的相關問題，每年涉及的金額是一萬三千倍以上。當然，這筆錢用來影響的決定不如總統大選敏感，但要是在大脈絡下，影響你的投票很不合理，是否也該讓你質疑究竟哪些決定是屬於你自己的？

Netflix 上的紀錄片《個資風暴：劍橋分析事件》（*The Great Hack*），便是以劍橋分析醜聞為主題，操弄觀眾的情緒。可惜的是，這部片是透過有關科技如何監控你的模糊宣稱、劍橋分析吹哨者的哭泣、效果不彰的「壞人」證詞片段、缺乏實質證據的嚴重指控，當然還有充滿整部片的不祥揪心音樂，來達成這點，完全沒有和大規模精準投放相關的細節及證據。

包括我在內的任何人，都無法了解數據經濟問題中，背後隱藏的核心真相。如果我們連一個簡單的案例都無法了解實際情況，想像一下，科技巨頭

內部的運作又是何其複雜？記者的報導透過科技巨頭的平台，散播錯誤訊息，但他們卻不了解科技巨頭的運作。難道我們必須透過這種方式才能促進改變嗎？

在公眾眼中，某個議題的影響力，似乎和其能夠引起多少憤怒和恐懼成正比。和社會問題有關的聲音，目前已達到前所未有的高峰，但現今大多數人都過得比五百年前的國王更舒適、吃得更好、也更安全。想像一下，如果我們可以適當地調整針對世界問題的情緒反應呢？你能夠搞懂所有細節、明辨是非嗎？我肯定沒辦法，但要是數據經濟必須為人類無法量化世界問題負責，那數據經濟本身不就成了最大的問題嗎？

更讓人害怕的是未來的趨勢，所有事情都在數位化，監控資本主義無所不在，而我們才剛開始發展物聯網，從行動裝置到虛擬實境，只會讓人們更容易受到數位環境影響。超自動化是未來機器發展的方向，奈米科技的崛起也未必是平靜無波的發展，人工智慧讓大家越來越擔心，把上述創新的元素加進人腦晶片，在二十一世紀是合法的計畫，而強大到可以模擬人類意識的量子電腦又是另一回事。

上述未來可能出現的科技，都和資通訊科技密不可分，區塊鏈並不是所有問題的答案，但我們可以將其視為網際網路的轉捩點，一邊是繼續往下墮落，另一邊則是一個機會，能夠為人類的科技結晶，創造民主化的倫理架構。

本書內文的「參考資料」

請掃瞄 QR Code

個人或企業如何對抗科技巨頭的壟斷

區塊鏈商戰

作者伊凡・麥克法蘭 Evan McFarland
譯者楊詠翔
主編趙思語
責任編輯曾秀鈴
封面設計羅婕云
內頁美術設計董嘉惠

發行人何飛鵬
PCH集團生活旅遊事業總經理暨社長李淑霞
總編輯汪雨菁
行銷企畫經理呂妙君
行銷企劃專員許立心

出版公司
墨刻出版股份有限公司
地址：台北市104民生東路二段141號9樓
電話：886-2-2500-7008／傳真：886-2-2500-7796
E-mail：mook_service@hmg.com.tw
發行公司
英屬蓋曼群島商家庭傳媒股份有限公司城邦分公司
城邦讀書花園：www.cite.com.tw
劃撥：19863813／戶名：書虫股份有限公司
香港發行城邦（香港）出版集團有限公司
地址：香港灣仔駱克道193號東超商業中心1樓
電話：852-2508-6231／傳真：852-2578-9337
製版・印刷藝樺彩色印刷製版股份有限公司・漾格科技股份有限公司
ISBN978-986-289-713-3・978-986-289-716-4（EPUB）
城邦書號KJ2060 **初版**2022年5月
定價550元
MOOK官網www.mook.com.tw
Facebook粉絲團
MOOK墨刻出版 www.facebook.com/travelmook
版權所有・翻印必究

國家圖書館出版品預行編目資料
區塊鏈商戰：個人或企業如何對抗科技巨頭的壟斷/伊凡.麥克法蘭(Evan McFarland)作；楊詠翔譯. -- 初版. -- 臺北市：墨刻出版股份有限公司出版：英屬蓋曼群島商家庭傳媒股份有限公司城邦分公司發行, 2022.05
296面；16.8×23公分. -- (SASUGAS；60)
譯自：Blockchain Wars : the future of big tech monopolies and the blockchain internet
ISBN 978-986-289-713-3(平裝)
1.CST: 網路資料庫 2.CST: 電子資料交換 3.CST: 電子商務 4.CST: 產業發展
312.758   111005787